软件工程专业职教师资培养系列教材

实用面向对象软件工程

主　编　张　俐
副主编　范洪辉

U0325782

科学出版社

北　京

内 容 简 介

软件工程是一门综合性很强的专业基础课。在信息化产业及软件产业不断发展的背景下，市场对软件人才的需求标准不断提高：一方面，技术的快速变化要求软件工程师必须具备扎实的基础；另一方面，企业重点关注毕业生能否迅速融入行业环境，解决实际问题。

本教材教学内容设计基本思路：以培养技术应用型人才为目标，以企业对人才的需要为依据，结合国内外先进职业教育的培训模式、教学方法；软件项目驱动案例教学为核心；把软件工程中的方法、技术和工具的思想完全融入教材体系之中；使基本技能培养和主流技术相结合，重点培养把学生学、练、思结合起来，通过实际软件项目的讲解，把工程的概念、原理、技术、工具和方法从书本中释放并转化为专业技能，从而以达到增强学生的基础和应用的能力。

本书可作为本科专业职教师资及相关专业软件工程课程的教材或参考书，也可供软件工程人员、软件项目管理人员和软件开发人员使用。

图书在版编目（CIP）数据

实用面向对象软件工程/张俐主编. —北京：科学出版社，2016.10

软件工程专业职教师资培养系列教材

ISBN 978-7-03-049739-0

Ⅰ.①实⋯　Ⅱ.①张⋯　Ⅲ.①面向对象语言–软件工程–师资培养–教材　Ⅳ.①TP311.5

中国版本图书馆 CIP 数据核字（2016）第 200353 号

责任编辑：邹　杰/责任校对：桂伟利

责任印制：张　伟/封面设计：迷底书装

科　学　出　版　社 出版

北京东黄城根北街 16 号

邮政编码：100717

http://www.sciencep.com

北京京华虎彩印刷有限公司 印刷

科学出版社发行　各地新华书店经销

*

2016 年 10 月第 一 版　开本：787×1092　1/16

2018 年 1 月第二次印刷　印张：16 1/2

字数：391 000

定价：49.8 元

（如有印装质量问题，我社负责调换）

《教育部财政部职业院校教师素质提高计划成果系列丛书》

《软件工程专业职教师资培养系列教材》

项目牵头单位：江苏理工学院

项目负责人：叶飞跃

项目专家指导委员会

主　　任：刘来泉

副主任：王宪成　郭春鸣

成　　员：（按姓氏笔画排列）

刁哲军	王继平	王乐夫	邓泽民	石伟平	卢双盈	汤生玲
米　靖	刘正安	刘君义	孟庆国	沈　希	李仲阳	李栋学
李梦卿	吴全全	张元利	张建荣	周泽扬	姜大源	郭杰忠
夏金星	徐　流	徐　朔	曹　晔	崔世钢	韩亚兰

丛 书 序

《国家中长期教育改革和发展规划纲要（2010—2020 年）》颁布实施以来，我国职业教育进入到加快构建现代职业教育体系、全面提高技能型人才培养质量的新阶段。加快发展现代职业教育，实现职业教育改革发展新跨越，对职业学校"双师型"教师队伍建设提出了更高的要求。为此，教育部明确提出，要以推动教师专业化为引领，以加强"双师型"教师队伍建设为重点，以创新制度和机制为动力，以完善培养培训体系为保障，以实施素质提高计划为抓手，统筹规划，突出重点，改革创新，狠抓落实，切实提升职业院校教师队伍整体素质和建设水平，加快建成一支师德高尚、素质优良、技艺精湛、结构合理、专兼结合的高素质专业化的"双师型"教师队伍，为建设具有中国特色、世界水平的现代职业教育体系提供强有力的师资保障。

目前，我国共有 60 余所高校正在开展职教师资培养，但由于教师培养标准的缺失和培养课程资源的匮乏，制约了"双师型"教师培养质量的提高。为完善教师培养标准和课程体系，教育部、财政部在"职业院校教师素质提高计划"框架内专门设置了职教师资培养资源开发项目，中央财政划拨 1.5 亿元，系统开发用于本科专业职教师资培养标准、培养方案、核心课程和特色教材等系列资源。其中，包括 88 个专业项目、12 个资格考试制度开发等公共项目。该项目由 42 家开设职业技术师范专业的高等学校牵头，组织近千家科研院所、职业学校、行业企业共同研发，一大批专家学者、优秀校长、一线教师、企业工程技术人员参与其中。

经过三年的努力，培养资源开发项目取得了丰硕成果：一是开发了中等职业学校 88 个专业（类）职教师资本科培养资源项目，内容包括专业教师标准、专业教师培养标准、评价方案，以及一系列专业课程大纲、主干课程教材及数字化资源；二是取得了 6 项公共基础研究成果，内容包括职教师资培养模式、国际职教师资培养、教育理论课程、质量保障体系、教学资源中心建设和学习平台开发等；三是完成了 18 个专业大类职教师资资格标准及认证考试标准开发。上述成果，共计 800 多本正式出版物。总体来说，培养资源开发项目实现了高效益：形成了一大批资源，填补了相关标准和资源的空白；凝聚了一支研发队伍，强化了教师培养的"校-企-校"协同；引领了一批高校的教学改革，带动了"双师型"教师的专业化培养。职教师资培养资源开发项目是支撑专业化培养的一项系统化、基础性工程，是加强职教教师培养培训一体化建设的关键环节，也是对职教师资培养培训基地教师专业化培养实践、教师教育研究能力的系统检阅。

自 2013 年项目立项开题以来，各项目承担单位、项目负责人及全体开发人员做了大量深入细致的工作，结合职教教师培养实践，研发出很多填补空白、体现科学性和前瞻性的成果，有力推进了"双师型"教师专门化培养向更深层次发展。同时，专家指导委员会的各位专家以及项目管理办公室的各位同志，克服了许多困难，按照两部对项目开发工作的总体要求，为实施项目管理、研发、检查等投入了大量时间和心血，也为各个项目提供了专业的咨询和指导，有力地保障了项目实施和质量成果。在此，我们一并表示衷心的感谢。

编写委员会

2016 年 3 月

前　言

随着软件技术的迅速发展和电子计算机的广泛应用，软件工程的基本概念和研究方法非常迅速地进入到信息技术领域的各个学科中，包括软件工程、计算机科学、管理工程与科学、信息系统与信息管理等学科。不同学科之间相互渗透、相互影响、相互促进是现代科学技术发展的重要特点。"软件工程"就是在上述学科的基础上建立起来的一门新的理论和实践并重的课程。该课程的主要任务是培养学生用工程的方法进行软件开发的能力。因此，本教材是多年教学改革与教学实践的重要成果。

本书主要有以下特点。

（1）根据学科特点注重基本概念、基本理论的背景介绍和直观理解，使学习更具启发性和主动性。例如以 CDIO 工程教育理念为指导，通过课程激发学生的兴趣和潜能，使学生掌握面向对象软件开发和维护的方法，了解软件演化过程和先进的软件项目管理方法。

（2）通过理实一体化教学环节，提高学生实际的软件项目开发能力和工程素养，培养学生的团队协作意识和创新创业精神。教材中对常用的重要软件开发方法都给出了实际产生的背景，从而强化了基本概念和实际应用能力。

（3）完整地介绍了一个软件系统开发的一般过程，为进一步的学习和应用打下牢固的基础。

（4）每章均详细介绍软件在各个阶段开发的方法，便于读者熟练掌握所学方法。

（5）这种统一观点的处理方法，使学生对本课程中许多抽象概念的理解和分析方法的掌握变得规范化和简单化。

全书共 8 章，内容安排如下。

第 1 章是软件系统概论，它介绍了一般软件系统开发所需要的理论基础、开发所需了解的背景知识和如何制定软件开发计划，并以 CRM 系统为例进行说明。

第 2 章是需求工程，它介绍了需求的概念、面向对象软件工程的分析方法，最后以 CRM 系统为例进行说明。

第 3 章是软件系统业务建模分析，它介绍了软件系统业务建模基础术语和对象技术概念，还介绍了所有主要的 UML 模型和图，并且以 CRM 系统为例对这些模型进行说明。

第 4 章是概要设计，它介绍了概要设计的任务和步骤，阐述了软件设计基本准则、面向对象的设计方法、软件体系结构设计的方法和图形用户界面设计的方法等基本概念，重点介绍了实体-关系建模和 PowerDesigner 在 CRM 软件系统中数据建模的过程。

第 5 章是详细设计与实现，它介绍了详细设计的任务和步骤，阐述了面向对象程序的详细设计的基本概念，重点介绍了 MVC 的 SSM 框架软件开发模式在 CRM 软件系统中是如何设计并实现的。

第 6 章是软件项目测试，介绍了软件测试的相关理论、方法和软件测试技术。重点介绍了软件测试的相关技术的使用。同时对测试质量分析报告也进行了较为系统的说明。

第 7 章是软件维护，介绍了软件项目维护的相关知识，阐述了软件维护的纠错性维护、完善性维护、适应性维护和预防性维护 4 种类型。本章还阐述了软件维护过程与成本、软件项目售后服务。

第 8 章是软件项目管理，介绍了软件项目管理等相关知识，重点讲述了软件项目的过程管理，分别从软件项目范围、进度、成本的管理和战略上的人、问题、过程的管理进行了阐述。本章还介绍了软件项目开发过程中所存在的风险及应对方法。

本书第 1～5 章由张俐老师负责编写，第 6～8 章由范洪辉老师负责编写；叶飞跃老师审阅了初稿并提出了许多宝贵意见；全书由张俐老师修改并统稿。在此特向他们致以衷心的谢意。

由于编者水平有限，书中难免存在不足之处，敬请各位读者批评指正。

目　　录

第1章 软件系统概论

1.1 软件系统开发的背景和案例

1.1.1 客户关系管理的概念

随着社会物质财富的逐渐丰富、恩格尔系数的不断下降,人们的生活水平不断提高,消费者的价值观也不断变迁,主要经历了理性消费、感觉消费和情感消费3个阶段。

(1)在理性消费阶段,客户进行理智消费,不但重视价格,而且更要求产品的质量,追求的是物美价廉和经久耐用。

(2)在感觉消费阶段,客户选择的不仅是经久耐用和物美价廉,而是开始注重产品、品牌、设计和使用性能。

(3)在情感消费阶段,客户对产品的需求已超出了价格与质量、形象和品牌的考虑,更加着意追求在商品购买与消费过程中心理上的满足。目前我们所处的时代是第三阶段,产品的质量、服务、性能以及消费体验等都成为影响客户对交易满意或不满意的因素,进而影响其购买决策。

自20世纪80年代以来,市场竞争不断激烈,主要表现在:

(1)企业面临全球化竞争的挑战,逐步失去地方和国家保护的优势,与全世界的对手在同一起跑线上竞争。

(2)产品本身的优劣差距缩小,不足以使一个企业获得绝对的竞争优势,竞争力从产品转向服务成为必然的选择。

(3)在互联网时代,新的盈利模式不断出现,形成对传统商业的巨大冲击。互联网技术使得很多新的创业者能够找到新的增值环节,从而对传统价值链造成前所未有的冲击。

客户需求的变化和市场竞争的日益激烈导致企业管理观念的变化,正经历着从以产品为中心到以客户为中心的经营观念的转变。客户已经成为企业最大的资源,以客户为中心的管理理念越来越受到重视。任何企业要想在激烈的市场竞争中生存下去,以客户为中心是唯一正确的经营战略。企业成功的关键在于关注客户需求,为客户提供个性化的产品与服务,有效管理与客户的关系,以保证较高的客户满意度,进而产生较高的客户忠诚度,对企业保持持续的利润贡献,这正是客户关系管理(Customer Relationship Management,CRM)的主要理念。

客户关系管理,是一种以"客户关系一对一理论"为基础,旨在改善企业与客户之间关系的新型管理机制。最早发展客户关系管理的国家是美国,这个概念最初由 Gartner Group 提出来,在1980年初便有所谓的"接触管理"(Contact Management),即专门收集客户与公司联系的所有信息,到1990年则演变成包括电话服务中心支持资料分析在内的客户关怀（Customer Care），并开始在企业电子商务中流行。统计数据表明，2008年中小企业 CRM 市场的规模已达 8 亿美元。在随后的 5 年中，这一市场快速增长至 18亿美元，在整个 CRM 市场中占比达 30%以上。

1.1.2　客户关系管理的分类

对于客户关系管理这一新兴的概念，大量研究人员及机构都提出了各自的定义和观点。尽管人们对 CRM 概念仍然存在一定分歧，但基本上，CRM 的概念可以总结为 4 类：

（1）从营销管理角度出发，把客户关系管理看成一种营销策略（Marketing Strategy）。其代表人物是 Don Peppers、Matha Rogers，他们将客户关系管理定义为：客户关系管理就是一对一营销，即关系营销。Roman 认为，客户关系管理就是吸引并保持有经济价值的客户，驱逐并消除缺乏经济价值的客户。META Group 把客户关系管理定义为：让企业能够更好地了解客户的生命周期以及客户利润回报能力。

（2）从技术角度出发，把 CRM 理解为一种客户接入的整合技术系统。其主要代表是 Burghard 和 Galimi，他们认为，CRM 是一个围绕客户需求重新设计组织及业务流程的信息技术概念，它将一系列方法、软件以及互联网接入能力同企业的以客户为核心的商业战略相结合，致力于提高利润、收益和客户满意度。咨询机构 CRMguru 提出，CRM是企业在营销、销售和服务业务范围内，对实现的和潜在的客户关系以及业务伙伴关系进行多渠道管理的一系列过程和技术。

（3）从企业经营管理角度出发，把客户关系管理定义为一种商业策略（Business Strategy）。其主要代表是 Tartell，认为 CRM 是一种商业策略，它按照客户分类情况有效地组织企业资源，培养客户满意行为，并发展以客户为中心的业务流程，以此为途径来提高企业获利能力、收入以及客户满意度。Kavi Kalakota 提出，客户关系管理是为了消除与客户交互活动时的"单干"现 象，整合销售和服务业务功能的一个企业经营策略，需要企业全方位的、协调一致的行动。Gartner Group 认为，客户关系管理是企业的一项商业策略，它按照客户的细分情况有效地组织企业资源，培养以客户为中心的经营行为，以及实施以客户为中心的业务流程，并以此为手段来提高企业获利能力、收入，以及客户满意度。

（4）随着网络经济的发展，越来越多的学者开始倾向于把 CRM 理解为营销战略与IT 技术的结合，如 Wiiliam G.Zikmund 等将 CRM 定义为一种经营战略，通过应用信息技术将企业的客户资料整合起来，为企业提供一种全面、可靠而完整的认识，从而使客户与企业间所有的过程和互动有助于维系和拓展这种互利的关系。Gartne 的研究报告（SePtember，2001）也认为，客户关系管理是一种由流程、技术和人等 3 种因素驱动的商业策略，把三者协调起来帮助企业优化客户关系。

综合以上，客户关系管理是一种以客户为中心的企业经营策略，通过对客户群的分析研究、开展让客户满意的活动、建立以客户为中心的流程，最终实现保留老客户、吸引新客户、提高客户收益的目的，其特征是以 Internet 网络技术、CTI 技术（CallCenter、IVR、PBX、ACD 等）和 CIM 技术（ERP、PDM 等）为使能技术，以知识复用为业务流程优化途径，通过选择、获取和管理客户的活动，达到客户对企业长期收益的最大化。

同时，CRM 需要用以客户为中心的营销哲学和企业文化来支持有效的销售、营销和服务过程。

1.1.3　客户关系管理系统

现代营销理论是客户关系管理的理论基础，计算机技术是实现客户关系管理理念的前提。如果没有 CRM 的应用系统的出现，这些理论也只是现代营销学的一些论点。此外，计算机技术在应用中对营销理论进行了充实和补充，主要体现在以下几方面。

（1）使得客户关系管理的应用超出了营销理论的"关系营销""一对一营销"的范畴，增加了销售、服务、互动渠道、信息获取与管理、物流配送等业务领域的内容。

（2）客户关系管理实践与技术密切相关，其成败在很大程度上取决于 CRM 系统在企业中的实施状况，即技术将反过来直接影响企业的营销战略。目前在全球范围内，声称已开发出 CRM 应用软件的公司有 600 多家，在国内大约有 30 家，其软件名称、功能特点、应用模块各式各样。Gartner、META 等咨询公司对主流的 CRM 系统设计进行了研究，认为 CRM 系统主要是用来实现对销售、市场营销、客户服务与支持的全面管理，实现客户基础数据的记录、跟踪，客户订单的流程跟踪，客户市场的细分和特性研究，以及对客户服务与支持活动的分析，并在一定程度上实现业务流程的自动化。此外，进行数据挖掘和在线分析处理（On-line Analytical Processing，OLAP）以提供决策支持也应该是 CRM 的功能之一。

按照目前流行的功能分类方法，美国的 Meta Group 把 CRM 分为操作型（Operational）、协作型（Collaborative）和分析型（Analytical）3 类，这一分类方法已得到业界的认可。下面分别进行阐述。

（1）操作型 CRM：对销售、营销和客户服务三部分的业务流程和管理活动进行信息化。其目的在于提高前台的效率，并实现销售、营销和客户服务部门的协同一致。

（2）协作型 CRM：对与客户进行沟通的渠道（包括电话、传真、网络、电子邮件等）集成和实现自动化处理，旨在帮助企业更好地与客户进行沟通和协作，大大提高客户的满意度。它还能够支持营销活动，通过主动的客户接触创造出更多的销售机会。

（3）分析型 CRM：使用商业智能（Business Intelligence，BI）对上两个层次在应用中产生的各种信息进行加工处理，为企业的战略决策提供支持。主要包括客户数据库、产品数据库、客户细分系统、报表和分析系统，提供对客户数据和客户行为模式处理分析的能力。

1.1.4　现有 CRM 软件的典型功能

1. 当前业界对 CRM 软件功能的认识

在图 1-1 中，CRM 的功能可以归纳为以下 3 个方面：

（1）对销售、营销和客户服务三部分业务流程的信息化（操作型 CRM）。

（2）与客户进行沟通所需要的手段（如电话、传真、网络、Email 等）的集成和自动化处理（协作型 CRM）。

（3）对上面两部分功能所积累下的信息进行的加工处理，产生客户智能，为企业的战略战术的决策支持（分析型 CRM）。

一般来讲，当前的 CRM 产品所具有的功能都是图 1-1 的子集。

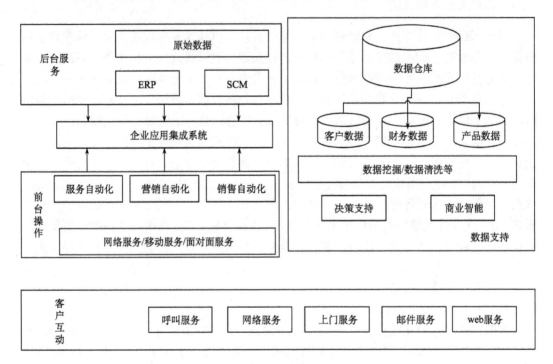

图 1-1　CRM 的功能

2. 当前业界对 CRM 软件功能的主流认识

目前的 CRM 软件一般由客户信息管理（CIM）、销售过程自动化（SFA）、营销自动化（MA）、客户服务与支持（CSS）管理、客户分析（CA）系统五大主要功能模块组成。

1）客户信息管理（CIM）

客户信息管理是实施 CRM 的基础。它包括客户、联系人的基本信息，如地址、电话、电子邮件等；客户、联系人的查重功能，防止客户重复录入、业务员之间撞单现象发生；客户信用等级判定，主要根据客户已发货金额、已收款金额来判断客户信用额度，超出信用额度的客户，系统自动提示；根据不同条件搜索客户，并直接打印信封标签、电子邮件群发、短信关怀等。同时，它还包括第三方信息。来源部门包括营销、销售、售后服务、技术支持等所有接触部门。来源渠道有销售点、呼叫中心、网络、电话、传真等。

2）营销自动化信息管理（MA）

营销自动化信息管理又叫做市场信息管理。它是指营销人员（包括参与电话直销、邮件直销、展销活动策划与实施、广告、公关及媒体制作等营销活动的工作人员、组长或营销经理）管理促销活动的工具。它主要功能如下：

（1）记录渠道商、供应商、竞争对手、第三方产品基本信息。

（2）涉及完善的市场管理，满足营销市场部门市场的市场客户及竞争对手各种分析，支持决策，以及对竞争对手的基本信息分析，这样竞争对手的产品均可关联到任意一个机会项目中，最终可以实现在整个市场中对竞争对手遇到的几率的统计和碰到各竞争对手后项目订单的成功概率等。

（3）市场活动管理则帮助企业全面规划各项市场营销活动，制定市场的宣传计划。相关人员可方便、及时地分析市场动态，可以关注每一个市场活动所带来的线索、机会、金额等关键数据。

3）销售自动化管理（SFA）

SFA 就是要把销售人员或销售管理人员每天所从事的各种销售活动尽可能地"信息化""标准化"以及销售力量的"合理化"。主要目的是打破目前普遍存在于企业的"销售单干"现象，通过对客户信息、后台业务信息的高度共享以及销售流程的规范化，提高企业整体的销售业绩。首先，它通过机会管理，实现对未达成的销售的记录，保证机会不错失，同时也可以根据机会的概率和发生金额大小来合理安排跟踪机会的优先级别；其次，通过销售漏斗分析，了解每个阶段的机会信息。对于每个单独机会可以关联多次报价历史，也可以针对某个机会项目关联竞争对手竞争产品信息，以便日后统计分析。

报价管理模块是配合产品模块报价折扣自动审核功能同时使用的，可以针对不同级别的销售人员进行报价管理，防止报低价、报错价、乱报价等情况发生。当机会成功后，转化成销售，可以直接从机会中结束得来，并可根据自定义报表功能直接打印成销售合同。

收款管理可实现每笔销售合同资金回笼情况一目了然，并根据合同设定应收款自动提醒。

发票管理功能可以方便地了解统计每笔合同的发票开具情况、发票号码。配合第三方管理软件可实现系统与增值税开票机的接口，避免重复劳动。配合 CRM 的自定义审核流程模块，可实现报价、合同网上审核工作，提高工作效率。未经审核的数据不能打印相对应的报价单、销售合同等。每个客户、产品的销售记录详尽而又便于查询统计。同时，销售经理可以及时了解和掌握销售部门的销售进展。

4）客户服务管理（CSS）

服务请求管理，配合呼叫中心功能，可直接显示客户、联系人基本信息，并通过服务知识库直接搜索客户问题解决方案，记录客户历史服务记录。不能直接电话解决的客户服务请求可以将相关服务请求记录直接分配给服务人员进行处理，或根据服务请求记录，打印派工单。客服主管可以根据服务请求记录的状态，来判定该服务是否已经完全解决，并可设定最后完成期限提醒。

服务部门记录相关客户的所有服务历史记录、服务回访记录、服务投诉记录。与此同时，配合 CRM 自动共享模块，相关的信息会通过系统直接传递给客户所属销售人员。可以快速提醒销售人员进行客户关怀。

5）CRM 系统设置

（1）在 CRM 软件系统中，通过界面布局设计可以对系统中的所有界面进行自定义设计，改变布局，改变显示的字段信息，通过此功能，形成必填或推荐填写项目，保证信息录入更加准确完善，形成自己独特风格的 CRM 系统。

（2）在系统实体（模块）自定义设计，支持实体无限制增加、实体与实体之间的逻辑关系映射（一对多、多对多、多对一）、模块中各个字段与字段之间的数据归集设置（求和、平均值、复制等）。完全平台化的产品，能够满足企业今后发展的大部分需求。

（3）部门管理则是公司组织结构部门结构的体现，可以增加、删除部门，部门层级数不限制，可建立任意多级的部门架构；在每个部门下建立使用本系统的用户账号并进行管理；而用户关联权限角色，以控制其使用权限；也可以设定字段级，即对各个模块的各个字段单独再授权，使不同的人查看的信息全面性有所不同，以保护重要或敏感的字段数据。

（4）报表与分析提供多种报表模板，包括客户信息列表、活动历史列表、机会列表、各类销售列表、信封标签打印列表、出库单等表格，同时提供了自定义设计报表的工具。

（5）在分析模块中可以了解机会的漏斗分析、掌握各阶段时间内的销售机会、客户的各项参数分布以及业务员的销售机会情况。以此让销售经理可以通过分析，来清楚地了解到客户的各种信息，以便作出决策判断。同时，销售员也通过分析模块进行分析，来了解自己的销售进程和自身的销售活动。

3. 当前 CRM 软件的特点

通过对上面典型的 CRM 软件情况进行研究和分析，我们发现了一些特点：

1）软件费用高

有少量的企业使用 CRM 数据挖掘软件，这些软件大都是专门从事 CRM 软件开发的公司开发的，用这些企业 CRM 数据挖掘软件要缴纳大量的费用，对于使用频繁的企业而言，会加重成本。

2）准备时间长

许多企业的 CRM 软件 70%以上的工作都放在进行数据的搜集上，这需要耗费大量的时间，只有按照预定的规则收集到可行的数据，这些软件才能发挥功效。由于准备时间太长，不宜用作测试。

3）反应时间慢

根据 C/S 模式的特点，需要安装服务器端程序和客户端程序。在工作的时候首先要设定好数据库，并对数据库中的数据进行识别。当需要尽快得到数据挖掘结果时，就需要使用者多一些耐心。因此，无法有效地利用转移成本锁定有价值客户。

4）安全性能差

这些软件在使用过程中，由于是从 CRM 中调用数据，所以有可能导致 CRM 的日常使用出现反应慢、效率低、查询难等情况，也可能会使 CRM 的数据出现丢失和被修改的状况，这就使得它的安全性大打折扣，用户在使用时感觉不够安全。同时，没有客户退出倾向识别系统，因此，不能尽早发现客户的退出行为，所以无法及时采取有效措施防止客户流失。

5）选用方式单一

大多数的企业 CRM 数据挖掘软件都采用设定好的一种程式，对收集的数据进行挖掘处理，但却不能同时采取多种方法进行分析，没有对比，在数据挖掘的结果出来后，不能够准确地反映决策信息。没有客户全生命周期利润预测系统，无法评估客户对公司的终身价值，因而无法有效地识别有价值客户。

通过上面的研究和分析可知，利用计算机先进技术对传统的 CRM 软件进行设计和开发，将能够极大地提高客户资源的管理和转化效率，也是科学化、正规化的体现。因此开发适应新形势的客户信息管理系统软件是很有必要的。

1.2　软件与软件危机的发展

1.2.1　什么是软件

在《计算机科学技术百科全书》中，对计算机软件作出了如下定义：软件是程序、数据及其相关文档的完整集合。软件是通过程序形成的。简单地说，程序就是为了借助于计算机来达到某一目的或解决某个问题，而使用某种程序设计语言编写程序代码，并最终得到结果的过程。虽然计算机功能十分强大，它可以用来办公、咨询、处理日常事务、地图导航等，但是如果没有计算机程序，它就等于是一堆废铁，不会理会我们对它下达的"指令"。我们如何要控制它呢？只有通过一种方式——程序，它也是我们和计算机进行沟通的唯一方式。

那么什么是程序呢？程序就是按事先设计的功能和性能要求执行的指令序列。它告诉计算机如何执行特殊的任务。打个比方说，它好比电子地图，它指挥你驾驶汽车到达目的地。没有这些特殊的指令，就不能执行预期的任务。计算机也一样，当你想让计算机为你做一件事情的时候，计算机本身并不能主动为我们工作，而是要向它下达指令，同时它根本听不懂人类自然语言，因此，必须使用程序来告诉计算机应该做什么事情以及如何去做。

从以上的描述中大致可以知道软件有以下几个特点：

（1）软件是逻辑实体，不是具体的物理实体，具有抽象性。

（2）软件的生产与硬件不同，在它的开发过程中没有明显的制造过程。

（3）在软件的运行和使用期间，没有硬件那样的机械磨损、老化问题。

（4）软件的功能、开发和运行常受到计算机系统的限制，对计算机系统有着不同程度的依赖性。

（5）软件的开发至今尚未完全摆脱手工开发的方式，并尚未完全实现自动化。

（6）软件的研发成本是一个智力密集型积累的过程。

1.2.2　软件发展的历史

软件的历史可以追溯到 20 世纪 50 年代，它是和第一台电子计算机（1946 年 2 月 14 日）一同问世的。关于软件的发展历史有多种说法，在《计算机科学技术百科全书》中将软件的发展分为 3 个阶段。

第一阶段 1946~1956 年，在这个阶段，计算机存储容量比较小，运算速度比较慢，基本采用的是个体工作方式。程序工具只能用低级语言编写程序，应用领域主要局限在以数值数据处理为主的科学计算，其特点是输入、输出量较小。衡量程序质量的标准主要是功效，即运行时间省、占用内存小。

第二阶段 1956~1968 年，在这个阶段，计算机存储器容量大，外围设备得到迅速发展，出现了高级程序设计语言；应用领域包括数据处理（非数值数据），其特点是计算量不大，但输入、输出量却较大。高速主机与低速外围设备的矛盾突出，出现了操作系统、并发程序、数据库及其管理系统。20 世纪 60 年代初提出了软件一词，开始认识到文档的重要性，研究出了高级程序设计语言、编译程序、操作系统、支持编程的工具及各种应用软件，工作方式逐步从个体方式转向合作方式，出现软件危机。

第三阶段 1968 年至今，计算机硬件向巨型机和微型机两个方向发展，出现了计算机网络，软件方面提出了软件工程，出现了计算机辅助软件工程（CASE），计算机的应用领域渗透到各个行业领域。出现了嵌入式应用，其特点是受制于它所嵌入的宿主系统，开发方式逐步由个体合作方式转向工程方式，软件工程方面的研究主要包括软件开发模型、软件开发方法及技术、软件工具与环境、软件过程、软件自动化系统等。软件方面研究转向智能化、自动化、集成化、并行化，以及自然化为标志的软件开发新技术。软件危机的矛盾进一步加深。

1.2.3　软件危机

软件危机是指在计算机软件的开发和维护过程中所遇到的一系列严重问题。这些问题绝不仅仅是不能正常运行的软件才具有的，实际上，几乎所有软件都不同程度地存在这些问题。概括地说，软件危机包含下述两方面的问题：如何开发软件，以满足对软件日益增长的需求；如何维护数量不断膨胀的已有软件。

具体地说，软件危机主要表现在以下两个方面。

1）从软件本身的特点来看

（1）软件成本在计算机系统总成本中所占的比例逐年上升。由于计算机硬件技术的进步和电子技术水平的不断提高，计算机硬件成本在逐年下降，而软件开发需要大量人力资源，因此，软件成本伴随着软件规模以及人力资源数量和人力资源的成本在不断地持续增加。

（2）由于对软件开发成本和进度的估计常常很不准确，造成软件开发费用和进度失控，费用超支、进度拖延的情况屡屡发生。有时为了赶进度或压成本不得不采取一些权宜之计，这样又往往严重损害了软件产品的质量。这种现象降低了软件开发组织的信誉，从而不可避免地会引起用户的不满。

（3）软件开发生产率提高的速度远远跟不上计算机应用迅速普及深入的需要，软件产品供不应求的状况使得人类不能充分利用现代计算机硬件所能提供的巨大潜力。

（4）生产出来的软件难以维护。很多软件缺乏相应的文档资料，软件中的错误难以定位，难以改正，有时改正了已有的错误又引入新的错误。随着软件的社会拥有量越来越大，维护占用了大量人力、物力和财力。进入 20 世纪 80 年代以来，尽管软件技术水平有了长足的进展，但是软件生产水平依然远远落后于硬件生产水平的发展速度。尽管耗费了大量的人力、物力，但是系统的正确性却越来越难以保证，出错率大大增加，因此由软件错误而造成的损失十分惊人。

2）从软件开发人员的特点来看

（1）软件产品是人的思维结果，因此软件生产水平在相当程度上取决于软件人员的教育、训练和经验的积累。

（2）由于计算机技术和应用发展迅速，知识更新周期加快，软件开发人员经常处在变化之中，不仅需要适应硬件更新的变化，而且还要涉及日益扩大的应用领域问题研究；软件开发人员所进行的每一项软件开发几乎都必须调整自身的知识结构以适应新的问题求解的需要，而这种调整是人所固有的学习行为，难以用工具来代替。

（3）随着大型软件越来越多，需要多人合作开发，甚至要求软件开发人员深入研究应用领域的问题，这样就需要在用户与软件人员之间以及软件开发人员之间相互交流与沟通。在此过程中难免发生理解的差异，从而导致后续错误的设计或实现，而要消除这些误解和错误往往需要付出巨大的代价。

因此，可以得出，软件的生产是知识密集型和人力密集型的特点。而造成软件危机的根源就在于此。

1.2.4　消除软件危机的途径

为了消除软件危机，必须充分认识到软件开发不是某种个体劳动的神秘技巧，而应该是一种组织良好、管理严密、各类人员协同配合、共同完成的工程项目。必须充分吸取和借鉴人类长期以来从事各种工程项目所积累的行之有效的原理、概念、技术和方法，特别要吸取人类几十年来从事计算机硬件研究和开发的经验教训。应该推广使用在实践中总结出来的开发软件的成功的技术和方法，并且研究探索更好、更有效的技术和方法，尽快消除在计算机系统早期发展阶段形成的一些错误概念和做法。应该开发和使用更好的软件工具。正如机械工具可以"放大"人类的体力一样，软件工具可以"放大"人类的智力。在软件开发的每个阶段都有许多繁琐重复的工作需要做，在适当的软件工具辅助下，开发人员可以把这类工作做得既快又好。如果把各个阶段使用的软件工具有机地集合成一个整体，支持软件开发的全过程，则称为软件工程支撑环境。总之，为了解决软件危机，既要有技术措施（方法和工具），又要有必要的组织管理措施。软件工程正是从管理和技术两方面研究如何更好地开发和维护计算机软件的一门新兴学科。

1.3　软件工程基础理论

1.3.1　软件工程的介绍

概括地说，软件工程是指导计算机软件开发和维护的一门工程学科。采用工程的概念、原理、技术和方法来开发与维护软件，把经过时间考验而证明正确的管理技术和当前能够得到的最好的技术方法结合起来，以经济地开发出高质量的软件，并有效地维护它，这就是软件工程。

关于软件工程的定义有很多种，下面给出 3 个经典的定义

· 1968 年，在第一届 NATO 会议上曾经给出了软件工程的一个早期定义："软件工程就是为了经济地获得可靠的且能在实际机器上有效地运行的软件，而建立和使用完善的工程原理。"这个定义不仅指出了软件工程的目标是经济地开发出高质量的软件，而且强调了软件工程是一门工程学科，它应该建立并使用完善的工程原理。

· 1993 年，IEEE 进一步给出了一个更全面更具体的定义，软件工程是：①把系统的、规范的、可度量的途径应用于软件开发、运行和维护过程，也就是把工程应用于软件；②研究①中提到的途径。

· 《计算机科学技术百科全书》中定义：软件工程是应用计算机科学、数学及管理科学等原理，以工程化的原则和方法制作软件的工程。

1.3.2　软件工程框架

在《计算机科学技术百科全书》中，软件工程的框架可概括为目标、过程和原则。

软件工程的框架目标：生产具有正确性、可用性以及价格合宜的产品；正确性反映软件产品实现相应功能规约的程度；可用性反映软件的基本结构、实现及其文档为用户可用的程度；价格合宜反映软件开发与运行的总代价满足用户要求的程度。

软件工程过程：指生产一个最终满足需求且达到工程目标的软件产品所需要的步骤。软件工程过程包括：开发过程、运作过程、维护过程、管理过程、支持过程、获取过程、供应过程、剪裁过程等。

软件工程原则包括围绕工程设计、工程支持和工程管理所提出的以下 4 条基本原则。

1）选取适宜的开发模型

在软件系统设计中，软件需求、硬件需求以及其他因素是相互制约和影响的，经常需要权衡。因此，必须认识需求定义的易变性，采用适合的开发模型，保证软件产品能够满足用户的需求。

2）采用合适的设计方法

在软件设计中，通常要考虑软件的模块化、抽象与信息隐蔽、局部化、一致性以及适应性等特征。合适的设计方法有助于这些特征的实现，以达到软件工程的目标。

3）提供高质量的工程支持

在软件工程中，软件工具与环境对软件过程的支持颇为重要。软件工程的质量与开销直接取决于软件工程所提供的支撑质量和效用。

4）重视软件工程的管理

是否重视软件工程的管理，直接影响可用资源的有效利用，生产满足目标的软件产品及提高软件组织的生产能力等问题。因此，只有对软件过程予以有效管理，才能实现有效的软件工程。

1.3.3　软件工程的基本原理

著名的软件工程专家 B.W.Boehm 综合一些学者的意见并总结了 TRW 公司多年开发

软件的经验，于 1983 年在一篇论文中提出了软件工程的 7 条基本原理。他认为这 7 条原理是确保软件产品质量和开发效率的原理的最小集合。

这 7 条原理是互相独立的，其中任意 6 条原理的组合都不能代替另一条原理，因此，它们是缺一不可的最小集合。然而这 7 条原理又是相当完备的，人们虽然不能用数学方法严格证明它们是一个完备的集合，但是，可以证明在此之前已经提出的 100 多条软件工程原理都可以由这 7 条原理的任意组合蕴含或派生。

下面简要介绍软件工程的 7 条基本原理。

1）用分阶段的生命周期计划严格管理

有人经统计发现，在不成功的软件项目中，有一半左右是由于计划不周造成的。可见把建立完善的计划作为第一条基本原理是吸取了前人的教训而提出来的。

2）坚持进行阶段评审

当时已经认识到，软件的质量保证工作不能等到编码阶段结束之后再进行。这样说至少有两个理由：第一，大部分错误是在编码之前造成的，例如，根据 Boehm 等人的统计，设计错误占软件错误的 63%，编码错误仅占 37%；第二，错误发现与改正得越晚，所需付出的代价也越高。因此，在每个阶段都进行严格的评审，以便尽早发现在软件开发过程中所犯的错误，是一条必须遵循的重要原则。

3）实行严格的产品控制

在软件开发过程中改变需求是难免的，只能依靠科学的产品控制技术来顺应这种要求。也就是说，当改变需求时，为了保持软件各个配置成分的一致性，必须实行严格的产品控制，其中主要是实行基准配置管理。所谓基准配置又称为基线配置，它们是经过阶段评审后的软件配置成分。基准配置管理也称为变动控制：一切有关修改软件的建议，特别是涉及对基准配置的修改建议，都必须按照严格的规程进行评审，获得批准以后才能实施修改。绝对不能谁想修改软件，就随意进行修改。

4）采用现代程序设计技术

从提出软件工程的概念开始，人们一直把主要精力用于研究各种新的程序设计技术，并进一步研究各种先进的软件开发与维护技术。实践表明，采用先进的技术不仅可以提高软件开发和维护的效率，而且可以提高软件产品的质量。

5）结果应能清楚地审查

软件产品不同于一般的物理产品，它是看不见摸不着的逻辑产品。软件开发人员（或开发小组）的工作进展情况可见性差，难以准确度量，从而使得软件产品的开发过程比一般产品的开发过程更难于评价和管理。为了提高软件开发过程的可见性，更好地进行管理，应该根据软件开发项目的总目标及完成期限，规定开发组织的责任和产品标准，从而使得所得到的结果能够清楚地审查。

6）开发小组的人员应该少而精

这条基本原理的含义是，软件开发小组的组成人员的素质应该好，而人数则不宜过多。开发小组人员的素质和数量是影响软件产品质量和开发效率的重要因素。素质高的人员的开发效率比素质低的人员的开发效率可能高几倍至几十倍，而且素质高的人员所开发的软件中的错误明显少于素质低的人员所开发的软件中的错误。此外，随着开发小组人员数目的增加，因为交流情况讨论问题而造成的通信开销也急剧增加。当开发小组人员数为 N 时，可能的通信路径有 $N(N-1)/2$ 条，可见随着人数 N 的增大，通信开销将急剧增加。因此，组成少而精的开发小组是软件工程的一条基本原理。

7）承认不断改进软件工程实践的必要性

遵循上述 6 条基本原理，就能够按照当代软件工程基本原理实现软件的工程化生产。但是，仅有上述 6 条原理并不能保证软件开发与维护的过程能赶上时代前进的步伐，能跟上技术的不断进步。因此，Boehm 提出，应把承认不断改进软件工程实践的必要性作为软件工程的第 7 条基本原理。按照这条原理，不仅要积极主动地采纳新的软件技术，而且要注意不断总结经验。

1.3.4 软件工程方法学

软件工程包括技术和管理两方面的内容，是技术与管理紧密结合所形成的工程学科。

所谓管理就是通过计划、组织和控制等一系列活动，合理地配置和使用各种资源，以达到既定目标的过程。通常把在软件生命周期全过程中使用的一整套技术方法的集合称为方法学（methodology），也称为范型（paradigm）。在软件工程领域中，这两个术语的含义基本相同。

软件工程方法学包含 3 个要素：方法、工具和过程。其中，方法是完成软件开发的各项任务的技术方法，回答"怎样做"的问题；工具是为运用方法而提供的自动的或半自动的软件工程支撑环境；过程是为了获得高质量的软件所需要完成的一系列任务的框架，它规定了完成各项任务的工作步骤。

目前使用得最广泛的软件工程方法学是面向结构化方法学和面向对象方法学。

1）面向结构化方法学

面向结构化方法学采用结构化技术（结构化分析、结构化设计和结构化实现）来完成软件开发的各项任务，并使用适当的软件工具或软件工程环境来支持结构化技术的运用。这种方法学把软件生命周期的全过程依次划分为若干个阶段，然后顺序地完成每个阶段的任务。采用这种方法学开发软件的时候，从对问题的抽象逻辑分析开始，一个阶段一个阶段地进行开发。前一个阶段任务的完成是开始进行后一个阶段工作的前提和基础，而后一个阶段任务的完成通常使前一个阶段提出的解法更进一步具体化，加进了更多的实现细节。每一个阶段的开始和结束都有严格标准，对于任何两个相邻的阶段而言，前一阶段的结束标准就是后一阶段的开始标准。在每一个阶段结束之前都必须进行正式严格的技术审查和管理复审，从技术和管理两方面对这个阶段的开发成果进行审查，通过之后这个阶段才算结束；如果没通过审查，则必须进行必要的返工，而且返工后还要再经过审查。审查的一条主要标准就是每个阶段都应该交出"最新式的"（即和所开发的软件完全一致的）高质量的文档资料，从而保证在软件开发工程结束时有一个完整准确的软件配置被交付使用。文档是通信的工具，它们清楚准确地说明了到这个时候为止，关于该项工程已经知道了什么，同时奠定了下一步工作的基础。此外，文档也起备忘录的作用，如果文档不完整，那么一定是某些工作忘记做了，在进入生命周期的下一个阶段之前，必须补足这些遗漏的细节。

把软件生命周期划分成若干个阶段，每个阶段的任务相对独立，而且比较简单，便于不同人员分工协作，从而降低了整个软件开发工程的困难程度；在软件生命周期的每个阶段都采用科学的管理技术和良好的技术方法，而且在每个阶段结束之前都从技术和管理两个角度进行严格的审查，合格之后才开始下一阶段的工作，这就使软件开发工程的全过程以一种有条不紊的方式进行，保证了软件的质量，特别是提高了软件的可维护性。总之，采用生命周期方法学可以大大提高软件开发的成功率，软件开发的生产率也能明显提高。

面向结构化方法学虽然是人们在开发软件时使用得十分广泛的软件工程方法学。但是，用面向结构化方法学开发的软件，其稳定性、可修改性和可重用性都比较差，这是因为结构化方法的本质是功能分解，从代表目标系统整体功能的单个处理着手，自顶向下不断把复杂的处理过程分解为子处理，这样一层一层地分解下去，直到仅剩下若干个容易实现的子处理功能为止，然后用相应的工具来描述各个最底层的处理。因此，面向结构化方法学其实是围绕实现处理功能的"过程"来构造系统的。然而，用户需求的变化大部分是针对功能的，因此，这种变化对于基于过程的设计来说是灾难性的。用这种方法设计出来的系统结构常常是不稳定的，用户需求的变化往往造成系统结构的较大变化，从而需要花费很大代价才能实现这种变化。而面向对象方法学是基于构造问题领域的对象模型，以对象为中心构造软件系统。它的基本做法是用对象模拟问题领域中的实体，以对象间的联系刻画实体间的联系。因为面向对象的软件系统的结构是根据问题领域的模型建立起来的，而不是基于对系统应完成的功能的分解，所以，当对系统的功能需求变化时并不会引起软件结构的整体变化，往往仅需要作一些局部性的修改。因此，本书仅讲述面向对象方法学。

2）面向对象方法学

当软件规模庞大，或者对软件的需求是模糊的或会随时间而变化的时候，使用传统方法学开发软件往往不成功。此外，使用传统方法学开发出的软件，维护起来仍然很困难。

概括地说，面向对象方法学具有下述 4 个要点。

（1）把对象（object）作为融合了数据及在数据上的操作行为的统一的软件构件。面向对象程序是由对象组成的，程序中任何元素都是对象，复杂对象由比较简单的对象组合而成。也就是说，用对象分解取代传统方法的功能分解。

（2）把所有对象都划分成类（class）。每个类都定义了一组数据和一组操作，类是对具有相同数据和相同操作的一组相似对象的定义。数据用于表示对象的静态属性，是对象的状态信息，而施加于数据之上的操作用于实现对象的动态行为。

（3）按照父类（或称为基类）与子类（或称为派生类）的关系，把若干个相关类组成一个层次结构的系统（也称为类等级）。在类等级中，下层派生类自动拥有上层基类中定义的数据和操作，这种现象称为继承。

（4）对象彼此间仅能通过发送消息互相联系。对象与传统数据有本质区别，它不是被动地等待外界对它施加操作，相反，它是数据处理的主体，必须向它发消息请求它执行它的某个操作以处理它的数据，而不能从外界直接对它的数据进行处理。也就是说，对象的所有私有信息都被封装在该对象内，不能从外界直接访问。这就是通常所说的封装性。

面向对象方法学的出发点和基本原则是尽量模拟人类习惯的思维方式，使开发软件的方法与过程尽可能接近人类认识世界解决问题的方法与过程，从而使描述问题的问题空间（也称为问题域）与实现解法的解空间（也称为求解域）在结构上尽可能地一致。

3）面向结构化方法学和面向对象方法学的相异点

（1）面向结构化方法学强调自顶向下顺序地完成软件开发的各阶段任务。事实上，人类认识客观世界解决现实问题的过程，是一个渐进的过程。人的认识需要在继承已有的有关知识的基础上，经过多次反复才能逐步深化。在人的认识深化过程中，既包括了从一般到特殊的演绎思维过程，也包括了从特殊到一般的归纳思维过程。

（2）用面向对象方法学开发软件的过程，是一个主动地多次反复迭代的演化过程。面向对象方法在概念和表示方法上的一致性，保证了在各项开发活动之间的平滑（即无缝）过渡。面向对象方法普遍进行的对象分类过程，支持从特殊到一般的归纳思维过程；通过建立类等级而获得的继承性，支持从一般到特殊的演绎思维过程。

正确地运用面向对象方法学开发软件，则最终的软件产品由许多较小的、基本上独立的对象组成，每个对象相当于一个微型程序，而且大多数对象都与现实世界中的实体相对应，因此，降低了软件产品的复杂性，提高了软件的可理解性，简化了软件的开发和维护工作。对象是相对独立的实体，容易在以后的软件产品中重复使用，因此，面向对象范型的另一个重要优点是促进了软件重用。面向对象方法特有的继承性和多态性，进一步提高了面向对象软件的可重用性。

1.3.5　软件生存周期

软件生存周期（SDLC，又称为软件生命期、生存期）是指从形成开发软件概念起，所开发的软件使用以后，直到失去使用价值消亡为止的整个过程。周期内有如下几个活动：问题定义、可行性研究、需求分析、概要设计、详细设计、编码、综合测试、运行和维护。每一个阶段又可以分为若干个小阶段。这种按时间分段的方法是软件工程中的一种原则，即按部就班、逐步推进，每个阶段都要有定义、审查，并形成文档供交流或备查，以提高软件的质量。但是随着面向对象的设计方法和技术的日趋成熟，软件生命周期设计方法的指导意义正在逐步减弱。下面简要介绍软件生存周期每个阶段的基本任务，如表 1-1 所示。

表 1-1　软件生存周期表

阶段	关键问题	结束标准
问题定义	要解决的问题是什么	分析系统规模与目标任务
可行性研究	确定问题是否有行得通的解决方案	系统的顶层模型 数据流图 成本效益分析方法

续表

阶段	关键问题	结束标准
需求分析	目标系统必须要做些什么	数据流图 数据字典 算法描述
概要设计	怎样实现目标系统	系统流程图；层次结构图
详细设计	应该具体实现这个系统	HIPO 图
编码	写出正确理解与维护的程序模块	源代码
综合测试	使软件达到预定的要求	单元测试及其他测试方案与结果
运行和维护	持续满足用户要求	改正性维护 适应性维护 完善性维护 预防性维护

1.3.6　软件过程模型

软件过程是为了获得高质量软件所需要完成的一系列任务的框架，它规定了完成各项任务的工作步骤。因此，ISO 9000 把过程定义为"使用资源将输入转化为输出的活动所构成的系统。"此处，"系统"的含义是广义的："系统是相互关联或相互作用的一组要素"。

没有一个适用于所有软件项目的任务集合。因此，科学、有效的软件过程应该定义一组适合于所承担的项目特点的任务集合。通常，一个任务集合包括一组软件工程任务、里程碑和应该交付的产品。

通常使用的生命周期模型图如图 1-2 所示。它简洁地描述软件过程。生命周期模型规定了把生命周期划分成哪些阶段，以及各个阶段的执行顺序，因此，也称为过程模型。

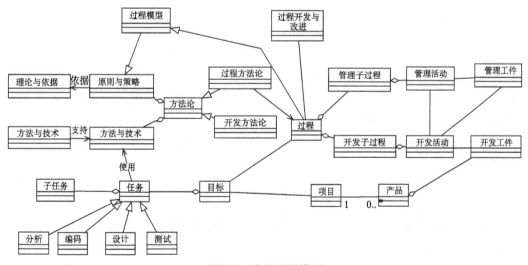

图 1-2　生命周期模型

常见的典型过程模型有：瀑布模型（waterfall model）、原型模型（prototype model）、快速模型、增量模型、螺旋模型、并发模型、构件开发模型、形式化模型、第四代技术。

1）瀑布模型

瀑布模型是在 1970 年由温斯顿·罗伊斯提出的，一直到 20 世纪 80 年代早期，它一直是唯一被广泛采用的软件开发模型。瀑布模型将软件生命周期划分为问题定义、计划、建造、建模、部署 5 个基本活动，并且规定了它们自上而下相互衔接的固定次序，如同瀑布流水，逐级下落，如图 1-3 所示。

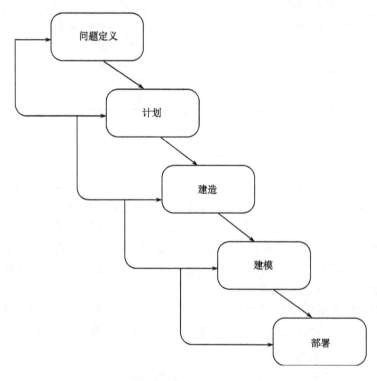

图 1-3　瀑布模型

它的优点是：

（1）它提供了一个模板，这个模板使得分析、设计、编码、测试和支持的方法可以在该模板下有一个共同的指导。

（2）它强调文档的作用，并要求每个阶段都要仔细验证。

它的缺点是：

（1）实际的项目大部分情况难以按照该模型给出的顺序进行，而且这种模型的迭代是间接的，这很容易由微小的变化而造成大的混乱。

（2）经常情况下客户难以表达真正的需求，而这种模型却要求如此，这种模型是不欢迎具有二义性问题存在的。

（3）客户要等到开发周期的晚期才能看到程序运行的测试版本，而在发现大的错误时，可能引起客户的惊慌，而后果也可能是灾难性的。

（4）由于开发模型是线性的，用户只有等到整个过程的末期才能见到开发成果，从而增加了开发的风险。

2）原型模型

它从需求收集开始就要求开发者和客户在一起定义软件的总体目标，标识已知的需求，并且规划出需要进一步定义的区域。然后是"快速设计"，它集中于软件中那些对客户可见的部分的表示，这将导致原型的创建，并由客户评估并进一步评估待开发软件的需求。逐步调整原型使其满足客户的需求，这个过程是迭代的。其流程从听取客户意见开始、随后是建造/修改原型、客户测试运行原型，然后回头往复循环，直到客户对原型满意为止，如图 1-4 所示。

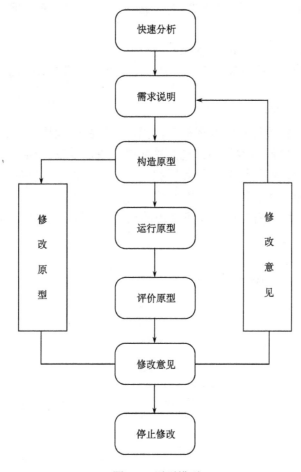

图 1-4　原型模型

它的优点是：

在客户和开发者间达成一致协议：原型被建造仅为了定义需求，之后就被抛弃或者部分抛弃，那么这种模型就很合适了。

它的缺点是：

（1）没有考虑软件的整体质量和长期的可维护性。

（2）大部分情况是不合适的操作算法被采用，目的为了演示功能，不合适的开发工具被采用仅仅因为它方便，还有不合适的操作系统被选择等。

（3）不宜利用原型系统作为最终产品。采用原型模型开发系统，用户和开发者必须达成一致：原型被建造仅仅是用户用来定义需求，之后便部分或全部抛弃，最终的软件是要充分考虑了质量和可维护性等方面之后才被开发。

通过上述的描述可知，原型模型可以分为以下 3 种类型。

① 探索型（exploratory prototyping）

其目的是要弄清目标系统的要求，确定所希望的特性，并探讨多种方案的可行性。

② 实验型（experimental prototyping）

其目的是验证方案或算法的合理性，它是在大规模开发和实现前，用于考核方案是否合适、规格说明是否可靠。

③ 演化型（evolutionary prototyping）

其目的是将原型作为目标系统的一部分，通过对原型的多次改进，逐步将原型演化成最终的目标系统。

3）快速模型（RAD）

这是一个增量型的软件开发过程模型，强调极短的开发周期，它是线性模型的一个"高速"变种，通过使用构件的建造方法赢得了快速开发。如果对需求理解得好而且约束了项目的范围，利用这种模型可以很快地创建出功能完善的"信息系统"。其流程从业务建模开始，随后是数据建模、过程建模、应用生成、测试及反复。RAD 过程强调的是复用，复用已有的或开发可复用的构件。实际上 RAD 采用了第四代技术，如图 1-5 所示。

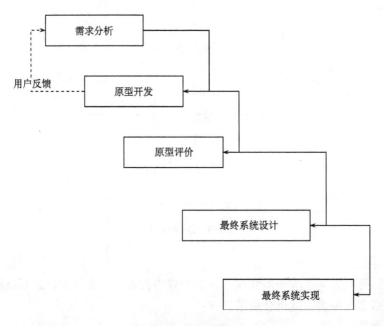

图 1-5　快速模型

它的优点是：开发速度快，质量有保证。

它的缺点是：

（1）对于较大的项目需要足够的人力资源去建造足够的 RAD 组。

（2）开发者和客户必须在很短的时间内完成一系列的需求分析，任何一方配合不当都会导致 RAD 项目失败。

（3）这种模型对模块化要求比较高，如果有哪一功能不能被模块化，那么建造 RAD 所需要的构件就会有问题。

4）增量模型

这种模型融合了线性顺序模型的基本成分和原型实现模型的迭代特征。增量模型采用随着日程时间的进展而交错的线性序列。每一个线性序列产生软件的一个可发布的"增量"。当使用增量模型时，第一个增量往往是核心的产品，也就是说第一个增量实现了基本的需求，但很多补充的特征还没有发布。客户对每一个增量的使用和评估，都作为下一个增量发布的新特征和功能。这个过程在每一个增量发布后不断从复，直到产生最终的完善产品。增量模型强调每一个增量均发布一个可操作的产品，如图 1-6 所示。

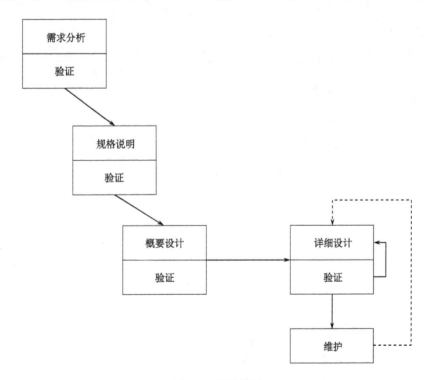

图 1-6　增量模型

它的优点是：

（1）人员分配灵活，刚开始不用投入大量人力资源，当核心产品很受欢迎时，可增加人力实现下一个增量。

（2）当配备的人员不能在设定的期限内完成产品时，它提供了一种先推出核心产品的途径，这样就可以先发布部分功能给客户，对客户起到镇静剂的作用。

它的缺点是：自始至终开发者和客户纠缠在一起，直到最终版本出来。

5）螺旋模型

这是一个演化软件过程模型，它将原型实现的迭代特征和线性顺序模型中控制的和系统化的方面结合起来，使得软件的增量版本的快速开发成为可能。在螺旋模型中，软件开发是一系列的增量发布。在每一个迭代中，被开发系统的更加完善的版本逐步产生。螺旋模型被划分为若干框架活动，也称为任务区域，如图 1-7 所示。

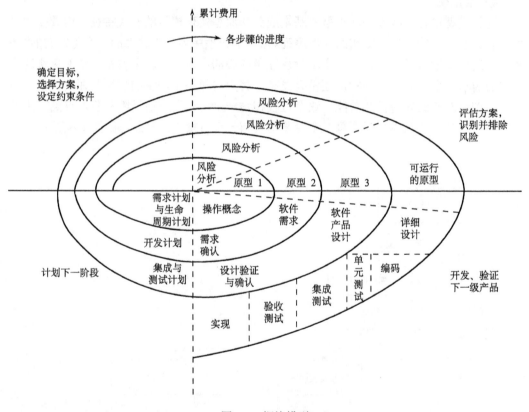

图 1-7 螺旋模型

（1）客户交流：建立开发者和客户之间有效通信所需要的任务。

（2）计划：定义资源、进度及其他相关项目信息所需要的任务。

（3）风险分析：评估技术的及管理的风险所需要的任务。

（4）工程：建立应用的一个或多个表示所需要的任务。

（5）构造及发布：构造、测试、安装和提供用户支持所需要的任务。

（6）客户评估：基于对在工程阶段产生的或在安装阶段实现的软件表示的评估，获得客户反馈所需要的任务。

这是一个相对较新的模型，它的功效还需要经历若干年的使用才能确定下来。

它的缺点是：

（1）需要相当的风险分析评估的专门技术，且成功依赖于这种技术。

（2）很明显一个大的没有被发现的风险问题，将会导致问题的发生，可能导致演化的方法失去控制。

（3）这种模型相对比较新，应用不广泛，其功效需要进一步的验证。

它的优点是：对于大型系统及软件的开发，该模型是一个很好的方法。开发者和客户能够较好地对待和理解每一个演化级别上的风险。

6）并发模型

这种模型关注于多个任务的并发执行，表示为一系列的主要技术活动、任务及它们的相关状态。并发过程模型是由客户要求、管理决策、评审结果驱动的。该模型不是将软件工程活动限定为一个顺序的事件序列，而是定义了一个活动网络。网络上的每一个活动均可与其他活动同时发生。这种模型可以提供一个项目的当前状态的准确视图。

它的优点是：

（1）可用于所有类型的软件开发，而对于客户/服务器结构更加有效。

（2）可以随时查阅到开发的状态。

7）构件开发模型

面向对象的技术为软件工程的基于构件的过程模型提供了技术框架。面向对象模型强调了类的创建、类的封装了的数据、操纵该数据的算法。一般来讲，经过恰当的设计和实现，面向对象的类可以在不同的应用及基于计算机的系统的体系结构中复用。基于构件的开发模型融合了螺旋模型的许多特征，它本质上是演化形的，要求软件创建的迭代方法。然而基于构件的开发模型是利用预先包装好的软件构件（有时成为类）来构造应用。

开发活动从候选类的标识开始，这一步是通过检查将被应用系统操纵的数据及用于实现该操纵的算法来完成的。相关的数据和算法被封装成一个类。

它的优点是：

（1）构件可复用，提高了开发效率。

（2）采用了面向对象的技术。

它的缺点是：过分依赖于构件，构件库的质量影响产品质量。

8）形式化模型

形式化方法模型包含了一组活动，它们导致了计算机软件的数学规约。形式化方法使得软件工程师们能够通过应用一个严格的数学符号体系来规约、开发和验证基于计算机的系统。这种方法的一个变种被称为净室软件工程，已经被一些组织所采用。在开发中使用形式化方法时，它们提供了一种机制，能够消除使用其他软件过程模型难以克服的很多问题。二义性、不完整性、不一致性被更容易地发现和纠正，不是通过专门的评审，而是通过对应用的数学分析。形式化方法提供了可以产生无缺陷软件的承诺。

它的优点是：

（1）形式化规约可直接作为程序验证的基础，可以尽早地发现和纠正错误（包括那些其他情况下不能发现的错误。

（2）开发出来的软件具有很高的安全性和健壮性，特别适合安全部门或者软件错误会造成经济损失的开发者。

（3）具有开发无缺陷软件的承诺。

它的缺点是：

（1）开发费用昂贵（对开发人员需要进行多方面的培训），而且需要的时间较长。

（2）不能将这种模型作为对客户通信的机制，因为客户对这些数学语言一无所知。

9）第四代技术

第四代技术（4GT 模型）的典型特征是系列的软件工具的使用。它能够使软件工程师们在较高级别上规约软件的某些特征，然后根据开发者的规约自动生成源代码。我们知道，软件在越高的级别上被规约，就越能被快速地建造出程序。软件工程的 4GT 模型集中于规约软件的能力。和其他模型一样，4GT 也是从需求收集这一步开始的，要将一个 4GT 实现变成最终产品，开发者还必须进行彻底的测试，开发有意义的文档，并且要完成其他模型中同样要求的所有集成活动。总之，4GT 已经成为软件工程的一个重要方法。特别是和基于构件的开发模型结合起来时，4GT 模型可能成为当前软件开发的主流模型。

它的优点是：

（1）缩短了软件开发时间，提高了建造软件的效率。

（2）对很多不同的应用领域提供了一种可行性途径和解决方案。

它的缺点是：

（1）用工具生成的源代码可能是"低效"的。

（2）生成的大型软件的可维护性还不理想。

1.3.7　计算机辅助软件工程与环境

计算机辅助软件工程（Computer Aided（or Assisted）Software Engineering，CASE）指用来支持管理信息系统开发的、由各种计算机辅助软件和工具组成的大型综合性软件开发环境，随着各种工具和软件技术的产生、发展、完善和不断集成，逐步由单纯的辅助开发工具环境转化为一种相对独立的方法论。CASE 研究和实践的重点集中在 CASE 工具和软件开发环境两个方面。

1）CASE 发展简介

软件工程领域在 1997 年至 2003 年取得了前所未有的进展，其成果超过软件工程领域过去 20 年来的成就总和。其中最重要的、具有划时代重大意义的成果之一就是统一建模语言（UML）和计算机辅助软件工程工具的出现。

软件工程学家们通常把 CASE 工具的发展分为三代。

第一代 CASE 工具始于 20 世纪 70 年代中期。当时是为了使结构化方法的分析、设计自动化，针对结构化方法而设计的，利用当时的技术开发的 CASE 工具是基于文本的，也是较低级的。

第二代 CASE 工具是随着 20 世纪 80 年代带有图形接口的微机和工作站的问世而产生的。与第一代 CASE 工具相比，增加了一些图表处理功能。

这两代 CASE 工具在辅助软件工程人员的系统开发的过程中帮助都不太大，它们只是为以前手工做的一些图形、文本提供一定的帮助。整个开发方法及整个分析、设计工作还是需要软件工程人员去做。

到了 20 世纪 90 年代末，计算机辅助工程发展迅速，进入了第三代，短短的几年的发展超过了过去 15 年的总和。第三代 CASE 工具不仅支持系统生命周期的各个阶段，而且利用方法论对各个阶段进行指导，自动生成以往需要人力来完成的一些图、表和代码，并能自动提供报表，还能为系统生命周期和再加工处理提供自动化工具。

2）CASE 开发环境

CASE 作为一个通用的软件支持环境，它应能支持软件开发过程的全部技术工作及其管理工作。CASE 的集成软件工具能够为系统开发过程提供全面的支持，其作用包括：

- 生成用图形表示的系统需求和设计规格说明；
- 检查、分析相交叉引用的系统信息；
- 存储、管理并报告系统信息和项目管理信息；
- 建立系统的原型并模拟系统的工作原理；生成系统的代码及有关的文档；
- 实施标准化和规格化；
- 对程序进行测试、验证和分析；连接外部词典和数据库。

为了提供全面的软件开发支持，一个完整的 CASE 环境具有的功能有：图形功能、查错功能、中心信息库、高度集成化的工具包、对软件开发生命周期的全面覆盖、支持建立系统的原型、代码的自动生成、支持结构化的方法论。

一个完善的 CASE 环境必须具有下列特征：

- 能生成结构化图的图形接口；
- 能存储和管理所有软件系统信息的中心信息库；
- 共享一个公共用户接口的高度集成化的软件工具包；
- 具有辅助每个阶段的工具；
- 具有由设计规格说明自动生成代码的工具；
- 在工具中实现能进行各类检查的软件生命周期方法论。

从上面可以看出 CASE 工具的优点是：它可以加快开发速度，提高应用软件生产率，并保证应用软件的可靠品质。计算机专业人员利用计算机使他们的企业提高了效率，企业的各个部门通过使用计算机提高了生产率和效率，增强了企业的竞争力，并带来了更多的利润。

1.4 制定软件开发计划

通过上面两节的简单介绍，我们大概已经了解软件系统研发的一般理论基础，以及在开发一个软件项目系统时必须了解该软件系统背景因素，它为我们进行该软件系统的研发奠定理论和现实基础。同时，它也使我们进一步认识到：在整个软件系统研发的生命周期中，第一阶段一定要进行问题定义，然后分析解决该问题的可行性办法，在该软件项目获得批准后，还要进一步制定软件项目开发与管理计划。要完成这一阶段的工作，就要详细地进行客户关系管理系统的市场调研，进行较深入的可行性分析研究。只有精心研究、制定详细完整的软件项目规划战略，项目才能进入正轨，目标才能沿正确的方向一直到最后的实现。软件计划流程如图 1-8 所示。

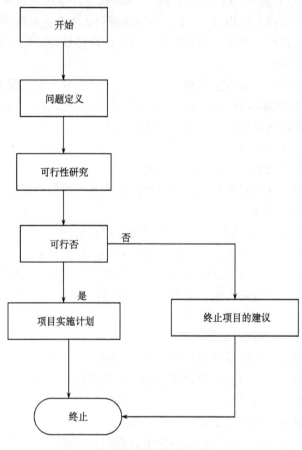

图 1-8 软件计划流程图

1.4.1 问题的定义

1）了解问题定义的任务

问题定义阶段必须回答的关键问题是：要解决的问题是什么？如果不知道问题是什么就试图解决这个问题，显然是盲目的，只会白白浪费时间和金钱，最终得出的结果很可能是毫无意义的。尽管确切地定义问题的必要性是十分明显的，但是在实践中它却可能是最容易被忽视的一个步骤。通过问题定义阶段的工作，开发人员应该提出关于问题性质、工程目标和规模的书面报告。通过对系统的实际用户和使用部门负责人的访问调查，开发人员扼要地写出他对问题的理解，并在用户和使用部门负责人的会议上认真讨论这份书面报告，澄清含糊不清的地方，改正理解不正确的地方，最后得出一份双方都满意的文档。问题定义阶段是软件生存周期中最简短的阶段，一般只需要一天甚至几个小时的时间。

2）CRM 软件系统问题定义的具体内容

通过对上面的了解可知，问题定义阶段的文档是比较简单。下面是 CRM 的问题定义报告中相对比较重要的内容：

项目名称：XXX CRM 软件管理系统。

使用单位：XXX 公司或者部门。

开发单位：XXX 软件研发部。

用途和目标：使 XXX CRM 软件管理充分满足 XXX 公司或者部门对客户管理的要求，达到客户管理的规范化和决策的科学化。

开发的研制时间和交付时间：一年半，于 XXXX 年 X 月 X 日交付。

软件项目可能投入的经费涉及的软件和硬件：300 万，软件若干，硬件若干。

使用方和开发单位双方的全称和盖章。

使用方和开发单位双方的负责人签字。

1.4.2　可行性研究分析

1. 可行性研究的任务

可行性研究的目的不是解决问题，而是确定问题是否值得去解决。怎样达到这个目的呢？当然不能靠主观猜想而只能靠客观分析。必须分析几种主要可能解法的利弊，从而判断原定的系统规模和目标是否现实，系统完成后所能带来的效益是否大到值得投资开发这个系统的程度。因此，可行性研究实质上是要进行一次大大压缩简化了的系统分析和设计的过程，也就是在较高层次上以较抽象的方式进行的系统分析和设计的过程。可行性研究分析主要从经济、技术和法律等方面分析所给出的解决方案是否可行，能否在规定的资源和时间的约束下完成。

- 技术可行性：使用现有的技术能实现这个系统吗？
- 经济可行性：这个系统的经济效益能超过它的开发成本吗？
- 操作可行性：系统的操作方式在这个用户组织内行得通吗？

2. 可行性研究的一般过程

1）复查系统规模和目标

分析员访问关键人员，仔细阅读和分析有关的材料，以便对问题定义阶段书写的关于规模和目标的报告书进一步复查确认，改正含糊或不确切的叙述，清晰地描述对目标系统的一切限制和约束。这个步骤的工作实质上是为了确保分析员正在解决的问题确实是要求他解决的问题。

2）研究目前正在使用的系统

现有的系统是信息的重要来源。新的目标系统必须也能完成它的基本功能；另一方面，如果现有的系统是完美无缺的，用户自然不会提出开发新系统的要求，因此，现有的系统必然有某些缺点，新系统必须能解决旧系统中存在的问题。此外，运行使用旧系统所需要的费用是一个重要的经济指标，如果新系统不能增加收入或减少使用费用，那么从经济角度看，新系统就不如旧系统。应该仔细阅读分析现有系统的文档资料和使用手册，也要实地考察现有的系统。应该注意了解这个系统可以做什么，为什么这样做，还要了解使用这个系统的代价。在了解上述这些信息的时候，显然必须访问有关的人员。

没有一个系统是在"真空"中运行的，绝大多数系统都和其他系统有联系。应该注意了解并记录现有系统和其他系统之间的接口情况，这是设计新系统时的重要约束条件。

3）导出新系统的高层逻辑模型

优秀的设计过程通常总是从现有的物理系统出发，导出现有系统的逻辑模型，再参考现有系统的逻辑模型，设想目标系统的逻辑模型，最后根据目标系统的逻辑模型建造新的物理系统。

通过前一步的工作，分析员对目标系统应该具有的基本功能和所受的约束已有一定了解，能够使用数据流图，描绘数据在系统中流动和处理的情况，从而概括地表达出他对新系统的设想。通常为了把新系统描绘得更清晰准确，还应该有一个初步的数据字典，定义系统中使用的数据。数据流图和数据字典共同定义了新系统的逻辑模型，以后可以从这个逻辑模型出发设计新系统。

4）进一步定义问题

新系统的逻辑模型实质上表达了分析员对新系统必须做什么的看法。分析员应该和用户一起再次复查问题定义、工程规模和目标，这次复查应该把数据流图和数据字典作为讨论的基础。如果分析员对问题有误解，或者用户曾经遗漏了某些要求，那么现在是发现和改正这些错误的时候了。

可行性研究的前 4 个步骤实质上构成一个循环。分析员定义问题，分析这个问题，导出一个试探性的解；在此基础上再次定义问题，再一次分析这个问题，修改这个解；继续这个循环过程，直到提出的逻辑模型完全符合系统目标。

5）导出和评价供选择的解法

首先，分析员应该从他建议的系统逻辑模型出发，导出若干个较高层次的（较抽象的）物理解法供比较和选择。导出供选择的解法的最简单的途径，是从技术角度出发考虑解决问题的不同方案。还可以使用组合的方法导出若干种可能的物理系统。

当从技术角度提出了一些可能的物理系统之后，应该根据技术可行性的考虑初步排除一些不现实的系统。把技术上行不通的解法去掉之后，就剩下了一组技术上可行的方案。

其次，可以考虑操作方面的可行性。分析员应该根据使用部门处理事务的原则和习惯检查技术上可行的那些方案，去掉其中从操作方式或操作过程的角度看用户不能接受的方案。

接下来，应该考虑经济方面的可行性。分析员应该估计余下的每个可能的系统的开发成本和运行费用，并且估计相对于现有的系统而言这个系统可以节省的开支或可以增加的收入。然后，在这些估计数字的基础上，对每个可能的系统进行成本/效益分析。一般说来，只有投资预计能带来利润的系统才值得进一步考虑。

最后，为每个在技术、操作和经济等方面都可行的系统制定实现进度表，这个进度表不需要（也不可能）制定得很详细，通常只需要估计生命周期每个阶段的工作量即可。

　　6）推荐行动方针

　　根据可行性研究结果应该做出的一个关键性决定是，是否继续进行这项开发工程。分析员必须清楚地表明他对这个关键性决定的建议。如果分析员认为值得继续进行这项开发工程，那么他应该选择一种最好的解法，并且说明选择这个解决方案的理由。通常使用部门的负责人主要根据经济上是否划算决定是否投资于一项开发工程，因此分析员对于所推荐的系统必须进行比较仔细的成本/效益分析。

　　7）草拟开发计划

　　分析员应该为所推荐的方案草拟一份开发计划，除了制定工程进度表之外，还应该估计对各类开发人员和各种资源的需要情况，应该指明什么时候使用以及使用多长时间。此外还应该估计系统生命周期每个阶段的成本。最后应该给出下一个阶段（需求分析）的详细估计进度表和成本。

　　8）书写文档提交审查

　　应该把上述可行性研究各个步骤的工作结果写成清晰的文档，请用户、客户组织的负责人及评审组审查，以决定是否继续这项工程及是否接受分析员推荐的方案。

1.4.3　项目论证

1. 项目论证的概念

　　"先论证，后决策"是现代项目管理的基本原则。项目论证是指对拟实施项目在技术上是否可能、经济上是否有利、建设上是否可行所进行的综合分析和全面科学论证的技术经济研究活动。其目的是为了避免或减少项目决策的失误，提高投资的效益和综合效果，是为项目决策提供客观依据的一种技术经济研究活动。

　　项目论证研究的对象一般包括工程项目、技术改造与设备更新项目、产品开发项目及技术发展项目等，它是各类项目实施前的首要环节。一般情况下，任何项目都要通过项目论证说明这个项目建设的条件是可靠的，采用的技术是先进的，经济上是有较大的利润可图的。项目论证报告也是筹措项目资金、进行银行贷款、开展设计、签订合同、进行施工准备的重要依据，只有经过项目论证认为可行的项目，才允许依次进行设计、实施和运行。

　　项目论证是第二次世界大战后在美国建立和发展起来的，后来在许多工业发达国家得到了普遍应用。因为它运用现代技术科学和经济科学的新成就，发展并形成了一套比较完善的理论和方法；它所研究的内容及其深度和广度，对指导项目的实施具有重要的使用价值。因此项目论证已成为各类项目实施必不可少的重要环节，目前在我国已得到了广泛的应用。

　　概括起来，可以说有 3 个方面：一是技术；二是市场需求；三是财务经济。市场是前提，技术是手段，核心问题是财务经济，即投资盈利问题。其他一切问题，包括复杂的技术工作、市场需要预测等都是围绕这个核心进行的，并为此核心提供各种方案。

2. 项目论证的作用

项目论证通过对实施方案的工艺技术、产品、原料、未来的市场需求与供应情况以及项目的投资与收益情况的分析,从而得出各种方案的优劣以及在实施技术上是否可行,经济上是否合算等信息,供决策参考。

3. 制定软件系统项目评估大纲

软件系统项目评估大纲应该包括以下几个方面内容:

(1)项目概况:

- 项目基本情况。
- 综合评估结论,提出是否批准或可否贷款的结论性意见。

(2)详细评估意见。

(3)总结和建议:

- 存在或遗留的重大问题
- 潜在的风险
- 建议

1.4.4　制定软件系统项目的整体管理计划

软件项目整体管理是项目管理中一项综合性和全局性的管理工作。整体管理包括保证项目各要素相互协调所需要的过程。具体地讲,是对项目管理过程组中的不同过程和活动进行识别、定义、整合、统一和协调的过程。就项目管理而言,整体管理含有统一、整合、关联和集成等措施,这些措施对完成项目、成功地满足项目干系人的要求和管理他们的期望起到很关键的作用。就管理具体项目而言,整体管理就是要决定在什么时间把工作量分配到相应的资源上,有哪些潜在的问题并在其变坏之前积极处理,以及协调各项工作使项目整体上取得一个好的结果。

1. 如何制定项目管理计划

项目计划是项目管理工作的中心内容。根据不同的目的和不同的时间进展,可以有不同类型的计划。具体分为:里程碑计划、实施计划、项目进度计划。每一种项目计划都是为完成一个项目管理工作而安排的具体内容。

1)里程碑计划

里程碑计划是确定项目的关键交付物或者项目交付产品的具体时间表。里程碑计划可以看做一个项目在初级阶段制订的蓝图,是对项目完成时间以及项目产品交付时间的计划。里程碑计划可以直接在日历上用一个三角加以表示,如表1-2所示。

2)项目实施计划

一个成功的项目管理是在有组织的人员和团体的基础上展开的,涉及制订要完成的目标和工作,以及为保证工作得以实施而提供领导支持和指导。项目的全局目标需要用更加简短的期间目标明确表明,并且通过精心策划的计划、进度和预算等来完成。然后实施控制以确保计划和进度按照预期付诸实施。

表 1-2　里程碑计划表

事件	数据时间				
签署合同	一月	二月	三月	四月	五月
技术要求说明书定稿			△		
系统审查			△		
子系统测试				△	
子计划完成					△

有多种可使用的方法用以显示里程碑网络图中的项目信息

△计划的　　　实际的

项目的实施计划表现为整个项目实施的所有步骤，包括项目管理的各个方面。涉及要制订完成的目标及其相应的工作，以及怎样为保证工作的实施提供相应的领导支持和指导。其中包括进度计划和成本预算、成本管理计划与风险管理计划等。

3）项目进度计划

项目进度计划就是根据项目实施具体的日程安排，规划整个工作进展，也称为项目初步计划、详细计划或者整体计划和子计划等。

2. 如何编制项目的进度计划

编制一个项目进度计划，一般需要经过以下过程：

（1）确定项目目的、需要和范围。其结果要素具体说明了项目成品、期望的时间、成本和质量目标（回答是什么、做多少和什么时候）。要素范围包括用户决定的成果以及产品可以接受的程度，包括指定的一些可以接受的条件。

（2）指定的工作活动、任务或达到目标的工作被分解、下定义并列出清单。（哪些？）

（3）创建一个项目组织以指定部门、分包商和经理对工作活动负责。（由谁？）

（4）准备进度计划以表明工作活动的时间安排、截止日期和里程碑。（何时？以什么顺序？）

（5）准备预算和资源计划。表明资源的消耗量和使用时间，以及工作活动和相关事宜的开支。（做多少？何时做？）

（6）准备各种预测，关于完成项目的工期、成本和质量预测。（需要多长时间？将会花费多少？何时项目将会结束？）

3. 计划实施计划——项目子计划

具体一个项目实施计划可以分为若干个子计划。如项目的人员组织计划、项目的进度报告计划、采购供应计划、其他资源供应计划、变更控制计划、风险管理计划、成本控制计划、文件控制计划等。有些企业编制相应的企业内部项目计划手册，在计划手册里给出了不同计划、不同子计划的格式和激励表格的典型表格样本。企业的所有项目工作可以参照这个统一的模板来制订相应的工作计划，便于在整个组织内沟通和集中协调管理，主要是查看项目计划都包括哪些类型，每一种类型都有什么特点。

　　4. 实施总体计划内容

　　项目最初立项是由准备一个正式的、书面的总体计划开始的。该计划的意图在于，在项目的生命周期里，为项目经理和项目团队提供指导，并且告诉他们需要什么资源，何时消耗与消耗多少资源。以便掌握项目进程，确定何时落后于进度，知道做些什么能赶上进度。一个项目计划包括若干个子计划，每个子计划并不是相互独立、相互分离的，它们是一个整体。因此，项目实施计划是一个总体计划。项目总体计划的内容通常包括如下几个方面：

　　1）项目管理工作的概要

　　面向最高管理层的项目总体描述。它包括项目目标、总体需求、约束条件、问题领域（以及怎样得到解决）等方面的简短介绍，标明主要的事件和里程碑。

　　2）具体管理和组织部分

　　·项目管理和组织：项目管理的详细细节以及确定关键人物和职权关系。

　　·人力：从技能、专业特长等方面估计劳动力的需求，以及分配和招募有资格人员的策略。

　　·培训和人员开发：制订管理层的变动发展和人员培训概要，为项目提供必要的支持。

　　3）技术部分

　　主要项目活动、时间和成本的总体预览。

　　·工作说明和工作范围：主要项目活动和任务，以及结果或成品的一般介绍。

　　·工作分解：工作包一览表和每一项工作的介绍。

　　·职责分派：人员和其在项目中负责的工作包及其他方面的列表。

　　·项目进度计划：一般的项目和任务进度计划表示了主要的事件、里程碑、关键行动和决策点，常用的有甘特图、项目网络图和 PERT/CPM 图。

　　·预算和财政支持：所需资金的估算和时间安排，以及劳动力、材料和设施的开发费用。

　　·测试：将各项需要测试的物品列在表上，包括程序、时间安排和人员职责。

　　·变更控制计划：关于项目计划的任何方面的变更所要进行的审查和决策程序。

　　·质量计划：有关质量监控的测量方法以及各项工作任务、部件和成品装配的预计验收结果。

　　5. 工作分解结构

　　1）常用的计划开发工具

　　·工作分解结构（Work Breakdown Structure，WBS）和工作包（Work Package）。项目工作分解结构，就是把项目的工作按照一定的要求分解成特定的工作包或者特定的活动和任务。WBS 有两种含义：一是指分解后的结果，二是指分解方法。

- 职责矩阵（Responsibility Matrix）：用来定义项目组织、个别关键人员及其职责。
- 事件（Event）和里程碑（Milestone）：用来确定项目进度中的关键点和主要的发生事件。
- 甘特图（Gantt Chart）。

除了以上 4 种工具，其他的计划工具还有网络、关键路径分析、PERT/CPM、成本估算、预算和预测。

2）WBS 工作分解

WBS 是在项目目标确定以后，为了进行有效的项目管理，按照一定的规律把项目分解成一个一个的工作包，这种分解通常是按照一定层次进行。

- 明确的工作任务：这种定义能够使执行工作的人彻底了解需要完成的工作。
- 资源：准备的设备、设施以及相应的材料是否能够得到保证。
- 时间：估算执行任务所需要完成的时间。
- 成本：估算执行任务所需要的资源和其他与工作相关的开支。
- 工作输入：开始这个任务之前的工作输入、输出，在实施当中必须遵守的一些要求、技术条件等。
- 工作结果：工作的交付物和工作的最终产品以及质量要求等。
- 职责：确定实施工作、对这个工作进行验收并负责承担责任的个人或者团体。在进行 WBS 的分析期间，与项目有关的干系人必须对 WBS 的分解结果有一个认可，对工作定义以及它的准确性和充分性能够认可和理解，最终对工作有一个承诺。WBS 及工作包是项目控制的一个基础，也就是在实施当中对每一个项目的进展和实施情况进行监督。工作分解看起来比较简单，就是把一个项目分解成一块一块的工作，但是这里包含很多艺术。不同的分解方法会产生不同的分解结果，并据此有效地控制项目进展，这关系到 WBS 分解结果的好坏。

3）如何分解 WBS

- 在进行 WBS 分析期间，要将职能部门经理、分包商和其他执行工作的人员确定下来，并且参与进来。他们对 WBS 的认可有助于保证工作定义的准确性和充分性，并能得到他们对项目的承诺。
- WBS 和工作包成为制订预算和进度计划的基础。每一个工作包的成本和时间估算表明了所预计的工作包完成情况。工作包预算加上企业管理费及间接费用的总和就是整个项目的目标成本。预算和进度成为比较基准，随后将实际情况与之作比较，以衡量项目的执行情况。
- WBS 和工作包成为项目控制的基础。在项目进行过程中，每一个工作包的实际完成工作将与进度中计划完成工作比较。比较结果可以用来估算时间和进度的偏差。同样，实际花费与估算成本的比较，可以用来估算成本偏差。项目的进度和成本总体偏差决定了 WBS 中所有进度和成本数据的总结。

4）如何建立 WBS

- 建立 WBS 树状结构时，应将项目目标不断地划分或分解成一些较小的工作单元，直至到达需要进行报告或控制的最底层水平为止。

·这一树状结构将项目实施中的相应工作分解为便于管理的独立单元,并将完成的工作赋予专门人员,从而在公司的资源和应完成的工作之间建立起一种更加清晰的联系。

5)建立 WBS 需要考虑的因素

·确定适当的 WBS 层次,最低层 WBS 的元素需对应有形的交付物。

·对 WBS 生命周期的考虑,需要考虑在项目不同阶段的活动发展,包括项目管理。

·项目计划、绩效报告、整体变更控制、范围管理的需要。

·资源计划和风险管理的需要。

总之,要避免在项目分解当中出现这些问题,最好的做法是按照有步骤、有顺序的分解方法,从项目的目标开始,或从项目的产品或者里程碑计划开始,按照目标的要求,按照目标的分解方式或对产品组成的结构逐步进行分解。要把工作分解与项目计划制订当做两个阶段,而不是把它们相互穿插起来,这样就可以有效地避免一些问题。

1.5　案 例 训 练

1.5.1　案例实训目的

(1)了解软件工程在软件项目开发中的作用和地位。

(2)培养学生进行一般性项目可行性研究的能力。

1.5.2　案例项目——客户关系管理系统

(1)深入了解****企业销售部门、营销部门、人事部门的组织关系和业务流程,并掌握他们实际的需求。

(2)调查完后写出可行性研究分析报告。

(3)制定 CRM 软件的开发管理计划。

第 2 章　需 求 工 程

2.1　CRM 系统范围实例

数据流建模方法是一种结构化的分析方法,主要工具是数据流图(Data Flow Diagram, DFD)。数据流图是表示系统逻辑模型的常用工具,图中不存在任何具体的物理元素, 只表示信息在系统中流动和处理的情况。数据流图是逻辑系统的图形化表示,因此,它 是系统分析员与用户进行交流的最好的工具。同时,数据流图只需考虑系统必须完成的 基本逻辑功能,不需要考虑如何具体地实现这些功能,因此,它也有助于加强系统分析 人员和系统设计人员之间的交流。

数据流图中常见的有 4 种基本符号(见表 2-1),它们分别表示数据的源点或终点 (或称为外部项)、对数据进行的加工、处于静止状态的数据存储和处于运动状态的数 据流。使用这 4 种符号可表示大多数的数据流图。在数据流图中应该表示所有可能的数 据流向(数据流),而不是表示出某个数据流的条件(控制流)。因此,它与表示控制 流的程序流程图有着根本的区别。

表 2-1　数据流图的基本符号

符　号	名　称	说　明
	源点或者终点	表示数据的源点或者终点
	加工	表示对数据进行的变换
	数据存储	表示处于静止状态的数据存储
	数据流	表示处于运动状态的数据流

考虑 CRM 系统的问题陈述(见 1.2 节),为其构造环境图,如表 2-1 数据流图的基本 符号。图中间的圆形表示系统,它周围的方形表示外部实体,箭头表示数据流,数据流的细 节信息内容没有在图中显示出来。图 2-1 主要是表示从外向内画数据流图,主要突出表示系 统与外界的数据交流情况。一般说来,应将系统表示为“输入-加工-输出”3 个部分。

2.2　软件需求分析

2.2.1　什么是软件需求

软件需求就是系统必须完成的事,以及必须具备的品质。具体来说,软件需求包括业务需求、用户需求和功能需求。除此之外，每个系统还有各种非功能需求。软件需求的各组成部分如图 2-2 所示。

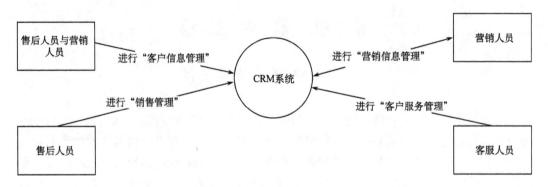

图 2-1　CRM 系统的环境图

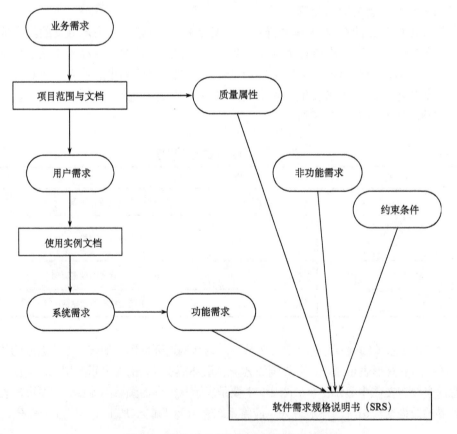

图 2-2　软件需求的各组成部分间的联系

2.2.2　业务需求

业务需求（Business Requirement）表示组织或客户高层次的目标。业务需求通常来自项目投资人、购买产品的客户、实际用户的管理者、市场营销部门或产品策划部门。业务需求描述了组织为什么要开发一个系统，即组织希望达到的目标。使用前景和范围（vision and scope）文档来记录业务需求，这份文档有时也被称作项目轮廓图或市场需求（project charter 或 market requirement）文档。业务规则包括企业方针、政府条例、工业标准、会计准则和计算方法等。业务规划本身并非软件需求，因为它们不属于任何特定软件系统的范围。然而，业务规则常常会限制谁能够执行某些特定用例，或者规定系统为符合相关规则必须实现某些特定功能。有时，功能中特定的质量属性（通过功能实现）也源于业务规则。所以，对某些功能需求进行追溯时，会发现其来源正是一条特定的业务规则。

2.2.3　用户需求

用户需求（user requirement）描述的是用户的目标，或用户要求系统必须完成的任务。用例、场景描述和事件-响应表都是表达用户需求的有效途径。也就是说用户需求描述了用户使用系统能做些什么。所有的用户需求都必须符合业务需求。需求分析员从用户需求中推导出产品应具备哪些对用户有帮助的功能。开发人员则根据功能需求和非功能需求设计解决方案，在约束条件的限制范围内实现必需的功能，并达到规定的质量和性能指标。当一项新的特性、用例或功能需求被提出时，需求分析员必须思考一个问题："它在范围内吗？"如果答案是肯定的，则该需求属于需求规格说明，反之则不属于。但答案也许是"不在，但应该在"，这时必须由业务需求的负责人或投资管理人来决定：是否扩大项目范围以容纳新的需求。这是一个可能影响项目进度和预算的商业决策。

2.2.4　功能需求

功能需求（functional requirement）定义了开发人员必须实现的软件功能，使得用户能完成他们的任务，从而满足了业务需求。功能需求记录在软件需求规格说明（SRS）中。SRS 完整地描述了软件系统的预期特性。我们一般把 SRS 当做文档，其实，SRS 还可以是包含需求信息的数据库或电子表格；或者是存储在商业需求管理工具中的信息；而对于小型项目而言，甚至可能是一叠索引卡片。开发、测试、质量保证、项目管理和其他相关的项目功能都要用到 SRS。

除了功能需求外，SRS 中还包含非功能需求，包括性能指标和对质量属性的描述。它包括产品必须遵从的标准、规范和合约；外部界面的具体细节；性能要求；设计或实现的约束条件及质量属性。所谓约束是指对开发人员在软件产品设计和构造上的限制。质量属性则通过多种角度对产品的特点进行描述，从而反映产品功能。

1）需求特性（feature）

指逻辑上相关的功能需求的集合，给用户提供处理能力并满足业务需求。值得注意的一点是，需求并未包括设计细节、实现细节、项目计划信息或测试信息。需求与这些没有关系，它关注的是充分说明你究竟想开发什么。

2）质量属性（quality attribute）

质量属性对产品的功能描述作了补充，它从不同方面描述了产品的各种特性。这些特性包括可用性、可移植性、完整性、效率和健壮性，它们对用户或开发人员都很重要。

其他的非功能需求包括系统与外部世界的外部界面，以及对设计与实现的约束。

约束（constraint）限制了开发人员设计和构建系统时的选择范围。而特性是指一组逻辑上相关的功能需求，它们为用户提供某项功能，使业务目标得以满足。对商业软件而言，特性则是一组能被客户识别，并帮助他决定是否购买的需求，也就是产品说明书中用着重号标明的部分。

2.2.5　系统需求

系统需求（system requirement）用于描述包含多个子系统的产品（即系统）的顶级需求。系统可以只包含软件系统，也可以既包含软件又包含硬件子系统。人也可以是系统的一部分，因此某些系统功能可能要由人来承担。

Frederick Brooks 在他 1987 年的经典的文章 No Silver Bullet: Essence and Accidents of Software Engineering 中充分说明了软件需求在软件项目中扮演的重要角色。开发软件系统最为困难的部分就是准确说明开发什么。最为困难的概念性工作便是编写出详细技术需求，这包括所有面向用户、面向机器和其他软件系统的接口。如果前期需求分析不透彻，一旦做错，将最终给系统带来极大的损害，并且以后再对它进行修改也极为困难，容易导致项目失败。所以说，需求分析和规格说明是一项十分艰巨而复杂的工作。用户与分析员之间需要沟通的内容非常多，在双方交流信息的过程中很容易出现误解或遗漏，也可能存在二义性。因此，不仅在整个需求分析过程中应该采用行之有效的通信技术，集中精力过细地工作，而且必须严格审查验证需求分析的结果。尽管目前有许多不同的用于需求分析的结构化分析方法，但是，所有这些分析方法都遵守下述准则：

（1）必须理解并描述问题的信息域，根据这条准则应该建立数据模型。

（2）必须定义软件应完成的功能，这条准则要求建立功能模型。

（3）必须描述作为外部事件结果的软件行为，这条准则要求建立行为模型。

（4）必须对描述信息、功能和行为的模型进行分解，用层次的方式展示细节。

2.3　软件需求的分析方法

软件需求分析方法大体分为如下 4 类：结构化分析方法、面向对象分析方法、面向控制分析方法和面向数据分析方法。本章主要从结构化分析方法和面向对象分析方法两个方面进行介绍。

2.3.1　结构化分析方法

结构化分析（Structured Analysis，SA）方法是一种单纯的由顶向下逐步求精的功能分解方法。分析员首先用上下文图表（称为数据流图，DFD）表示系统的所有输入/输出，然后反复地对系统求精，每次求精都产生为更详细的 DFD，从而建立关于系统的一个DFD 层次。为保存 DFD 中的这些信息，应使用数据字典来存取相关的定义、结构及目的。SA 方法是目前实际应用效力广泛的需求工程技术。它具有较好的分辨、抽象能力，为开发小组找到一种中间语言,易于软件人员所掌握。但它离应用领域尚有一定的距离,因而为开发小组的思想交流带来了一定的困难。

2.3.2 面向对象分析方法

面向对象(Object Oriented,OO)分析方法把分析建立在系统对象以及对象间交互的基础之上,使得我们能以 3 个最基本的方法框架——对象及其属性、分类结构和集合结构来定义和沟通需求。面向对象的问题分析模型从 3 个侧面进行描述,即对象模型(对象的静态结构)、动态模型(对象相互作用的顺序)和功能模型(数据变换及功能依存关系)。需求工程的抽象原则、层次原则和分割原则同样适用于面向对象方法,即对象抽象与功能抽象原则是一样的,也是从高级到低级、从逻辑到物理逐级细分。每一级抽象都重复对象建模(对象识别)-动态建模(事件识别)-功能建模(操作识别)的过程,直到每一个对象实例在物理(程序编码)上全部实现为止。

面向对象需求分析(OORA)利用一些基本概念来建立相应模型,以表达目标系统的不同侧面。尽管不同的方法所采用的具体模型不尽相同,但无外乎都用如下 5 个基本模型来描述软件需求:

1)整体—部分模型

该模型描述对象(类)是如何由简单的对象(类)构成的。将一个复杂对象(类)描述成一个由交互作用的若干对象(类)构成的结构的能力是 OO 途径的突出优点。该模型也称聚合模型。

2)分类模型

分类模型描述类之间的继承关系。与聚合关系不同,它说明的是一个类可以继承另一个或另一些类的成分,以实现类中成分的复用。

3)类—对象模型

分析过程必须描述属于每个类的对象所具有的行为,这种行为描述的详细程度可以根据具体情况而定。既可以只说明行为的输入、输出和功能,也可以采用比较形式的途径来精确地描述其输入、输出及其相应的类型,甚至使用伪码或小说明的形式来详细刻画。

4)对象交互模型

一个面向对象的系统模型必须描述其中对象的交互方法。如前所述,对象交互是通过消息传递来实现的。事实上,对象交互也可看做对象行为之间的引用关系。因此,对象交互模型就要刻画对象之间的消息流。对应于不同的详细程度,有不同的消息流描述分析,分析人员应根据具体情况而选择。一般地,一个详细的对象交互模型能够说明对象之间的消息及其流向,并且说明该消息将激活的对象及行为。一个不太详细的对象交互模型可以只说明对象之间有消息,并指明其流向即可。还有一种状况就是介于此两者之间。

5)状态模型

在状态模型中,把一个对象看作一个有限状态机,由一个状态到另一状态的转变称作状态转换。状态模型将对象的行为描述成其不同状态之间的通路。状态模型既可以用状态转换图的图形化手段，也可用决策表或决策矩阵的形式来表示。

2.3.3　软件需求方法的比较分析

基于上述分析可知，结构化分析方法与面向对象分析方法的区别主要体现在两个方面：

1）将系统分解成与系统的不同方式

前者将系统描述成一组交互作用的处理，后者则描述成一组交互作用的对象。

2）子系统之间的交互关系的描述方式不一样

前者加工之间的交互是通过不太精确的数据流来表示的，而后者对象之间通过消息传递交互关系。

因此，面向对象软件需求分析的结果能更好地刻画现实世界，处理复杂问题，使得对象比过程更具有稳定性，便于维护与复用。

2.4　需　求　引　导

需求引导是一个创建和维护系统需求文档所必需的一切活动的过程，通常包括需求开发和需求管理两大工作。如图 2-3 所示描述了一般性的需求工程的流程顺序。

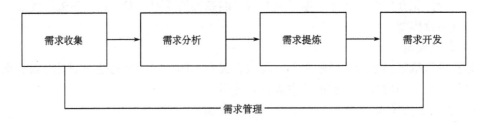

图 2-3　需求工程的流程顺序图

2.4.1　需求开发

它通常包括需求捕获、需求分析、编写规格说明书和需求验证 4 个阶段。在这个阶段中，需要确定产品所期望的用户类型，获取每种用户类型的需求，了解实际用户任务和目标，以及这些任务所支持的业务需求；分析源于用户的信息，对需求进行优先级分类，将所收集的需求编写成为软件规格说明书和需求分析模型，对需求进行评审等。

2.4.2　需求管理

它通常包括定义需求基线、处理需求变更、需求跟踪等方面的工作。而对于需求工程而言，最重要的还是需求开发，而需求开发总结起来包括需求捕获、需求分析、需求规格化、需求验证 4 个环节。需求捕获是为了收集需求信息，需求分析则是在需求捕获的基础上进行分析，建立模型，然后将其进行规格化形成《软件需求规格说明书》，最后再通过客户和管理层进行验证。需求规格化的工作就是编制《软件需求规格说明书》，具体的方法和注意事项请参考有关文档编制的相关章节。而需求验证的工作则包括组织一个由不同代表组成的小组，对需求规格说明书和相关模型进行审查；以需求为依据编写测试用例，为确认测试做好准备；在需求的基础上，起草第一份用户手册；确定合格标准，也就是让用户描述什么样的产品才算是满足他们的要求和适合他们使用的。

2.4.3 需求调查与问题定义

需求调查与问题定义是看上去简单但做起来难的一件事。在很多人的印象中，需求调查就是找用户聊聊，记个笔记。其实需求调查是否科学，准备是否充分，对调查出来的结果影响很大，这是因为大部分客户无法完整地讲述需求，而且也不可能看到系统的全貌。要想做好需求调查，必须清楚地了解 3 个问题。

- What：捕获什么信息。
- Where：从什么地方捕获这些信息。
- How：用什么机制或者技术来捕获这些信息。

接下来，我们就对这 3 个问题进行更加详细的说明与描述。

2.4.4 要捕获的信息

一方面，需求分析员应该知道，从宏观的角度来看，要捕获的信息包括三大类：
（1）与问题域相关的信息（如业务资料、组织结构图、业务处理流程等）；
（2）与要求解决的问题相关的信息；
（3）用户对系统的特别期望与施加的任何约束信息以便有的放矢，不会顾此失彼。

另外一方面，需求分析员在开展具体需求捕获工作时，应该做到在此之前明确自己需要获得什么信息，这样才有可能获得所需信息，才知道工作进展是否顺利，是否完成了目标。

2.4.5 信息的来源

除了要明确地知道我们需要什么信息，还要知道可以从哪里获得它们。通常情况下，这些需要的信息会藏于客户、原有系统、原有系统用户、新系统的潜在用户、原有产品、竞争对手的产品、领域专家、技术法规与标准里。面对这么多种可能，在具体的实践中该从何下手呢？其实也很简单，首先从人的角度来说，应该首先对涉众（也就是风险承担人、项目干系人） 进行分类，然后从每一类涉众中找到 1～2 名代表；而对于文档、产品而言，则更容易有选择地查阅。

结合前面讲述的内容，在制订需求捕获计划的时候，不妨列出一个表格，左边写上想了解的信息，右边写上认为可能的信息来源，这样就能够建立一一对应的关系，使得需求捕获工作更加有的放矢，也更加高效。

2.4.6 需求捕获技术

当我们知道需要去寻找什么信息，并且也找到了信息的来源后，接下来就需要选择合适的技术进行需求捕获了。它们大致分为两大类。在此，我们列举出一些最常用的需求捕获技术。

1. 面向传统方法的需求捕获技术

面向传统方法的需求捕获技术包括用户访谈、用户调查、现场观摩研究。这些都是非常容易做到的。

1）用户访谈

用户访谈是最基本的一种需求捕获手段，也是最基本的一种手段。其形式包括结构化和非结构化两种。

（1）结构化是指事先准备好一系列问题，有针对地进行；

（2）非结构化则是只列出一个粗略的想法，根据访谈的具体情况即时发挥。

最有效的访谈是结合这两种方法进行的，毕竟不可能把什么都一一计划清楚，应该保持良好的灵活性。

准备问题：进行用户访谈之前，最好先对要询问的问题进行一些准备。准备的方法是，围绕着想要获取的信息展开，设计一系列的问题，按顺序组织起来。而且还要预先准备好记录方式，主要包括本人记录、第三人记录或者以录音/录像的形式。不过采用录音/录像的方式应该征得被访谈者的同意，而且这种方法虽然看上去比较有效，不容易丢失信息，但这也会给后面的整理工作带来一定的工作量和难度。

访谈时的技巧：在访谈时一定要注意措辞得当，在充分尊重被访者的基础上，尽量避免出现"我不知你在说什么""我是来帮助你更好地工作"这样的言语，否则将会破坏访谈的气氛，从而使访谈的效率大打折扣。在访谈时一定要注意保持轻松的气氛，选择客户有充裕时间的时段进行，在说话、问问题时应该尽量采用易于理解、通俗化的语言。另外，值得注意的是，分析人员应该在进行访谈之前进行一些相关领域的知识培训，充分阅读相关材料，以保证自己有较专业的理解与认识，让被访谈者能够信任你。

应该询问的问题：在设计询问的问题时，应该考虑自己的问题是否相关？回答是否正式？对方是回答这些问题的合适人选吗？是否问了过多的问题？是否还有更多的问题要问被访者？另外，还可以在询问过程中询问被访者还希望自己问他什么问题，还应该见哪些人。

总的来说，用户访谈具有良好的灵活性，有较宽广的应用范围，但是也存在许多困难，诸如客户经常较忙，难以安排到时间；面谈时信息量大，记录较为困难；沟通需要很多技巧，同时需要分析员有足够的领域知识；另外，在访谈时会遇到一些对于组织来说比较机密和敏感的话题。因此，这看似简单的技术，也需要分析人员拥有足够多的经验和较强的沟通能力。

2）用户调查

正如前面讲到的，用户访谈时最大的难处在于很多关键的人员时间有限，不容易安排过多的时间；而且客户面经常较广，不可能一一访谈。因此，我们就需要借助"用户调查"这一方法，通过精心设计要问的问题，然后下发到相关人员的手里，让他们填写答案。这样可以有效地克服前面提到的两个问题。

但是与用户访谈相比，用户调查最大的不足就是缺乏灵活性；而且双方未见面，分析人员无法从他们的表情等其他动作来获取一些更隐性的信息；还有就是客户有可能在心理上会不重视一张小小的表格，不认真对待，从而使得反馈的信息不全面。基于上述原因，较好的做法是将这两种技术结合使用。具体地讲，就是先设计问题，制作成用户调查表，下发填写完后，进行仔细的分组、整理、分析，以获得基础信息，然后再针对这个结果进行小范围的用户访谈，作为补充。

3）现场观摩

对于许多较为复杂的流程和操作而言，是比较难以用言语表达清楚的，而且这样做也会显得很低效。针对这一现象，分析团队可以就一些较复杂、较难理解的流程、操作采用现场观摩的方法来获取需求。具体来说，就是走到客户的工作现场，一边观察，一边听客户的讲解，甚至可以安排人员跟随客户工作一小段时间。这样就使得分析人员可以更加直观地理解需求。观察的形式有 3 种：

（1）被动观察。业务分析员观察活动而不去干扰或不直接干预它。在某些情况下，可以使用移动设备进行录像。

（2）主动观察。业务分析员参与到活动中，并且有效地成为团队的一部分。

（3）解释观察。在工作过程中，用户向观察者说明他/她进行的活动。

2. 面向现代方法的需求捕获技术

面向现代方法的需求捕获技术包括头脑风暴法、软件原型法和快速应用开发法。当项目风险高的时候经常采用现代方法。通常，高风险项目的因素有很多，包括不明确的目标、未成文的过程、不稳定的需求、不完善的用户知识、没有开发经验的人员和用户不经确定的需求等。

1）头脑风暴法

这是一种相对来说成本较高的需求获取方法，但也是十分有效的一种。将各个关键客户代表、分析人员、开发团队代表联合在一起，通过有组织的会议来讨论需求。

在会议之前，应该将与讨论主题相关的材料提前发给所有要参加会议的人。在会议开始之后，首先应该花一些时间让所有的与会者互相认识，以使交流在更加轻松的气氛下进行。会议的最初，就是针对所列举的问题进行逐项专题讨论；然后对原有系统、类似系统的不足进行开放式交流；第三步则是让大家在此基础上对新的解决方案进行一番设想，在过程中将这些想法、问题、不足之处记录下来，形成一个要点清单。第四步就是针对这个要点清单进行整理，明确优先级，并进行评审。

这种头脑风暴法将会起到群策群力的效果，对于一些最有歧义的问题和对需求最不清晰的领域都是十分有用的。而最大的难度就是会议的组织，要做到言之有物，气氛开放，否则将难以达到预想的效果。

2）原型方法

原型方法是最常用的现代需求引导方法。它是指在获取一组基本的需求定义后，利用高级软件工具可视化的开发环境，快速地建立一个目标系统的最初版本，并把它交给用户试用、补充和修改，再进行新的版本开发。反复进行这个过程，直到得出系统的"精确解"，即用户满意为止。经过这样一个反复补充和修改过程，应用系统 "最初版本"

就逐步演变为系统 "最终版本"。原型法就是不断地运行系统"原型"来进行启发、揭示、判断、修改和完善的系统开发方法。

原型法把系统主要功能和接口通过快速开发制作为"软件样机"，以可视化的形式展现给用户，及时征求用户意见，从而明确无误地确定用户需求。同时，原型也可用于征求内部意见，作为分析和设计的接口之一，可方便于沟通。

对原型的基本要求包括：体现主要的功能；提供基本的界面风格；展示比较模糊的部分以便于确认或进一步明确；原型最好是可运行的，至少在各主要功能模块之间能够建立相互连接。原型可以分为以下 3 类。

（1）淘汰（抛弃）式（disposable）：目的达到即被抛弃，原型不作为最终产品。

（2）演化式（evolutionary）：系统的形成和发展是逐步完成的，它是高度动态迭代和高度动态的循环，每次迭代都要对系统重新进行规格说明、重新设计、重新实现和重新评价，所以是对付变化最为有效的方法。

（3）增量式（incremental）：系统是一次一段地增量构造。它与演化式原型的最大区别在于增量式开发是在软件总体设计基础上进行的。很显然，其应付变化的能力比演化式差。

3）快速应用开发

快速应用开发（Rapid Application Development，RAD）不仅是一种需求抽取方法，它还是软件与开发为一体的方法。快速应用开发目的是快速发布的系统方案，而技术上的相对发布的速度来说是次要的。

按照 Wood and Silver（1995）的观点，RAD 组合了 5 个方面的技术：

- 进化原型
- CASE 工具（可进行正向工程和反向工程）
- 拥有能使用先进工具的专门人员（一个 RAD 开发小组）
- 交互式 JAD
- 时间表

RAD 存在的问题：

- 不一致的 GUI 设计
- 不是通用的解决方案
- 文档不足
- 难以维护和扩展软件

常用的 RAD 工具有 Visual Studio .NET、Eclipse、NetBeans 和 PowerBuilder 等。

4）用例驱动法

Ivar Jacobson 在 1992 年提出了一种用例（UseCase，UC）驱动的、面向对象软件工程（OOSE）。在 OOSE 中 Ivar Jacobson 把用例的作用提高到项目开发基本要素的高度。这种方法很快被大家所接受，并且成为面向对象方法的重要组成部分。实际上，使用其他方法进行软件开发时也可以将用例的使用作为收集用户需求的重要技术和方法。

与用例密切相关的一个概念是参与者（Actor）。参与者是所有与系统有信息交换的系统之外的事物。参与者与用户是不完全相同的，参与者是指用户在与系统交互时所充当的角色。当用户使用系统时，会执行一个行为相关的事务序列，这个序列是在与系统的会话中完成的，这个序列即称为用例。

找出用例最简单的方法是与典型用户进行交谈，请他们讲出希望系统做哪些事情，能够为他们提供哪些服务。软件开发人员则记录用户想要做的事情，为事情取一些相应的名字，并写上简短的文字说明。当然，用例的记录也可以使用其他的形式。如近年来自面向对象领域普遍被接受的统一建模语言（UML）及其相应的建模工具（如 Rational Rose 工具）中就使用了图形化的用例来捕获用户的需求，相关内容在以后的章节进行详细介绍。

2.4.7　需求捕获的策略

在整个需求过程中，需求捕获、需求分析、需求规格化、需求验证 4 个阶段不是瀑布式发展的，而是采用迭代式的演化过程。也就是说，在进行需求捕获时，不要期望一次就将需求收集完，而是应该在捕获到一些信息后，进行相应的需求分析，并针对分析中发现的疑问和不足，带着问题再进行有针对性的需求捕获工作。

2.5　验证软件需求的方法

需求验证主要是分析需求规格说明的正确性和可行性，检验需求是否反映了客户的意愿，从而确定能否转入概要设计阶段。如果在概要设计开始之前，通过验证基于需求的测试计划和原型测试来验证需求的正确性及其质量，就能大大减少项目后期的返工现象。而如果在后续的开发或当系统投入使用时才发现需求文档中的错误，就会导致更大代价的返工，因为需求的变化总会带来系统设计和实现的改变，从而使系统必须重新测试，由需求问题对系统做变更的成本比修改设计或代码错误的成本要大得多。需求的验证过程主要是检查需求规格说明书（SRS）。如图 2-4 所示描述了验证软件需求的流程顺序，同时，这个过程中要对需求文档中定义的需求执行多种类型的验证方法。

图 2-4　需求验证的执行顺序

2.5.1　有效性验证

有效性验证是指开发人员和用户应该对需求进行认真的复查，以确保将用户的需要充分、正确地表达出来，并且必须保证提出的每项需求确实能够满足用户的需要、解决用户的问题。

2.5.2　一致性验证

一致性是指需求之间以及需求和相应的规范或标准之间不应该出现冲突，对同一个系统功能不应出现不同的描述或矛盾的约束。一致性验证主要包括以下 4 方面内容：

（1）验证各个需求之间是否一致，是否有冲突或矛盾；

（2）验证《软件需求规格说明》中规定的模型、算法和数值方法相互是否兼容；

（3）验证《软件需求规格说明》中所采用的技术和方法是否与用户要求的技术及方法保持一致；

（4）验证需求的软硬件接口是否具有兼容性。

2.5.3　完备性验证

完备性验证是指检查需求文档是否包括用户需要的所有功能和约束，满足用户的所有要求。一个完备的需求文档应该对所有可能的状态、状态变化、转入、约束都进行了完整、准确的描述。主要包括以下 6 个方面的内容：

（1）验证《软件需求规格说明》是否包括了所有需求，并且是否按优先级做了排序；

（2）验证《软件需求规格说明》是否明确规定了哪些是绝对不能发生的故障或设计缺陷；

（3）验证《软件需求规格说明》中出现的所有需求项是否都被列入需求描述表，在这张表中各需求项是否都被编号并能支持索引或回溯；

（4）验证《软件需求规格说明》中出现的各种图表、表格是否都有标号，各类专业术语及测量单位是否都给出了相应的定义或引用的标准化文件；

（5）验证《软件需求规格说明》中时间关键性功能是否都被清晰地标识出来了，对时间的具体要求是否做了规定；

（6）验证功能需求部分是否包括了对所有异常的响应（尤其是对各种有效的、无效的输入值的响应规定），对各种操作模式（如正常、非正常、有干扰等）下的环境条件、系统响应时间等是否都做了相应的规定。

2.5.4　可行性验证

可行性验证是指根据现有的软硬件技术水平和系统的开发预算、进度安排，对需求的可行性进行验证，以保证所有的需求都能实现。可行性验证主要包括以下 3 方面的内容：

（1）验证《软件需求规格说明》中定义的需求对软件的设计、实现、运行和维护而言是否可行；

（2）验证《软件需求规格说明》中规定的模型、算法和数值方法对于要解决的问题而言是否合适，它们是否能够在给定的约束条件下实现；

（3）验证约束性需求中所规定的质量属性是可以个别的还是成组的达到。

2.5.5　可验证性验证

可验证性是指为了减少客户和开发商之间可能产生的争议，系统需求应该能够通过一系列检查方法来进行验证，以确定交付的系统是否满足需要。可验证性验证主要包括以下 3 个方面的内容：

（1）验证各个需求项是否能够通过测试软件产品和软件开发文档来证明这些需求项已经被实现；

（2）验证各个需求项的描述是否清楚，最好能量化；避免使用模糊不清的词汇；

（3）验证《软件需求规格说明》中每一个需求是否都对应于一个验证方法。

2.5.6 可跟踪性验证

可跟踪性是指需求的出处应该被清晰地记录，每一项功能都能够追溯到要求它的需求，每一项需求都能追溯到用户的要求。可跟踪性验证主要包括以下 3 方面的内容：

（1）验证每个需求项是否都具有唯一性并且被唯一标识，以便被后续开发文档引用；

（2）验证在需求项定义描述中是否都明确地注明了该项需求源于上一阶段中哪个文档，包含该文档中哪些有关需求和设计约束；

（3）验证是否可以从上一阶段的文档中找到需求定义中的相应内容。

2.5.7 可调节性验证

可调节性是指需求的变更不会对其他系统带来大规模的影响。可调节性验证主要包括以下 3 方面的内容：

（1）验证需求项是否被组织成允许修改的结构（例如采用列表形式）；

（2）验证每个特有的需求是否被规定了多余一次，有没有如何冗余的说明（可以考虑采用交叉引用表，避免重复）；

（3）验证是否有一套规则用来在余下的软件生命周期里对《软件需求规格说明》进行维护（这很重要，从原则上讲，SRS 是不可以随便修改的）。

2.5.8 其他方面的验证

其他方面的验证，主要包括以下几个方面内容：

（1）验证《软件需求规格说明》编写格式是否符合相应的规范或标准（如 GB 8567-88 或 GJB1091-91）；

（2）验证需求中提出的算法和方法方面的需求项是否有科技文献或其他文献作为基础；

（3）验证《软件需求规格说明》中是否出现"待定"之类的不确定性词汇，如果出现，是否注明是何种原因导致的不确定性。

2.6 需求业务建模

众所周知，在理解一个项目系统之前，一定要理解该项目所存在的问题。对问题理解得越透彻，就越容易解决该问题。所谓模型，就是为了理解事物而对事物作出的一种抽象，是对事物的一种无歧义的书面描述。通常，模型由一组图示符号和组织这些符号的规则组成，利用它们来定义和描述问题域中的术语和概念。模型可以帮助我们思考问题、定义术语、在选择术语时作出适当的假设，并且可以帮助我们保持定义和假设的一致性。为了开发复杂的软件系统，系统分析员应该从不同的角度抽象出目标系统的特性，使用精确的表示方法构造系统的模型，验证模型是否满足用户对目标系统的需求，并在设计过程中逐渐把与实现有关的细节加进模型中，直至最终用程序实现模型。对于那些因过分复杂而不能直接理解的系统，特别需要建立模型，建模的目的主要是为了减少复杂性。人的头脑每次只能处理一定数量的信息，模型通过把系统的重要部分分解成人的头脑一次能处理的若干个子部分，从而减少系统的复杂程度。在对目标系统进行分析的初始阶段，面对大量模糊的、涉及众多专业领域的、错综复杂的信息，系统分析员往往感到无从下手。模型提供了组织大量信息的一种有效机制。

　　用面向对象方法成功地开发软件的关键，同样是对问题域的理解。面向对象方法最基本的原则，是按照人们习惯的思维方式，用面向对象的观点建立问题域的模型，开发出尽可能自然地表现求解方法的软件。

　　用面向对象方法开发软件，通常需要建立 3 种形式的模型，分别是：描述系统数据结构的对象模型、描述系统控制结构的动态模型和描述系统功能的功能模型。这 3 种模型都涉及数据、控制和操作等共同的概念，只不过每种模型描述的侧重点不同。这 3 种模型从 3 个不同但又密切相关的角度模拟目标系统，它们各自从不同侧面反映了系统的实质性内容，综合起来则全面地反映了对目标系统的需求。一个典型的软件系统组合了上述 3 方面内容：它使用数据结构（对象模型），执行操作（动态模型），并且确定功能模型。为了全面地理解问题域，对任何大系统来说，上述 3 种模型都是必不可少的。

　　需求确定阶段捕获需求，并且以自然语言描述来定义需求。采用 UML 进行形式化的需求建模是在需求规格说明阶段进行的。作为基本要求，高层可视化模型需要确定系统范围，标识主要用例，并建立最重要的业务类。图 2-5 描述了需求确定阶段这 3 个模型之间的依赖关系。

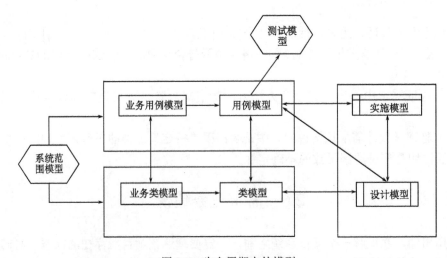

图 2-5　生命周期中的模型

从图 2-6 中可以看出，功能模型主要是使用用例图表示的。用例图在软件项目开发生命周期中，起主导作用。用例图和对象模型，在开发中迭代使用并同时相互驱动。动态模型也交织在一起，并能够反馈在需求规格说明模型上。

系统开发中需要考虑的主要问题是由于需求变更而引起的需求蔓延。当需求中的某些变更不可避免的时候，我们必须确保请求的变更不会超出项目可接受的范围。因此，我们应该界定系统的范围，也就是知道系统的运行环境。因此，我们需要知道外部实体——期望从这里得到服务或提供服务的其他系统、组织、人员、机器等。在业务系统中，这些系统转换成信息—数据流。

所以说，系统范围可以通过识别外部实体以及在外部实体和系统之间的输入/输出数据流来确定。系统获得输入信息，进行必要的处理，产生输出信息。任何不能被系统内部处理所支持的需求都不在项目的范围内。

UM 不提供定义系统范围的可视化模型，因此使用 DFD 基本系统模型图来表示系统范围。图 2-6 显示了环境图的表示法。

图 2-6　基本系统模型表示法

2.7　案 例 训 练

2.7.1　案例实训目的

（1）了解需求在软件项目开发中的作用和地位，掌握需求分析的一般开发步骤。

（2）培养学生进行一般性需求分析研究的能力，并掌握环境图表示法。

2.7.2　案例项目——客户关系管理系统

（1）深入了解****企业销售部门、营销部门、人事部门的组织关系和业务流程，并掌握他们实际的需求。

（2）调查完后写出需求调研报告。

（3）绘制出 CRM 软件系统的环境图。

第 3 章 软件系统业务建模分析

3.1 CRM 系统业务用例建模

3.1.1 了解 CRM 系统的上下文

软件需求不能脱离目标系统的上下文环境。系统的上下文（Context）指的是目标系统与之交互的用户和外部系统。业务建模作为软件需求的前一阶段，了解目标系统的上下文的作用是，明确目标组织和业务范围。对于目标系统来说，与之打交道的有不同的用户，还有不同的系统，这些系统可以是上级系统、同级系统，也可以是下级系统（需要依赖的系统）。

现在来分析 CRM 系统的上下文。

如果目标系统是整个 CRM，那么该系统的用户有来自企业内部的人员以及外部人员，与之交互的外部系统是企业内部的 CRM 数据库，它又依赖企业的门户网站、人事管理系统、企业内部的 EMS 系统等，如图 3-1 所示。那么上面所描述的就成为 CRM 系统要部署的目标组织。

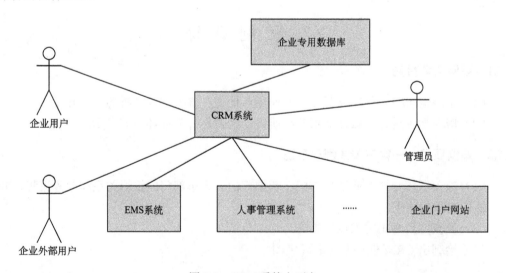

图 3-1　CRM 系统上下文

如果目标系统是企业门户网站，那么用户包括系统管理员、企业外部人员和企业内部人员，与之交互的外部是企业专用数据库，CRM 系统是它的上级系统，其他与之交互的有 EMS 系统等子系统，如图 3-2 所示。此时，系统维护管理部门就成为企业门户网站要部署的目标组织。

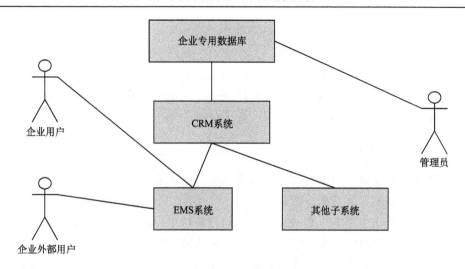

图 3-2　企业门户网站上下文

如果目标系统是企业人事查询系统，那么用户包括系统管理员、企业人事部人员和企业内部人员，与之交互的外部是企业专用数据库，企业人事管理子系统是它的上级系统，其他与之交互的有 EMS 系统等子系统，如图 3-3 所示。此时，企业人事部门就成为企业人事查询系统要部署的目标组织。

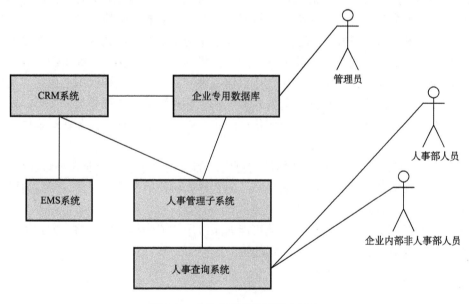

图 3-3　企业人事查询系统上下文

3.1.2　选定目标组织

目标组织是指将要在其中部署最终系统的组织，它是业务的执行主体，是业务建模的对象，也就是系统的终端用户所在的业务单位。目标组织可以是整个组织，也可以是组织中的一部分。

通过了解目标系统的上下文环境，大致确定了系统要部署的目标组织。

业务建模的某些工作在开始时仅仅是画出组织图，其目的并不是对组织进行变更。但实际上，构建和部署新的应用程序时往往会进行一定程度的业务改进。选目标组织就是要关注业务远景涉及的需要改进的那个业务单位。

1. 确定目标组织的边界

选择要包含到建模工作中的内容的边界范围，以便确定组成目标组织的成分。这里非常重要的工作是如何就下列问题达成一致：

（1）考虑在系统上下文中那些重要的参与方是位于目标组织之外的参与方（也就是那些不能影响其工作但仍需要跟他们有明确定义的接口的参与方）。

（2）如果为了执行业务建模来确定某个特定系统的需求，那么组织中有不受这个系统影响的部分吗？这样的部分可以认为是外部的，因为对于不受项目影响又不能影响项目的业务流程而言，完全无须使用资源来对其描述说明。

为目标组织设定的边界范围与一般认为的"公司"或"组织"的边界范围可能有较大的区别。

（1）如果目标是构建新的销售支持系统，可能选择不包含产品开发部门中进行的任何流程。然而，产品开发部门必须被认为是目标组织外部的但与业务有交互的部门，在这里被称为"业务执行者"，因为存在与产品开发部门需要明确的接口。

（2）如果构建的系统用于增强与合作伙伴或供应商的交流，如企业到企业之间的供应链管理系统，那么就可能会选择将这些合作伙伴或供应商包含到目标组织中。在这种情况下，位于"公司"之外的一方（合作伙伴或供应商）就在目标组织之内了。需要注意，只有"公司"对合作伙伴的运营方式有一些了解和影响，这种分类才有用。如果只能影响与合作伙伴的接口，那么该合作伙伴就应该被认为是外部，因此在模型中它应该是业务执行者。

（3）如果项目的目的是构建通用的、可定制的应用程序（如企业人事管理系统），那么目标组织就需要提出关于购买最终产品的客户如何使用产品的假设。在这种情况下，会将抽象的一方包含到目标组织中。

确定目标组织的边界要使得大多数可能的系统用户成为组织内部的一方。可以使用业务执行者和业务用例来表示目标组织的边界。

2. 确定业务相关利益者

利益相关者（Stakeholder）是所有跟项目有利害关系的人，他们是会受到项目结果重大影响的。这些对项目有利害关系的人包括项目小组内部人员、项目小组外部人员但是在同一组织内的人员，项目小组和组织外部的人员包括客户、一般用户等。

不同的项目利益相关者有不同的目标，因而项目领导者需要能够协调这些目标。

业务利益相关者是跟目标业务有利害关系的人员，包括来自目标组织内部以及目标组织外部且跟目标组织有关系的人和组织。

现在来分析 CRM 系统的业务利益相关者。

如果目标系统是整个 CRM 系统，那么目标组织是个企业，组织内的涉众包括总经理、副总经理、科长、车间主任等。外部的涉众包括与企业相关的公司、事业单位和其他的合作单位等。

如果目标系统是企业的门户网站，那么显然在这个系统开发好之前，是没有相应的业务活动的，因此暂时没有业务涉众。当然，如果把目标系统看作对原有系统的改进，那么系统管理维护相关的人员是内部涉众，其他企业人员等都是外部涉众。

如果目标系统是企业人事查询系统，组织的内部涉众是企业管理部门的主管及其相关人员，外部涉众是企业内部其他人员。

3. 确定目标组织的结构

简单说明组织结构及其当前的角色和团队。此外，还要考虑目标组织中不同部分之间的关系。例如产品开发和销售、营销之间的关系。

分析 CRM 系统的目标组织结构：

CRM 系统的目标组织是整个企业，而企业人事查询系统的对应的目标组织是人事部，是整个组织的一部分。图 3-4 描述了相应的目标组织范围及组织结构图。此外，目标组织可以是具体的，也可以是抽象的。

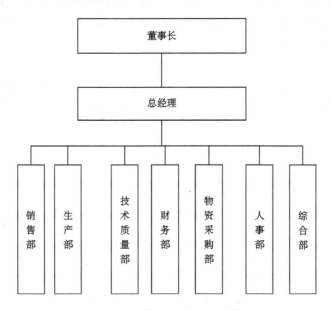

图 3-4　目标组织与组织结构

4. 建立业务用例模型

1）识别业务执行者

业务执行者是指某人或物与业务进行交互所担任的角色，它是指业务之外和业务交互的人、物和组织。业务执行者的画法如图 3-5 所示。

图 3-5　业务执行者

如何给业务执行者命名？

业务执行者应该有一个能反映它在业务中所承担角色的名称。这个名称应该适用于承担角色的任何个人或信息系统。

如何识别业务执行者：

（1）业务执行者应该在系统之外；

（2）业务执行者要与系统交互。这里的系统当然不是最终的系统，而是将要使用这个软件的现实中业务系统，是目标组织中关心的业务系统。如 CRM 系统中的业务系统，业务执行者可能是主管、企业外人员和其他人员。人事管理系统的业务系统中，业务执行者可能人事部人员和企业内部其他相关人员。因此，一般业务系统范围往往要比我们以后要做的软件系统范围大，软件系统的执行者很可能只是业务系统内部的一个业务人员，而真正的外部人员、组织和事物，才是业务系统的执行者。在这里的业务执行者只是业务内部中发挥作用的人员的一种抽象，它代表业务中的一个或一组角色。如 CRM 系统中的业务执行者可参见图 3-5。

2）识别业务用例

业务用例定义了一组业务用例实例。业务用例实例是在业务中执行的一系列动作，这些动作为特定的业务执行者产生具有可见价值的结果。业务用例图的画法如图 3-6 所示。

图 3-6　业务用例

从特定业务执行者的角度来看，业务用例确定了一个能够产生期望结果的完整工作流程。这和大家常说的"业务流程"相似，但业务用例有更加明确的定义。

有 3 种业务用例类型，除了"业务流程"这种核心用例类型外，还有支持和管理工作类型。

（1）业务流程：是提供价值链的对外业务用例。

（2）支持：是支持价值链的内部业务用例。

（3）管理：是协调价值链的内部业务用例。

这 3 类用例的具体解释如下：

第一类是商业上比较重要的活动，简称业务流程；

第二类是商业上不太重要的活动，但必须要进行这些活动来保证业务正常运转。

第三类是管理工作。这种是具有管理性质的业务用例，这些用例所显示的工作类型将会影响其他业务用例如何被管理，并影响和其所有者之间的业务关系。

注意，有时候在一个业务中被当做核心业务的用例可能在其他业务中只是支持业务用例。

5. 在 CRM 系统中的建立业务用例模型

客户关系管理系统用于管理与客户相关的信息与活动，但不包括产品信息、库存数据与销售活动，这 3 部分内容由其公司销售系统进行管理。但本系统需要提供产品信息查询功能、库存数据查询功能、历史订单查询功能。

1）系统管理

管理系统用户、角色与权限，保证系统正常运行，它的支持业务用例如图 3-7 所示。

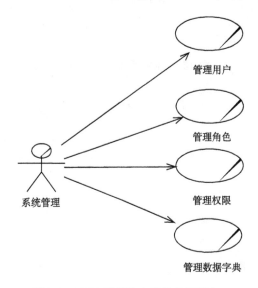

图 3-7　CRM 系统的支持业务用例之一

2）销售管理

销售管理是销售人员对客户服务进行分配；创建销售机会；对销售机会进行指派；对特定销售机会制定客户开发计划；分析客户贡献、客户构成、客户服务构成和客户流失数据，定期提交客户管理报告。它的核心业务用例如图 3-8 所示。

3）营销管理

营销管理是营销人员维护负责的客户信息；接受客户服务请求，在系统中创建客户服务；处理分派给自己的客户服务；对处理的服务进行反馈；创建销售机会；对特定销售机会制定客户开发计划；执行客户开发计划；对负责的流失客户采取"暂缓流失"或"确定流失"的措施，它的核心业务用例如图 3-9 所示。

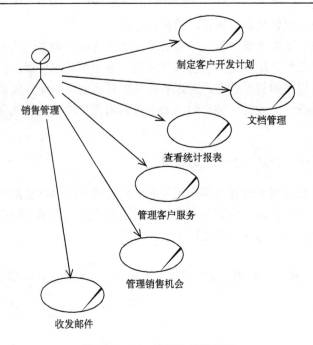

图 3-8　CRM 系统的销售用例

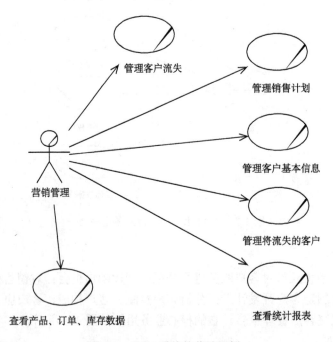

图 3-9　CRM 系统的营销用例

4）高管管理

查看统计报表、收发邮件、文档管理，它的核心业务用例如图 3-10 所示。

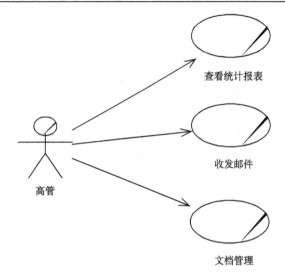

图 3-10　CRM 系统的高管用例

6. 优化业务用例

前面的工作主要是寻找业务执行者和业务用例，它确定了一组最初的业务执行者和业务用例。在优化业务用例的任务中，要对先前的业务用例模型进行检验以确定是否有必要将该组业务用例按照某一级别进行优化或划分，以便对它们进行集中的详细说明，使业务用例的覆盖面充分，即支持业务目标的一个完整价值，并且它是可以实现的。如果最初的业务用例组包含了业务边界处所考虑的广泛功能，可能会产生过于宽泛而无法直接有效实现的业务用例。

通过分析业务用例模型来寻找由于过于宽泛而无法直接有效实现的业务用例，将业务用例区分到一个经过精化的组中，并详细地对它们进行单独说明，最后实现它们。

7. 精化业务用例

精化业务用例的目的是将那些在高级别的业务用例分析中得到的业务或业务系统（它们因为过于抽象而无法直接实现），精化为一组可以通过业务用例分析中的业务流程来实现的业务用例和业务系统。

高级别业务用例将根据下面的检验原则来考虑进行精化（要注意的是，在这一过程中可能也要对这组业务执行者进行精化）。

（1）高级别的业务用例可能有多个执行者，这些执行者带有可区分的交互和信息需求。

（2）存在交互顺序，对于每个业务执行者都有相应的价值。这点可通过检查业务用例的规范而发现。对交互结果的精化可能表明，存在一些中间结果，这些结果对于各个业务执行者都有相应的价值。还应检查长期运行的流程中是否有明显的检查点。

（3）高级别业务用例的业务执行者可能是专业参与者。

（4）能够识别可用有效方式进行分离的执行者低级别意向或目标，并且能够识别它们的业务用例。

（5）如果支持业务目标，则可能需要考虑起初并不显而易见的业务用例。

好的业务用例模型应具有以下特征：

（1）像具体业务目标描述的那样，业务用例和业务策略一致。

（2）用例应与它们描述的业务一致；

（3）找出所有的用例，将用例组合在一起执行业务中的所有任务；

（4）业务中的每个任务至少应包含在一个用例中；

（5）在用例数目和用例大小之间应保持平衡；

（6）每个用例必须是唯一的。若工作流程与另一个用例相同或相似，以后就难以使两者保持同步。可考虑将两者合并到一个单独的用例中。

（7）业务用例模型的调查描述应对组织做出很好的、全面的描述。

8. 结构化业务用例

结构化业务用例侧重于结构化业务用例模型，使得业务需求更易于了解和维护。这种方法包括利用业务用例和业务执行者中的共性，以及确定可选的和异常的行为来结构化业务用例模型。

在结构化业务用例模型中使用这些关系，能将那些可以在其他业务用例中复用的，或者可作为该业务用例的特化或可选的部分业务用例分离出来。通常将代表修改的业务用例称为附加用例，被修改的业务用例称为基本用例。

9. 划分业务系统

业务系统封装共同实现某个特定目标的一组角色和资源，并定义可用来实现该目标的一组职责。

业务系统用于减少和管理业务内相互依赖和交互的复杂关系网。通过定义一组功能来实现该目的，这样，依赖这些功能的业务就不必了解那些功能的执行方式，使得业务系统与硬件和软件构件的使用方式相当一致。业务系统定义一个封装了系统所含结构元素的结构单元，并且该结构单元以这些系统的外在可视属性来表现特征。

业务系统其实代表企业内的一种独立能力。用业务系统方式将企业结构划分为可管理的块，有利于了解它们，这在很大程度上与通常将组织划分为相互依赖的部门的方式是相同的。但某一组织的不同部门的角色和用途并不一定为该组织的其他部门所清楚，这导致在执行业务流程时交互达不到最佳效果。

业务系统扩展了划分与相互依赖的概念。业务系统不仅绑定并包含角色和资源，还明确定义了接口或者可要求它们提供的一组服务或职责。有效定义的业务系统就是为正式指定并管理部门与外部协作者之间交互而定义服务级别协议的组织。业务系统常常与不同抽象程度的业务模型结合使用。

术语"业务系统"不应与软件系统混淆。业务系统包含人、硬件和软件，因此抽象程度比软件系统更高。

现在来分析，CRM 系统的业务系统。CRM 系统的业务系统的角色和资源可分为三大业务系统：系统核心业务、系统管理业务和系统支撑业务，如图 3-11 所示。而系统核心业务又可以包括营销、客户服务和客户管理 3 个业务系统。

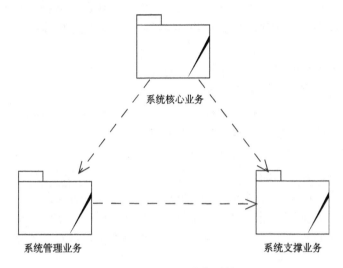

图 3-11　CRM 业务系统

10. 详细对业务用例进行文档化

　　详细对业务用例进行文档化描述，就是要描述业务用例涉及的正常流程，还要描述备选的流程。其中，主要描述业务执行者与业务系统的交互。它主要定义参与者激活用例时系统必须做什么。用例文档结构可以不同，但是典型的描述应包含以下信息：

- 简要描述；
- 涉及的参与者；
- 用例开始所需要的前置条件；
- 事件流的详细描述，包括主事件流，可以将主事件流分解为事件子流（子流可以被进一步划分为更小的子流以提高文档的可读性）；定义异常情况的备选流。
- 后置条件，定义用例结束后系统的状态。

　　用例文档随着项目开发的进展而逐渐演变。在需求定义的早期阶段，只编写简要的描述，文档的其他部分以渐进的方式编写。完整的文档在需求规格说明结束时才能形成。在此阶段，可以将 GUI 的原型加到文档之中。之后，用例文档用于为已实现的系统生成用户手册。

　　现在来详细介绍业务用例的一般性的步骤，具体内容如下。

　　（1）在认为已经收集了足够的背景信息（按时间顺序整理）时，就可以开始详细说明业务用例。

　　（2）说明业务用例的正常工程流程。同时，考虑业务执行者和业务用例，并详细说明它们之间的交互。

　　在正常工作流程已经说明并且相对稳定后，开始说明备选工作流程。

业务用例的工作流程可以分成许多分支流。当启动业务用例时，如果以下条件成立，则分支流可以用不同方式进行组合：

　　·根据来自给定业务执行者的输入、某些属性值或对象，业务用例可以采用若干可能路径之一来继续进行。例如，根据与业务执行者交互时发生的事件，工作流程可以采用不同的路径。

　　·业务用例可以采取可选的顺序执行某些分支流。

　　·业务用例可以同时执行多个分支流。

必须对所有这些可选流或备选进行说明。建议在工作流程的单独补充说明中说明每个分支流，这一措施在出现下列情况时时必需的：

　　·分支流在指定工作流程中占据了相当大的部分。

　　·工作流程发生异常错误，这会更加突出业务用例的主流程。

　　·在同一工作流程中，可用若干种时间间隔执行的任何分支流。

如果分支流仅涉及整个流程的一小部分，则最好在说明文本的正文中说明分支流。

说明业务用例的特殊需求，就是说明与业务用例有关，但在工作流程或业务用例的性能目标中并未考虑的信息。

此规格说明包括了销售管理的规格说明。这个表格并不是编写用例文档的通常做法。CRM 系统营销管理用例的叙述性规格说明如表 3-1 所示。

表 3-1　CRM 系统营销管理用例的叙述性规格说明

用例	营　销　管　理
参与者	普通浏览用户，销售人员，财务人员，系统管理员
前置条件	营销人员负责对客户信息进行维护，并为分派给自己的客户服务，同时，制定销售计划
后置条件	如果用例成功，则客户营销成功同时被记录在系统数据库中，否则，系统的状态不会发生变化
主事件流	用户进入此系统，可浏览获取信息，若有自己所喜欢的产品，用户可注册登录，下购买订单给销售人员； 销售人员在销售系统管理上可对用户的产品订单做出管理，审核确定产品订单；订单生成后，用户选择支付方式，订单进入财务系统管理，财务人员根据用户选择的支付方式对其支付订单进行相应管理 管理员通过此系统发布企业信息、产品信息，管理客户信息及各用户的使用权限
备选流	经理通过管理员登录系统查看了解公司的销售情况、财务情况以及公司的客户信息等
异常事件流	暂无

3.1.3　使用活动图对业务用例进行用例规格说明

1. 活动视图

活动模型表示行为，由独特的元素组成。行为可能是用例的规格说明，也可能是可以在很多地方复用的一个功能。活动模型填补了用例模型中系统行为的高层表示与交互模型（顺序图和通信图）中行为的底层表示之间的空隙。

活动图显示计算的步骤。将活动的执行步骤称为动作。在一个活动内，动作不能被进一步分解。活动图描述哪些步骤可以顺序执行，哪些步骤可以并行执行。从一个动作到下一个动作控制的流程成为控制流。流程的意思是一个节点的运行影响其他节点的运行，同时也受其他节点运行的影响。在活动图中，用边表示这种依赖。

如果用例文档已经完成，则可以从主事件流和备选流的描述中发现活动和动作。然而，活动模型除了为用例提供详细的规格说明外，在系统的开发中还有其他用途。在创建任何用例之前，活动模型可以用于在高层抽象层次上理解业务过程。另外，活动模型也可用于较低的抽象层次上设计复杂的顺序算法，或设计多线程应用系统中的并发性。

2. 业务用例规约

通过文字来详细描述业务用例，形成"业务用例规约"，或称为"业务用例规格书"。其基本格式如下：

1）简介

业务用例规约的简介应提供整个文档的概述。它应包括此业务用例规约的目的、范围、定义、首字母缩写词、缩略语、参考资料和概述。

业务用例规约的范围：它的相关用例模型，以及受到此文档影响的任何其他事务。

2）详细说明业务用例

这部分是主要内容，首先要介绍该业务用例的目的、可评测目标、性能目标（指定与业务用例相关的指标，并定义使用这些指标的目标）。

接着用文字说明业务用例所代表的工作流程及其步骤，工作流程包括基本工作流和备选工作流。此工作流程应该说明公司为给业务执行者提供价值做了什么工作，而不用说明公司是如何解决其问题的。用例的事件流说明了系统需要完成哪些操作才能为业务执行者提供价值，而且还提供了高层次视图，解释了从局外人（业务执行者）的角度来看系统是如何使用的。

最后，业务流程拥有者指为负责管理变更和制定变更计划的人员。还有，要说明业务用例的扩展点及其在事件流中所处位置，如表 3-1 所示。

3. 动作

如果活动建模是为了可视化地表示用例中动作的顺序，那么动作就从用例文档中建立。表 3-2 列出了用例文档中主流和备选流的描述，并标识出了与这些描述有关的动作。

在 UML 中用圆角矩形表示动作。在图 3-12 中画出了表 3-2 中所标识的动作。

表 3-2　找出 CRM 系统中销售管理模块中主流和备选流中的动作

编号	用例描述	动作
1	员工请求系统显示金额及基本的客户和产品信息	显示交易细节
2	如果客户提供现金支付，员工收取现金，在系统中确认付款已收到，并要求系统记录已经发生的付款	键入现金额 确认交易

续表

编号	用例描述	动作
3	如果客户提供借记卡/信用卡支付,则员工刷卡,请客户输入卡的密码,选择借记卡或信用卡账号,并转送此支付。一旦此支付被卡提供商进行了电子确认,系统如实记录这笔付款	刷卡 接受卡号 选择卡的账号 确认交易
4	客户没有足够的现金且不能提供卡支付,员工要求系统验证此客户信用级别(从客户的历史支付中导出)。员工决定是否在不付费或部分付费的情况下完成交易。根据公司的决定,公司取消交易或部分付费继续交易	验证客户的信用级别 拒绝交易 允许不付款交易 允许部分付款交易
5	在读卡机没有通过,尝试 3 次失败后,员工手工输入卡号	手工输入卡号

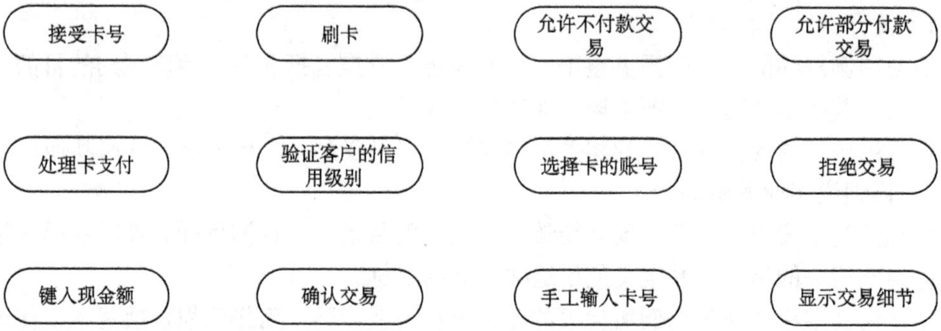

图 3-12　CRM 系统中销售管理模块中用例包含的动作

3.1.4　活动图

活动图显示连接动作和其他节点(如决策、分叉、连接、合并和对象节点)的流。一般情况下,在活动和活动图之间具有一对一的关系,即一个活动图表示一项活动。然而,在一个图中嵌套多个活动也是允许的。

除非一个活动图表示是一个连续的循环,否则,活动图应该有一个使活动开始的初始动作,还应该有一个或多个终止动作。实心圆表示活动开始,牛眼符号表示活动结束,如图 3-13 所示。

流可以分支或合并。这些分支和合并就产生了可选的计算线程。钻石框显示分支条件,分支条件的出口由事件(如 yes、no)或守卫条件(如[green light]、[good rating])控制。

流可以分叉及再连接。这就产生了并发(并行)的计算线程。流的分叉或连接用短线表示。"显示交易细节"是初始动作。此动作的循环流表明显示被不停地刷新,直到计算移到下一个节点。

在"显示交易细节"期间,顾客可以提供现金支付或卡支付,从而导致一个或两个可能的计算线程的执行。在图 3-13 中的活动节点"处理卡支付"内组合了几个管理卡支付的动作。当流可能来自任何嵌套的动作时,这种动作嵌套方式很实用。如果是这种情况，流可以从活动节点引出，如同引到分支条件付款问题的流一样。

需要对条件付款问题进行测试吗？也许卡支付会出现问题，也可能用户没有足够的现金。如果没有支付方面的问题，则交易被确认，过程终止于最后的动作。否则，验证顾客的信用级别。根据信用级别，可以取消交易（如果信用级别为[Bad]）、允许部分付费（如果信用级别为[Good]）或允许不付费（如果信用级别为[Excellent]）。

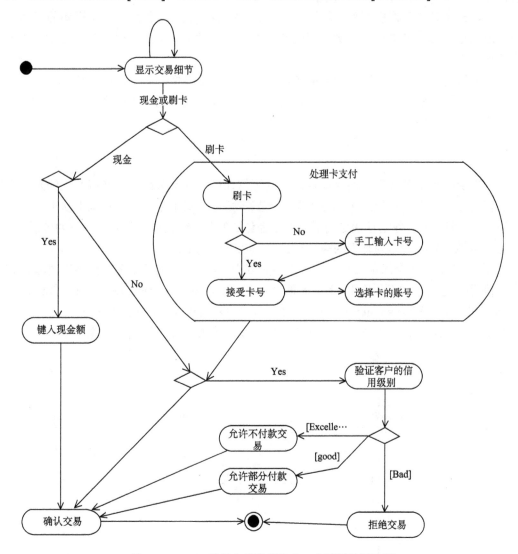

图 3-13　CRM 系统中销售模块中一个用例的活动图

3.1.5　使用交互视图对业务用例流程进行顺序描述

1. 交互视图

交互建模捕获对象之间的交互，为了执行一个用例或用例的一部分，这些对象之间需要通信。交互模型用于需求分析的较高级阶段，当知道了基础的类模型，则对象的引用就可以由类模型支持。

上面的评论强调活动建模和交互建模之间的主要区别。经常在较高的抽象级别上完成活动建模——它显示事件的顺序，但没有将事件分配给对象。然而，交互建模显示了协作对象之间的事件（消息）顺序。

活动建模和交互建模都表示用例的实现。活动图更抽象，经常捕获整个用例的行为。交互用例更详细，趋向于对用例的某些部分建模。有时，一个交互视图对活动图中的单个活动建模。

有两种交互图——顺序图和通信图。它们可以互相转换，而且，很多 CASE 工具提供了从一种模型到另一种模型的自动转换。其区别很明显，顺序模型强调时间顺序，而通信模型强调对象关系。

2. 顺序图

一次交互是某种行为的消息集合，这些消息在连接（持久或瞬间连接）上的角色之间进行交换。顺序图是二维图，在水平维上显示角色（对象），在垂直维上从上到下显示消息的顺序。每一条垂直线称为对象的生命线。在生命线上被激活的方法称为激活（或执行规格说明），它作为垂直的高矩形被显示在顺序图上。

图 3-14 显示一个简单的顺序图，表示完成图 3-13 所示的活动图中的活动"验证客户的信用级别"所需要的消息序列。此图涉及 4 个类的对象：Employee、OrderWindow、CustomerVerifier 和 Customer。Employee 是参与者，OrderWindow 表示类，CustomerVerifier 是控制类，Customer 是实体类。对象生命线表示垂直的虚线，激活表示生命线上的狭窄矩形。

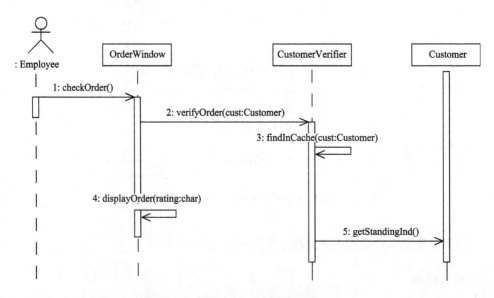

图 3-14　验证客户的信用级别的顺序图

当一位 Employee 请求 OrderWindow 执行 checkRating（）检查等级时，处理过程开始。当收到消息，OrderWindow 显示正为哪位用户处理产品销售信息。这意味着 OrderWindow 对象保留了相关 Customer 对象。相应地，OrderWindow 将 Customer 对象作为 VerifyRating（）消息的参数传递给 CustomerVerifier。

CustomerVerifier 是一个控制对象，负责程序的逻辑，并管理实体对象的内存缓存冲区。由于当前的销售事务与 OrderWindow 所处理的特定 Customer 对象有关，可以假设 Customer 对象在内存缓冲区中（即不必从数据库中查找它）。接下来，CustomerVerifier 发送一条消息（发送给自身方法的消息）来查找 Customer 的 OID，这个查找操作由 findInCache 方法完成。

CustomerVerifier 一旦知道了 Customer 对象的 OID，它就在 getStandingInd（）消息中请求 Customer 显示他的等级。通过调用方法返回给最初调用者的对象没有在顺序图中明确表示出来。在对象激活的结束处（即当控制流返回给调用者）隐含了消息调用的返回。因此 Customer 的 StandingInd 属性值被隐含地返回给 OrderWindow。在这一点上 OrderWindow 发送一条自身消息 displayRating（）来为员工显示等级。

图 3-14 使用消息的层次编号来显示消息之间的激活依赖和相应方法。注意，一个激活内的自身消息导致了一个新的激活。

实际参数可能是输入参数（从发送者到目标）或输出参数（从目标返回到发送者）。输入参数可以用关键字 in 标识（如果没有关键字，则认为是输入参数）。输出参数可以用关键字 out 标识。

如所提到的那样，没有必要显示从目标到发送对象控制的返回结果。到目标对象的 sychronous（同步）消息箭头表示到发送者的控制自动返回。目标知道发送者的 OID。

可以将消息发送给对象的收集（收集可以是集合、列表或对象数组），这种情况经常发送在调用对象被连接到多个接收者对象时（因为关联的重数为一对多或多对多）。

3. 通信图

通信图是顺序图的另一种表示方法。虽然它们的区别很明显，在通信图中没有生命线或激活，但两者都隐含地以箭头表示消息。在顺序图中，消息的编号可能对理解模型有帮助，但是这种编号对于说明方法调用的顺序是不必要的。实际上，如果不使用编号，某些模型会更真实。

图 3-15 是一个通信图，它与图 3-14 的顺序图相对应。

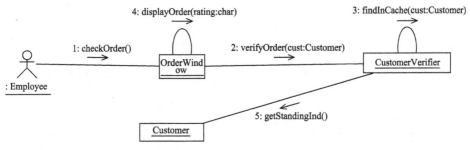

图 3-15　验证客户的信用级别的通信图

一般情况下，当表示涉及很多对象的模型时，通信图比顺序图更形象。另外，与顺序图不同，对象之间的实线可能表明这些对象的类之间需要关联。建立这样的关联使这些类的对象通信更合理。

3.1.6　结构视图

结构视图表示系统的静态视图——表示数据结构、数据关系及作用在这些数据上的操作。静态模型的主要可视化技术是类图。

类建模集成和包含了所有其他建模活动。类模型可定义那些捕获系统内部状态的结构。类模型标识类和类的属性，包括关系，还定义必要的操作来完成用例中明确规定的系统的动态行为需求。当以程序设计语言实现时，类既表示应用系统的静态结构，也表示其动态行为。

类建模的结果是类图和相关的文档。这里是在讨论完交互视图后讨论类建模的，但是在实践中这两种活动一般是并行的。通过提供辅助或补充信息，这两种模型彼此促进。

1. 类

到目前为止，我们已经使用类来定义业务对象，类的例子都是持久性业务实体，比如产品、客户和订单等。这些是为应用域定义数据模型的类。因此，这些类通常都被称为实体类。它们表示持久的数据库对象。

实体类定义了任何信息系统的重要方面。实质上，需求分析主要是对实体类感兴趣。然而，为了系统正常工作，其他类也同样需要。系统需要定义 GUI 对象的类（如屏幕表单）——称为表现（边界、视图）类。系统还需要控制程序逻辑及处理用户事件的类——控制类。其他种类的类也同样需要，如负责与外部数据源通信的类，有时称为资源类。为了满足业务交易，管理内存高速缓存中的实体对象的责任赋予了另一种类——中介者。

根据所使用的特定的建模方法，在需求分析中，除实体类之外的类的细节可能会被处理，也可能不会被处理。同样的思路也适用于早期类模型的操作定义。初始的非实体类建模和操作定义可以推迟到交互模型，更详细的建模可以推迟到系统设计阶段。

按照发现参与者和用例的方式，我们可以构造一个表来帮助从功能性需求分析中发现类。表 3-3 将功能性需求分配给实体类。

表 3-3　将 CRM 系统中销售模块需求分配给实体类

需求编号	需　　求	实　体　类
1	在产品购买前，通过系统验证来确认客户的身份和级别	Customer、Product、MembershipCard
2	产品在扫描仪上扫过就可以获得其描述和价格，可以为用户查询和价格请求提供部分信息	Product、Customer、Order
3	在产品销售时，用户可以用借记卡或信用卡支付	Product、Order、Payment
4	系统验证产品销售的所有条件，提示交易可以继续，并为用户打印收据	Order、Receipt

发现类是一个反复迭代的过程，因为候选类的初始列表容易变化。以下几个问题对于决定需求陈述中的一个概念是否是候选类是有帮助的。

- 这个概念是数据吗？
- 它具有不同值的独立属性吗？
- 它有很多实例对象吗？
- 它在应用领域的范围内吗？

销售模块的类如图 3-16 所示。

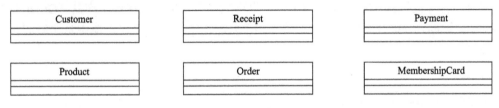

图 3-16　销售模块的类

2. 属性

类的结构由其属性来定义。在实践中，当类被加载到模型中，通常要立即给类分配主要属性。

可以从用户需求和领域知识中发现属性。一开始，建模者专注于定义每个类的标识属性——类中的一个或多个属性，它们在类的所有实例中具有唯一值。通常将这样的属性称为关键字。理想情况下，一个关键字应该由一个属性组成。在某些情况下，一组属性构成一个关键字。

一旦知道了标识属性，就应该为每个类定义主要的描述属性。这些属性描述类的主要信息内容。还不需要为属性定义非原始类型。

图 3-17 显示了具有原始属性的两个销售模块的类。两个类具有同样的关键字，这就表明 MembershipCard 和 Customer 具有关联。

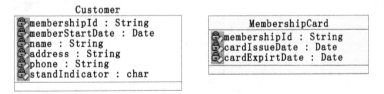

图 3-17　销售模块中类的原始属性

3. 关联

在已实现的系统中，用指定被关联的类的属性类型来表示关联。在分析模型中，关联线表示这些关联。

图 3-18 表示销售商品类之间的关联——Customer、Order 和 Payment。两个关联都是一对多的，并显示了关联的角色名。在已实现的系统中，角色名将被转换为指定类的属性。

Customer 可以与多个 Order 事务关联。每个 Order 对应一个单独 Customer。在此模型中没有指明在一个事务中是否可以买个产品。即使这是允许的，一个事务中的所有产品都需要在同一段时间被销售（因为 OrderDuration 只可能有一个值）。

在多个 Payment 中为一个 Order 付费是可能的。这意味着 PaymentAmount 不一定要被全部支付，并且可以小于 OrderCharge。也可能没有直接付钱就买了产品（Order 对象可以与零个 Payment 对象相关联），这在用例规格说明中的一个可选流中是允许的（见表 3-3）。

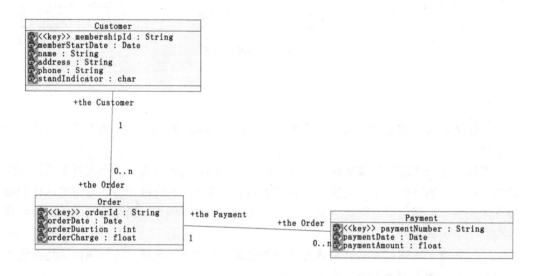

图 3-18　销售系统的关联

在图 3-18 的模型中，Payment 和 Customer 之间有明确的关联关系。在购买商品的过程中，可以通过"导航"来标识付费的顾客，这是可能的，因为每个 Payment 对象与一个 Order 对象关联，一个 Order 对象又与一个 Customer 关联。

4. 聚合

聚合和组合是更强的所有权语义的关联形式。在典型的企业应用系统设计中，可能会出现关联那样的聚合和组合——指定被关联类的属性类型。用一端带有白色钻石的装饰线来表示聚合，黑色钻石用于表示组合。

图 3-19 表示类 Customer 和 MembershipCard 之间的聚合关系。Customer 包含零个或一个 MembershipCard。系统允许存储潜在顾客的信息，也就是没有会员卡的人。这种 Customer 不包含任何 MembershipCard 信息，因此 MemberStartDate 被设置为空值。

图 3-19　销售模块的聚合

聚合线上的白色钻石未必意味着通过引用实现聚合，它也可能意味着建模者还没有决定聚合的实现。

5. 泛化

泛化是类的一种分类关系，这种关系表示子类是超类的特殊化。它意味着任何子类的实例也是其超类的非直接实例，并且继承了超类的特性。用带有大的空三角形的实线表示泛化，大的空三角形附在超类一端。

泛化是很强大的软件复用技术，也极大地简化了模型的语义和图形表示。根据建模的环境，可以使用两种不同的方式取得这种简化。

由于子类类型也是父类类型这一事实，从模型中的任何类到父类画一条关联线是可能的，并假设实际上在泛化层次上的任何对象都可以链接到此关联上。另一方面，也可能画一条关联线到泛化层次上较低的更特殊类来捕获这样的事实：只有那个特殊子类的对象可以被链接到关联上。

图 3-20 是一个泛化层次的例子，根是 Payment 类。由于在销售模块中只有两种类型的支付（借记卡支付和信用卡支付），Payment 类已经成为抽象类，因此其名字是斜体。Receipt 与 Payment 相关联。实际上，Payment 的具体子类对象将与 Receipt 对象链接。

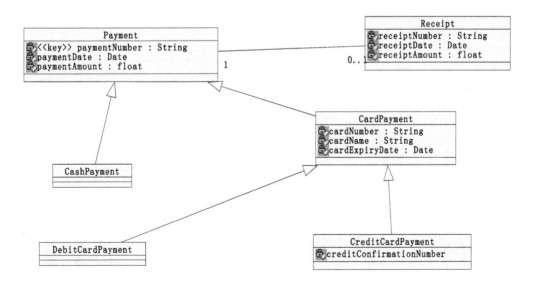

图 3-20　销售模块的泛化

图 3-20 在销售模块中引入了两个新类：DebitCardPayment 和 CreditCardPayment。这两个类是 CardPayment 的子类。结果，CardPayment 已经成为了抽象类。

6. 类图

类图是面向对象设计的灵魂。到目前为止，CRM 系统中的销售模块的例子已经证实了类模型的静态建模能力。这些类已经包含了一些属性，但没有操作。操作更多地属于设计领域，而非分析领域。当操作最终被包含在类中时，类模型就隐含定义了系统行为。

图 3-21 显示了销售模块中的类图。此模型只显示前面例子中所标识的类，其他潜在的类没有显示。除了 Payment、Cardpayment、Product 是抽象类，所有其他类是具体类。

对图 3-21 中关联重数的分析显示，Order 类指向的只是当前产品销售信息。每一个被销售的产品与且只与一个销售相关联。在 Order 类中记录了同一产品过去被销售的信息。

一个 Order 包含一个或多个 Product。一个产品可以在零个、一个多个订单上存在。

每一次销售事务都与一个负责此事务的 Employee 相关联。类似地，每一笔付款都与一位职员连接。可以通过 Order 事务或 Receipt 从 Payment 到 Customer 导航获得付款的 Customer 信息。

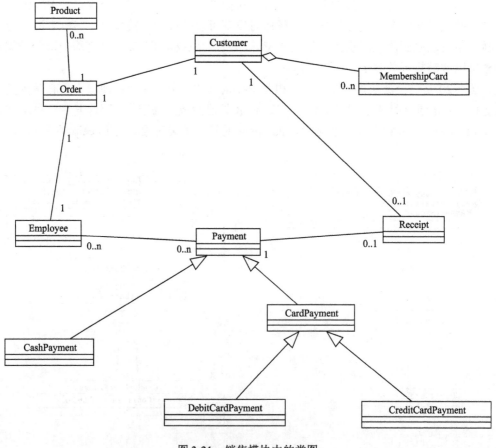

图 3-21　销售模块中的类图

3.1.7　从顺序图到类图方法的一般步骤

考察顺序图能够发现类中的方法。交互和方法之间的依赖很明确。每一条消息触发被调用对象上的一个方法。操作与消息具有相同的名字。

交互模型中的消息和已实现的类的方法之间的一对一映射是有局限性的，并且取决于交互模型是否延续到详细设计。

图 3-22 则显示的是如何通过使用交互将操作增加到类中。顺序图中的类所接收到的消息转变为表示这些对象的类中的方法。类图还显示了方法的返回类型和可见性。方法的这两个特性在顺序图中并不明显。

OrderWindow 收到 checkOrder( )请求，并将这个请求委托给 CustomerVerifier 的 verifyOrder( )。由于 OrderWindow 保存了当前正在显示的 Customer 对象，就可以在 verifyOrder( )的参数中传递这个对象。委托本身使用连接到 CustomerVerifier 的关联。此关联通过角色图和 theCustVerifier 来实现，在 OrderWindow 中将这个角色实现为一个私有属性。

verifyOrder( )方法利用私有方法 findInCache( )来确定 Customer 对象在内存中，并设置 theCust 属性引用这个 Customer 对象。接下来，CustomerVerifier 请求 Customer 通过读取其属性 standingIndicator 的值来完成 getstandingInd( )方法。此属性的 char 值直接返回给 OrderWindow 的 checkOrder( )。

为了在 OrderWindow 控制下的 GUI 窗口中显示顾客的等级，checkOrder( )发送一条消息给 displayOrder( )，同时传递等级值。displayOrder( )方法具有私有可见性，因为在 OrderWindow 内通过自身消息调用它。

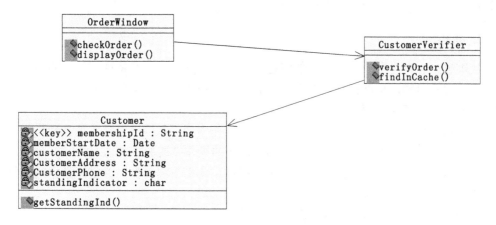

图 3-22　类中增加的操作

3.2　面　向　对　象

对象是指人们要进行研究的任何事物，从最简单的整数到复杂的航空母舰等均可看作对象，它不仅能表示具体的事物，还能表示抽象的规则、计划或事件。对象具有状态和操作（方法），在一个对象中它的状态是用数据值来描述的。而对象的操作则用于改变对象的状态，对象及其操作就是对象的行为。因此，对象实现了数据和操作的结合，使数据和操作封装于对象的统一体中。

面向对象（Object Oriented，OO）是一种对现实世界理解和抽象的方法，是计算机编程技术发展到一定阶段的产物。通过面向对象的方式，将现实世界的事物抽象成对象，将现实世界中的关系抽象成类、继承，帮助人们实现对现实世界的抽象与数字建模。通过面向对象的方法，更利于用人理解的方式对复杂系统进行分析、设计与编程。同时，面向对象方法能有效提高编程的效率，通过封装技术，消息机制可以像搭积木的一样快速开发出一个全新的系统。面向对象是指一种程序设计范型，同时也是一种程序开发的方法。对象指的是类的集合。它将对象作为程序的基本单元，将程序和数据封装其中，以提高软件的重用性、灵活性和扩展性。因此可以说：

（1）面向对象是一种程序设计的思想；

（2）在面向对象的系统分析中它又是一种对问题环境的模拟分析方法。

3.3　面向对象程序设计

面向对象的程序设计（Object Oriented Programming，OOP）是指一种程序设计范型，同时也是一种程序开发的方法。对象指的是类的实例，它将对象作为程序的基本单元，将程序和数据封装其中，以提高软件的重用性、灵活性和扩展性。

面向对象程序设计中几个基本概念是抽象、类、对象、继承、数据封装、多态性和消息传递。下面来具体描述一下这几个概念。

1. 抽象

从事物中舍弃个别的、非本质的特征，而抽取共同的、本质特征的做法叫抽象。例如，一个现实事物，可能担任很多角色，只有与问题域有关的角色，才予以考虑。在不同的高度看待或解决问题。

（1）过程抽象：任何一个完成确定功能的操作序列，其使用者都可把它看作一个单一的实体，尽管实际上它可能是由一系列更低级的操作完成的。

（2）数据抽象：根据施加于数据之上的操作来定义数据类型，并限定数据的值只能由这些操作来修改和观察。

客观事物->对象->类->一般类

2. 类

类（Class）定义了一件事物的抽象特点。通常来说，类定义了事物的属性和它可以做到的（它的行为）。举例来说，"人"这个类动物会包含的一切基础特征，例如它的所处的地方、身体的颜色、吃饭的能力等。类可以为程序提供模板和结构。一个类的方法和属性被称为"成员"。类有以下 3 种成员类型。

- 私有成员（private）：缺省情况下，一个类中的所有成员都是私有的。私有成员只能被类本身的成员函数访问，并且不具有继承性。
- 公有成员（public）：公有成员可以被类成员函数和外部函数使用。
- 保护成员（protected）：类的保护成员能被类及其派生类的成员函数和友员函数使用，具有继承性。

我们来下面看一段伪代码，在这段代码中，我们声明了一个类，这个类具有人的一些基本特征。

```
class  人
开始
      private:
            所处地方:
            身体颜色:
      public:
            吃饭（）:
结束
```

3. 对象

对象（Object）是类的实例，例如，"人"这个类。从而使这个类定义了世界上所有的人。而"张三"这个对象则是一个具体的人，它的属性也是具体的。人有身体颜色，而"张三"的身体颜色是黄色的。因此，"张三"就是"人"这个类的一个实例。一个具体对象属性的值被称作它的"状态"（系统给对象分配内存空间，而不会给类分配内存空间，这很好理解，类是抽象的系统,不可能给抽象的东西分配空间，对象是具体的）。假设我们已经在上面定义了"人"这个类，我们就可以用这个类来定义对象。我们无法让"人"这个类吃饭，但是我们可以让对象"张三"吃饭。如"张三"可以吃饭，在伪代码中我们可以这样写：

```
定义  张三是人
      张三.身体颜色:=黄色
      张三.吃饭（）
```

4. 方法

方法（Method，可看成能力）是定义一个类可以做的，但不一定会去做的事。作为一个人，"张三"是会吃饭的，因此"吃饭（）"就是它的一个方法。与此同时，它可能还会有其他方法，例如"坐下（）"，或者"跑步（）"。 对一个具体对象的方法进行调用并不影响其他对象，正如所有的人都会跑步，但是一个人跑步不代表所有的人都跑步。在伪代码中我们可以这样写：

```
定义　张三是人
定义　李四是人
李四.跑步（）
```

而张三会跑步——但没有跑步，因为这里的跑步只是对象"李四"进行的。

5. 继承

继承性（Inheritance）是指在某种情况下，一个类会有"子类"。子类比原本的类（称为父类）要更加具体化，例如，"人"这个类可能会有它的子类"中国人"或"江苏人"。在这种情况下，"张三"可能就是"中国人"的一个实例。子类会继承父类的属性和行为，并且也可包含它们自己的。我们假设"人"这个类有一个方法吃饭做"吃饭（）"和一个属性吃饭做"身体颜色"。它的子类（如"中国人"和"江苏人"）会继承这些成员。这意味着程序员只需要将相同的代码写一次。在伪代码中我们可以这样写：

```
类中国人:继承人
定义张三是中国人
张三.吃饭（）        /* 注意这里调用的是人这个类的吃饭方法 */
```

回到前面的例子，"中国人"这个类可以继承"身体颜色"这个属性，并指定其为黄色。而"俄罗斯人"则可以继承"吃饭（）"这个方法，并指定它的音调高于平常。子类也可以加入新的成员，例如，"江苏人"这个类可以加入一个方法吃饭做"颤抖()"。设若用"中国人"这个类定义了一个实例"张三"，那么张三就不会颤抖，因为这个方法是属于俄罗斯人的，而非中国人。事实上，我们可以把继承理解为"是"。例如，张三"是"中国人，中国人"是"人。因此，江苏人既得到了中国人的属性，又继承了人的属性。　我们来看伪代码：

```
类江苏人：继承中国人
开始
    公有成员：
        颤抖（）
结束
类中国人：继承人
定义张三是中国人
张三.颤抖（）   /* 错误：颤抖是江苏人的成员方法。   */
```

6. 封装性

具备封装性（Encapsulation）的面向对象程序设计隐藏了某一方法的具体执行步骤，取而代之的是通过消息传递机制传送消息给它。因此，举例来说，"人"这个类有"吃饭（）"的方法，这一方法定义了人具体该通过什么方法吃饭。但是，张三的朋友李四并不需要知道他到底如何吃饭。从实例来看：

```
/* 一个面向过程的程序会这样写：  */
    定义张三
    张三.设置音调（5）
    张三.吸气（）
    张三.吐气（）
/* 而当人的吃饭被封装到类中，任何人都可以简单地使用：  */
    定义张三是人
    张三.吃饭（）
```

封装是通过限制只有特定类的实例可以访问这一特定类的成员，而它们通常利用接口实现消息的传入传出。举个例子，接口能确保"中国人"这一特征只能被赋予"人"这一类。通常来说，成员会按它们的访问权限被分为 3 种：公有成员、私有成员及保护成员。

7. 多态

多态（Polymorphism）是指由继承而产生的相关的不同的类，其对象对同一消息会做出不同的响应。例如，中国人和俄罗斯人都有"吃饭（）"这一方法，但是调用中国人的"吃饭（）"，中国人会吃饭；调用俄罗斯人的"吃饭（）"，俄罗斯人会吃饭。我们将它体现在伪代码上：

```
类中国人
开始
    公有成员：
        吃饭（）
        开始
            吃饭（）
        结束
结束
```

```
类俄罗斯人
开始
    公有成员：
        吃饭（）
        开始
            吃饭（）
        结束
结束
```

```
定义张三是中国人
定义李四斯基是俄罗斯人
张三.吃饭（）
李四斯基.吃饭（）
```

这样，同样是吃饭，张三和李四斯基做出的反应将大不相同。

8. 重载（overloading）

有两种重载：函数重载是指在同一作用域内的若干个参数特征不同的函数可以使用相同的函数名字；运算符重载是指同一个运算符可以施加于不同类型的操作数上面。当然，当参数特征不同或被操作数的类型不同时，实现函数的算法或运算符的语义是不相同的。

9. 消息（message）

消息就是要求某个对象执行在定义它的那个类中所定义的某个操作的规格说明。通常，一个消息由下述 3 部分组成：
- 接收消息的对象；
- 消息选择符（也称为消息名）；
- 零个或多个参数。

3.4　面向对象分析的基本过程

面向对象的分析（Object Oriented Analysis，OOA）就是运用面向对象方法进行系统分析。OOA 是分析，是软件生命周期的一个阶段，具有一般分析方法共同具有的内容、目标及策略；但强调运用面向对象方法进行分析，用面向对象的概念和表示法表达分析结果。基本任务是：运用面向对象方法，对问题域和系统责任进行分析和理解，找出描述问题域及系统责任所需的对象，定义对象的属性、操作以及它们之间的关系。目标是建立一个符合问题域、满足用户需求的 OOA 模型。

从上面的描述过程可知，面向对象分析就是抽取和整理用户需求，并建立问题域精确模型的过程。通常，面向对象分析过程从分析陈述用户需求的文件开始。可能由用户（包括出资开发该软件的业主代表及最终用户）单方面写出需求陈述，也可能由系统分析员配合用户共同写出需求陈述。当软件项目采用招标方式确定开发单位时，"标书"往往可以作为初步的需求陈述。

需求陈述通常是不完整、不准确的，而且往往是非正式的。通过分析，可以发现和改正原始陈述中的二义性和不一致性，补充遗漏的内容，从而使需求陈述更完整、更准确。因此，不应该认为需求陈述是一成不变的，而应该把它作为细化和完善实际需求的基础。在分析需求陈述的过程中，系统分析员需要反复多次地与用户协商、讨论、交流信息，还应该通过调研了解现有的类似系统。正如以前多次讲过的，快速建立起一个可在计算机上运行的原型系统，非常有助于分析员和用户之间的交流和理解，从而能更正确地提炼出用户的需求。

接下来，系统分析员应该深入理解用户需求，抽象出目标系统的本质属性，并用模型准确地表示出来。用自然语言书写的需求陈述通常是有二义性的，内容往往不完整、不一致。分析模型应该成为对问题的精确而又简洁的表示。后继的设计阶段将以分析模型为基础。更重要的是，通过建立分析模型能够纠正在开发早期对问题域的误解。

在面向对象建模的过程中，系统分析员必须认真向领域专家学习。尤其是建模过程中的分类工作往往有很大难度。继承关系的建立实质上是知识抽取过程，它必须反映出一定深度的领域知识，这不是系统分析员单方面努力所能做到的，必须有领域专家的密切配合才能完成。

在面向对象建模的过程中，还应该仔细研究以前针对相同的或类似的问题域进行面向对象分析所得到的结果。由于面向对象分析结果的稳定性和可重用性，这些结果在当前项目中往往有许多内容是可以重用的。

随着 UML 的诞生，面向对象分析与设计变得更加方便和高效。UML 是一种功能强大的、面向对象分析与设计的可视化建模语言，下面将进一步对 UML 进行描述。

3.5　统一建模语言 UML

统一建模语言 UML（Unified Modeling Language，UML），是一种可视化的面向对象模型分析语言，从软件工程的角度来看，UML 是一种软件结构的分析工具。UML 由世界著名的面向对象技术专家 Grady Booch, James Rumbaugh 和 Ivar Jacobson 提出，已经成为业界标称。目前，OMG（Object Managing Group）已经把 UML 作为公共可得到的规格说明（Publicly Available Specification ，PAS）提交国际标准化组织 ISO 进行国际标准化。

3.5.1　什么是 UML

UML 是一种标准的图形化建模语言。它是面向对象分析与设计的一种标准表示。它不是一种可视化的程序设计语言，而是一种可视化的建模语言；不是工具或知识库的规格说明，而是一种建模语言规格说明，是一种表示的标准；不是过程也不是方法，但允许任何一种过程和方法使用它。UML 的目标是：

- 易于使用，表达能力强，进行可视化建模。
- 与具体实现无关，可应用于任何语言平台和工具平台。
- 与具体的过程无关，可应用于任何软件开发的过程。
- 简单并且可扩展，具有扩展和专有化机制，无需对核心概念进行修改。
- 为面向对象的设计与开发中涌现出的高级概念，例如协作框架模式和组件提供支持，强调在软件开发中对架构框架模式和组件的重用。
- 与最好的软件工程实践经验集成。
- 可升级，具有广阔的实用性和可用性。
- 有利于面向对象工具的市场成长。

3.5.2　UML 应用领域

标准建模语言 UML 以面向对象图的方式来描述任何类型的系统，具有很宽的应用领域。其中最常用的是建立软件系统的模型，但它还可以用于描述不带任何软件的机械系统、一个企业的机构或企业过程等。UML 是一个通用的标准建模语言，可以对任何具有静态结构和动态行为的系统进行建模。

此外，UML 适用于系统开发的不同阶段，从需求规格描述到系统完成后测试。在需求分析阶段，可以用用例图捕捉用户需求。通过用例建模，描述对系统感兴趣的外部角色和它们对系统的功能需求（用例）。分析阶段主要关心问题域中的主要概念（如抽象、类和对象等）和机制，需要识别这些类以及它们相互间的关系，并用 UML 类图来描述。为实现用例，类间需要和合作，这可以用 UML 动态模型来描述。在分析阶段，只对问题域的对象（现实世界的概论）建模，而不考虑定义软件系统中的技术细节的类（如处理用户接口、数据库通信和并行性问题的类）。这些技术细节将在设计阶段引入，因此设计阶段为构造阶段提供更详细的规格说明。

编程（构造）是一个独立的阶段，其任务是用面向对象编程语言将来自设计阶段的类转化成实际的代码，在用 UML 建立分析和设计模型时，应尽量避免考虑把模型转化成某种特定的编程语言。因为在早期阶段，模型仅仅是理解和分析系统结构的工具，过早考虑编程问题十分不利于建立简单正确的模型。

UML 模型还是测试阶段的依据。系统通常需要经过单元测试、集成测试、系统测试和验收测试。不同的测试小组使用不同的 UML 图作为测试依据；单元测试使用类图和类规格说明；集成测试使用构建图和合作图；系统测试使用用例图来验证系统的行为。验证测试由用户进行，以验证系统测试的结果是否满足在分析阶段确定的需求。

标准建模语言 UML 适用于以面向对象技术来描述任何类型的系统，而且适用于系统开发的不同阶段，从需求规格描述直至系统完成后的测试和维护。

3.5.3　UML 统一建模方法

UML 并没有局限于单一平台或程序开发语言，UML 基本上与流程无关，适用于“适用用例驱动（UseCase Driven）”、“以结构为中心（Architecture-Centric）”且为迭代式（Iterative）、渐进式（Incremental）的开发流程。具体的方法步骤如下：

（1）捕获需求阶段：先由用户、分析人员和开发者积极交流，分析、提炼用户对系统的需求，并描述出来。然后在此基础上建立业务用例模型、业务对象模型，用模型来完整地表达和细化用户需求。

（2）分析阶段：在前一阶段基础上进行功能抽象和数据抽象，功能抽象得到系统分析包，数据抽象得到分析类及其相互之间的关系。

（3）设计阶段：对分析阶段的成果进一步细化，细化分析类的方法和相互间关系，细化各个子系统的接口和相互间交互，得到实现时可以使用的设计模式。

（4）实现阶段：编码实现阶段设计，并进行单元测试、集成测试。

3.5.4　UML 表示法

UML 是在开发阶段，构建和书写一个面向对象软件密集系统的制品的开放方法。最佳的应用是工程实践，对大规模、复杂系统进行建模方面，特别是在软件架构层次，已经被验证有效。大规模、复杂系统模型大多以图表的方式表现出来。一份典型的建模图表通常包含几个块或框、连接线和作为模型附加信息的文本。这些虽然简单却非常重要，在 UML 规则中相互联系和扩展。

3.5.5　UML 的主要模型

在 UML 系统开发中有 3 个主要的模型：

（1）功能模型：　从用户的角度展示系统的功能，包括用例图。

（2）对象模型：采用对象、属性、操作、关联等概念展示系统的结构和基础，包括类图、对象图、包图。

（3）动态模型：展现系统的内部行为，包括序列图、活动图、状态图。

UML 是数据库设计过程中，在 E-R 图（实体-联系图）的设计后的进一步建模。下面了解一下 UML 设计中所有的图例及基本作用。

首先将 UML 中的 8 种模型图分为两大类，如表 3-4 所示。

表 3-4　UML 模型图

	用例图	描述用户需求
	类图	描述系统具体实现
结构分类	对象图	描述具体的模块实现，抽象层次较低
	构件图	描述系统的模块结构，抽象层次较高
	部署图	显示系统中软件和硬件的物理架构
	序列图	系统的行为
动态行为	活动图	具体业务用例实现的工作流程
	状态图	描述一个实体基于事件反映的动态行为

3.6　Rational Rose 介绍

3.6.1　Rational Rose 简介

Rational Rose 是 Rational 公司出品的一种面向对象的统一建模语言的可视化建模工具。用于可视化建模和公司级水平软件应用的组件构造。

Rational Rose 包括了统一建模语言（UML）、OOSE，以及 OMT。其中统一建模语言由 Rational 公司 3 位世界级面向对象技术专家 Grady Booch、Ivar Jacobson 和 Jim Rumbaugh 通过对早期面向对象研究和设计方法的进一步扩展而得来的，它为可视化建模软件奠定了坚实的理论基础。同时这样的渊源也使 Rational Rose 领先于当前市场上很多基于 UML 可视化建模的工具，例如 Microsoft 的 Visio2002、Oracle 的 Designer2000，还有 PlayCase、CA BPWin、CA ERWin、Sybase PowerDesigner 等。

3.6.2　Rational Rose 2003 安装步骤

（1）双击启动并运行 Rational 2003 的安装程序 Rational Suite Enterprise for

Windows.exe。

（2）解压缩整个安装包，过了很长一段时间，出现 Thank you 画面，单击<Next>按钮。

（3）出现选择产品画面，在产品列表框里选择 Rational Suite Enterprise，然后单击<Next>按钮。

（4）这时会弹出一个确认对话框，提示尚未配置本产品许可协议，选择是否要在无许可配置的情况下继续安装，单击"确定"按钮。

（5）出现许可协议界面，选择"接受协议"单选按钮，单击 Next 按钮，如图 3-23 所示。

（6）出现选择安装类型界面（这里可以选择安装路径，注意完全安装需要 1.5GB 左右的空间），选择 Custom 进行定制安装单击 Next 按钮。

（7）出现选择安装细节界面，这里可以通过选择特色列表框里的树型选择器来选中想要安装的具体产品。选择完后单击 Next 按钮，如图 3-24 所示。

（8）出现安装完成界面，单击 Finish 按钮，如图 3-25 所示。

（9）在桌面上双击图标 ，进入 Rational Rose 的主界面，如图 3-26 所示。

图 3-23　许可协议界面　　　　　　　图 3-24　选择定制内容界面

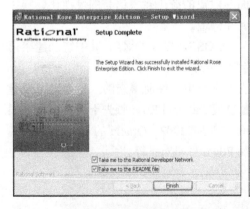

图 3-25　安装完成界面　　　　　　　图 3-26　Rational Rose 主界面

3.6.3 用例驱动分析技术

需求分析常用的方法有：基于面向对象的用例驱动的分析方法、面向数据流的分析方法（SA）和面向数据结构的 Jackson 方法。

1. 面向数据结构的 Jackson 方法

它主要是把问题分解为可由 3 种基本结构形式表示的各部分的层次结构。3 种基本的结构形式就是顺序、选择和重复。3 种结构可以进行组合，形成复杂的结构体系。这一方法从目标系统的输入、输出数据结构入手，导出程序框架结构，再补充其他细节，就可得到完整的程序结构图。这一方法对输入、输出数据结构明确的中小型系统特别有效，如商业应用中的文件表格处理。该方法也可与其他方法结合，用于模块的详细设计。

2. 面向数据流的分析方法

它以数据的"输入→加工→输出"为核心，以"自顶向下"的方式进行功能的分解。它的缺点是：

（1）非常容易混淆需求和设计的界限，这样的表述实际上已经包含了部分的设计在内。由此常常导致这样的迷惑：系统需求应该详细到何种程度。

（2）分割了各项系统功能的应用环境，从各项功能项入手，很难了解这些功能项是如何相互关联来实现一个完成的系统服务的。

3. 基于面向对象的用例驱动的分析方法

这是 Rational 三友之一 Ivar Jacobson 于 1967 年在爱立信公司开发 AXE 交换机时开始研究，并于 1986 年总结、发布的一项源于实践的需求分析技术。Ivar 先生在加盟 Rational 之后，与其他二人合作提出了 UML，完善了 RUP，用例分析技术也因此被人广泛了解和关注。用例分析技术为软件需求规格化提供了一个基本的元素，而且该元素是可验证、可度量的。用例可以作为项目计划、进度控制、测试等环节的基础，用例还可以使开发团队与客户之间的交流更加顺畅。

3.7 用 例 图

用例图描述角色以及角色与用例之间的连接关系。说明是谁要使用系统，以及他们使用该系统可以做些什么。在一个用例图中包含了多个模型元素，如系统、参与者和用例，并且显示了这些元素之间的各种关系，如泛化、关联和依赖。用例图非常简单直观，它主要用来图示化系统的主事件流程，它主要用来描述客户的需求，即用户希望系统具备的完成一定功能的动作，通俗地理解，用例就是软件的功能模块，所以是设计系统分析阶段的起点。设计人员根据客户的需求来创建和解释用例图，用来描述软件应具备哪些功能模块以及这些模块之间的调用关系。用例图包含了用例和参与者，用例之间用关联来连接，以求把系统的整个结构和功能反映给非技术人员（通常是软件的用户），对应的是软件的结构和功能分解。

3.7.1　系统

　　系统是指待开发的任何事物，包括软件、硬件或者过程。在建模的过程中，首先就要清晰地确定系统的边界，即系统中有什么，系统外有什么（尽管不需要创建，但必须考虑其接口）。通过确定系统的参与者和用例便可确定系统边界。在 UML 的用例图中，系统用一个矩形方框来描述，中间标明了系统的名称。下面以 CRM 系统为例进行表示，如图 3-27 所示。

CRM系统

图 3-27　系统的表示

3.7.2　识别参与者

　　一个用例描述了系统及其用户之间的一类交互，但是，系统通常有不同种类的用户，他们能够执行系统功能的不同子集。例如：CRM 系统定义了一个角色成为"系统管理员"，这个人有权访问普通用户不能使用的功能，例如定义新角色，或者系统设置。

　　人与系统在进行交互时能够担任的不同角色称为参与者。参与者一般对应于系统一个特定的访问级别，它由参与者能够执行的系统功能的类别定义。在其他情况下，参与者不是如此严格定义的，而是简单对应于一组对系统有不同兴趣的人。在 UML 中，参与者用一个"火柴棒形人"来表示，如图 3-28 所示。根据参与者与用例关系的不同，参与者可分为两类：主要参与者（Primary Actor）和次要参与者（Secondary Actor）。主要参与者为主动发起人，通过使用用例从系统中获得业务价值。次要参与者参加用例的执行，为其他参与者创造业务价值。一个参与者在一个用例中是主要参与者，在其他用例中可能是次要参与者。一个用例的主要参与者可能是一个，也可能是多个。

高管　　　　　　　　　　　销售主管

图 3-28　参与者的表示

3.7.3　识别用例

　　一组用例是一个系统的用户能够使用系统完成的不同任务。现在以为例，将简单的描述预约可能有的一组用例，但是在真正的开发中，用例一般是由分析人员与系统未来的使用者进行协商确定的。从参与者的角度来看，用例应该是一个完整的任务，在一个相对较短的时间段内完成。如果用例的各部分被分在不同的时间段，尤其是被不同的参与者执行时，最好将各部分作为单独的用例看待。在 UML 中，用例用一个椭圆形符号表示，其下面是用例的名称，如图 3-29 所示。

用例的命名非常重要。用例名要尽量使用主动语态动词和可以描述系统执行功能的名称。

图 3-29　用例的表示

3.7.4　关系

用例是从系统外部可见的行为，是系统为某一个或几个参与者（Actor）提供的一段完整的服务。从原则上来讲，用例之间都是独立、并列的，它们之间并不存在着包含从属关系。但是为了体现一些用例之间的业务关系，提高可维护性和一致性，用例之间可以抽象出包含（include）、扩展（extend）和泛化（generalization）几种关系。

1. 泛化

泛化关系：子用例和父用例相似，但表现出更特别的行为。子用例将继承父用例的所有结构、行为和关系。子用例可以使用父用例的一段行为，也可以重载它。父用例通常是抽象的。在实际应用中很少使用泛化关系，子用例中的特殊行为都可以作为父用例中的备选流存在。参与者之间的泛化关系意味着一个参与者可以完成另一个参与者同样的任务，它也可以补充额外的任务。一般用例的任何包含关系和扩展关系也可以被特殊用例继承。在 UML 中，泛化关系用一个带连线的三角形来表示。

在如图 3-30 所示用例图中，角色和用例都能够泛化。角色的泛化和继承很容易理解，因为角色本来就是类（class），它是一种版型（stereotype）为 Actor 的类，所以角色的继承直观而自然。但是用例的继承实际上分为两种情况，并不是简单的使用泛化，而是使用扩展（extended）和包含（include）两种泛化的特例。扩展用于子用例的动作步骤基本上和父用例的动作步骤相同，只是在增加了另外的一些步骤的情况下，包含用于子用例包含了所有父用例的动作，它将父用例作为自己的一个大步骤，子用例常常包含一个以上的父用例。

图 3-30　客户服务归档泛化关系图

2. 包含

包含关系：使用包含用例来封装一组跨越多个用例的相似动作（行为片断），以便多个基（Base）用例复用。基用例控制与包含用例的关系，以及被包含用例的事件流是否会插入基用例的事件流中。基用例可以依赖包含用例执行的结果，但是双方都不能访问对方的属性。

包含关系最典型的应用就是复用，也就是定义中说的情景。但是有时当某用例的事件流过于复杂时，为了简化用例的描述，也可以把某一段事件流抽象为一个被包含的用例；相反，当用例划分太细时，也可以抽象出一个基用例，来包含这些细颗粒的用例。这种情况类似于在过程设计语言中，将程序的某一段算法封装成一个子过程，然后再从主程序中调用这一子过程。在 UML 中，包含关系用虚线箭头线表示，其上标明"《Include》"。

例如：业务中，总是存在着维护某类信息的功能，如果将它作为一个用例，那新建、编辑以及修改都要在用例详述中描述，过于复杂；如果分成新建用例、编辑用例和删除用例，则划分太细。这时包含关系可以用来理清关系。

例如，系统中允许用户对查询的结果进行导出、打印。对于查询而言，能不能导出、打印查询都是一样的，导出、打印是不可见的。导入、打印和查询相对独立，而且为查询添加了新行为，因此可以采用扩展关系来描述，如图 3-31 所示。

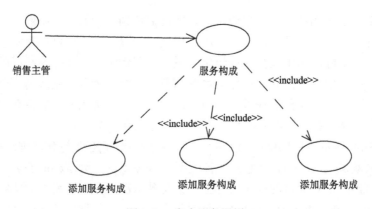

图 3-31　客户服务用例

3. 扩展

扩展关系：将基用例中一段相对独立并且可选的动作，用扩展用例加以封装，再让它从基用例中声明的扩展点（Extension Point）上进行扩展，从而使基用例行为更简练，目标更集中。扩展用例为基用例添加新的行为。扩展用例可以访问基用例的属性，因此它能根据基用例中扩展点的当前状态来判断是否执行自己。但是扩展用例对基用例不可见。对于一个扩展用例，可以在基用例上有几个扩展点。应该注意的是，扩展点并不要求用例一定被扩展，但如果扩展的话，它表明了可以发生扩展的地方。每个扩展点，在一个用例中都有一个唯一的名字和位置描述，通常在椭圆形的用例描述符号中添加一个扩展点分区来表示。显然，被扩展用例的描述并没有因此而改变。在 UML 中，扩展关系用虚线箭头线表示，其上标明"《extend》"扩展点列表和扩展条件。

在使用扩展关系时候应该注意以下几个方面：

（1）扩展用例是一些用例片段，用来扩展"被扩展用例"的行为；扩展用例一般没有实例，若有也不包含"被扩展用例"中的行为。

（2）扩展用例可以在"被扩展用例"的多个扩展点扩展"被扩展用例"的行为。只要在"被扩展用例"执行到"扩展用例"引用的扩展点时扩展条件为真，则所有"扩展用例"的动作序列片段均插入"被扩展用例"中扩展点描述的相应位置。

（3）扩展用例可以继续被其他用例扩展。

（4）若"被扩展用例"的某个扩展点上有多个对应的扩展用例，则这些扩展用例执行的相对顺序是不确定的。

如图 3-32 所示系统可以对已归档的服务进行查询、查阅。

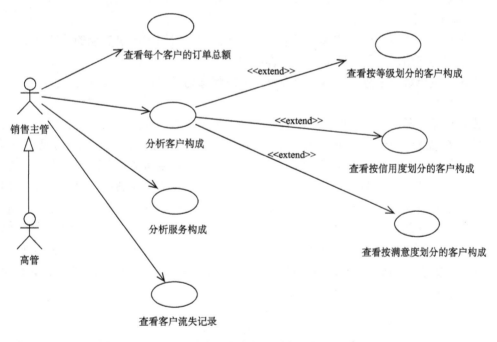

图 3-32　客户服务归档用例图的扩展关系

3.7.5　参与者及用例的描述

在用例图中，参与者和用例均是简单的名字，在用例建模过程中需要进一步描述。

1. 参与者描述

参与者描述的内容主要包括参与者的名称、是否为抽象参与，以及参与者的简要描述。表 3-5 给出了"客户管理模块"中，关于参与者描述的一个简单示例。

表 3-5　客户经理描述示例

参与者规格说明	
参与者名称：客户经理	是否抽象参与者：否
简要描述： 　　客户信息是公司资产的构成部分之一，应对其进行妥善保管，充分利用。 　　每个客户经理有责任维护自己负责的客户信息，随时更新。在本系统中，客户信息将得到充分的共享，从而发挥最大的价值。 　　有调查表明，公司的大部分利润来自老客户，开发新的客户成本相对较高而且风险相对较大。因此我们有必要对超过 6 个月没有购买公司产品的客户予以特殊关注，防止现有客户流失。	

2. 用例描述

用例描述有许多种方法，如简单文字、模板、表格、图形和形式化语言等，开发人与可以根据项目进展及用户特点灵活选择。下面介绍几种常用方式。

1）简单文字

简单文字一般用于用例建模的早期，其主要内容是对用例提供功能的简单说明，例如："编辑客户信息"用例的简单文字说明如下：

用例"编辑客户信息"：客户经理可以编辑状态为"正常"的客户信息。

2）模板

模板也是一种文字形式的描述，规定了开发人员需要阐述的有关项目。例如，RUP风格的用例描述的用例规约应该包含以下内容：简要说明（Brief Description）是简要介绍该用例的作用和目的；事件流（Flow of Event）是包括基本流和备选流，事件流应该表示出所有的场景；用例场景（Use-Case Scenario）是包括成功场景和失败场景，场景主要是由基本流和备选流组合而成的；特殊需求（Special Requirement）是描述与该用例相关的非功能性需求（包括性能、可靠性、可用性和可扩展性等）和设计约束（所使用的操作系统、开发工具等）；前置条件（Pre-Condition）是执行用例之前系统必须所处的状态；后置条件（Post-Condition）是用例执行完毕后系统可能处于的一组状态。表 3-6给出了"编辑客户信息"用例模板描述示例。

表 3-6　用例模板描述示例

用例名：编辑客户信息
参与者：客户经理
事件流： 　　（1）明确地区、客户等级的候选项由数据字典维护； 　　（2）客户经理选择所有状态为"正常"的系统用户。客户满意度和客户信用度候选项的值都是 1～5。 　　（3）从列表中选择要编辑的用户，选择"编辑"按钮，编辑特定客户的信息，输入新信息后单击"保存"按钮，返回列表页面。
可选路径：
3.a 提示"保存成功"。 　　3.b 报告错误。

3.8　用例建模

3.8.1　用例建模的思想

在一个系统中可以采用不同的视图,用例视图被认为是 UML 中起支配作用的视图。用例视图描述的是系统外部可见的行为。因此，在软件开发开始考虑所提出的系统需求的情况下，用例视图确立了一种强制力量，驱动和约束着后续的开发。

用例视图展现的是系统功能的结构化视图。这个视图定义了若干参与者和这些参与者可以参与的用例。参与者模型化了用户与系统进行交互时可能充当的角色，用例则描述了用户使用系统能够完成的一项特定的任务。用例视图应该包含一组定义了该系统完整功能的用例，或者至少定义了当前迭代所规定功能的用例，这些用例应该为在系统支持下能够完成的任务。

理想情况下，用例视图应该是客户、最终用户、领域专家、测试人员以及其他涉及系统的人员，不需要详细了解系统结构和实现就容易理解。用例视图不描述软件系统的组织或者结构，它的作用是给设计者施加约束，设计者必须设计出一个能够提供用例视图中指定的功能结构。

因此，用例建模主要用来建立系统的功能模型，其基本思想如下：

1. 找出系统的参与者和用例

确定系统的参与者和用例，即确定系统边界，这是用例建模的第一步。参与者是系统之外与系统交互的所有事物。每个系统之外的实体可以用一个或者多个参与者来代表。下面一些问题有助于开发人员发现参与者。

- 谁使用这个系统？
- 谁安装这个系统？
- 谁启动这个系统？
- 谁维护这个系统？
- 哪些其他的系统使用这个系统？
- 谁从这个系统获取信息？
- 谁为这个系统提供信息？
- 是否有事务在预计的事件发生？

在选择参与者时，有两个非常有用的标准：

（1）应该能至少确定一个用户来扮演参与者；

（2）与系统相关的不同参与者实例所充当的角色间的重叠应该最少。

2. 排列用例的优先级

区分用例的优先次序，即确定哪一项任务是最关键的，哪些用例涉及全局认识，哪些用例可以为其他用例所重用等。这样，优先级高的用例需要较早开发。区分用例的优先次序的技术来源于经验，除考虑技术因素外，还需考虑非技术因素，如经济方面。开发人员需要与用户一起协商。

3. 精确描述每个用例

精确描述每个用例的主要目的是为了详细描述用例的事件流，包括用例如何开始，如何与参与者进行交互以及如何结束。

用例开发人员需要与用例的真实用户密切合作。开发人员通过多次面谈，记录用户对用例的理解，并与他们讨论有关用例的各种建议。在用例描述完成之后，需要请这些真实的用户对用例描述进行评审。

用例描述的内容和方式可根据项目和用户特点灵活选择。

4. 构造用户界面原型

构造用户界面原型的目的是便于用户能有效地执行用例，便于为最关键的参与者确定用户界面的外观和感觉。首先，从用例下手，设法确定为使每个参与者能执行用例需要用户界面提供哪些信息。然后，开发一个界面原型以说明用户如何使用系统来执行用例。界面原型可以是开发人员给出的界面草图，也可以是利用某种开发工具（如可视化编程环境）设计的用户界面。

3.8.2　用例建模的业务架构视图

用例建模能使项目团队从业务组织全局的业务角度来识别自动化（信息化）需求，通过关键业务流程识别出关键的系统用例，体现了用例驱动开发的思想。但这并不是用例建模的唯一目的。用例建模主要目的是规划业务组织的业务流程和业务结构，识别业务瓶颈和问题，改进业务流程，提高业务组织的运作效率，实现业务目标。所以业务建模在很多场合变成了一个单独的项目，比如 ERP 实施前的 BPR（业务流程重组）就是一个重点强调的业务建模过程。在很多组织机构里，业务建模逐步成为一种企业管理规划的有力手段，企业通过用例建模发现业务流程的问题和瓶颈，而通过优化业务流程提高企业的市场竞争力。因此，每个业务的架构视图都包括完整定义中对架构具有重要意义的一部分。视图集可以包括以下几种视图。

- 业务流程视图：包括业务的关键业务流程并对其进行概述，这些流程是业务存在的原因。
- 组织结构视图：概述业务中的关键角色、职责以及他们的分组情况。
- 文化视图：表述对组织文化远景的设想，并定义为促进该文化而应用的机制。
- 领域视图：对于处理结构复杂的信息的组织，通常需要定义应用于这些信息结构的关键机制和模式。在简单的情况下，组织结构视图中可能已经清楚地表示了领域视图。

3.8.3　用例建模的业务场景

根据环境和需求的不同，业务建模工作可能有不同的规模。以下列出了 6 种场景。

1. 组织图

构建组织及其流程的简图，以便更好地了解对正在构建的应用程序的需求。在这种情况下，业务建模就成了软件工程项目中的一部分，它主要是在先启阶段执行的。通常，这些工作在开始时仅仅是画出组织图，其目的并不是对组织进行变更。但实际上，构建和部署新的应用程序时往往会进行一定程度的业务改进。

2. 领域建模

如果构建应用程序时的主要目的是管理和提供信息（例如，订单管理系统或银行系统），那么可能选择在业务级别上构建该信息的模型，而不考虑该业务的工作流程。这就称为领域建模。通常，领域建模是软件工程项目的一部分，它是在项目的先启阶段和精化阶段中执行的。

3. 单业务多系统

如果正在构建一个大的系统（即一系列的应用程序），那么一个业务建模工作可能成为数个软件工程项目的输入。业务模型帮助您找出功能性需求，并且也作为构建应用程序系列构架的输入。在这种情况下，通常将业务建模工作本身当做一个项目。

4. 通用业务模型

如果您正在构建一个供多个组织使用的应用程序（例如，销售支持应用程序或结账应用程序），一种有效的做法是：从头到尾进行一次业务建模工作，从而按这些组织的经营方式对它们进行调整，避免一些对于系统来说过于复杂的需求（业务改进）。但如果无法对组织进行调整，那么业务建模工作能够帮助您了解并管理这些组织使用该应用程序时存在的差别，并使您更容易确定应用程序功能的优先级。

5. 新业务

如果某个组织决定要启动一项全新的业务（业务创建），并构建信息系统来支持该业务，那么就需要进行业务建模工作。在这种情况下，业务建模的目的就不仅仅是要找出对系统的需求，而且还要确定新业务是否可行。在这种情况下，通常将业务建模工作本身当做一个项目。

6. 修改

如果某个组织决定要对其经营方式进行彻底修改（业务重建），那么业务建模通常本身就是一个或多个项目。通常，业务重建分几个阶段完成：新业务展望、对现有业务实施逆向工程、对新业务实施正向工程以及启动新业务。

3.8.4　如何开展业务建模工作

业务（Business）是指商业（或非商业）组织及其运作的活动流程；建模（Modeling）

是指人类对事物进行的一种可视化抽象活动，目的是揭示事物的本质和规律；业务建模（BusinessModeling）是指对商业（或非商业）组织及其运作的流程进行的建模过程。最常见的商业组织就是企业，所以，针对商业组织的业务建模一般就指对企业的组织及其业务过程进行建模。从上面的描述中，可以知道业务建模的目的是获得业务组织的业务抽象和改进业务流程，所以业务建模一般包括了如下几个方面的工作：

- 评价业务状态
- 描述当前业务
- 完善业务流程
- 设计业务流程实现
- 完善角色与职责
- 研究流程自动化
- 开发领域模型

上述这些工作内容中蕴含了两个很重要的活动：业务分析和业务设计。

（1）通过业务分析，我们将得到业务用例模型。业务分析的任务——搞清楚企业将面对哪些类型的外部客户、供应商等相关业务伙伴？这些业务伙伴将需要企业的哪些业务过程的运作？企业的这些业务过程为这些业务伙伴能提供什么服务价值？从伙伴的外部角度看，业务过程应该怎样一步一步通过交互操作完成？业务分析对应的结果模型就是业务用例模型。

（2）通过业务设计，我们将得到业务对象模型及这些业务对象如何参与协作实现业务用例的动态协作模型。业务设计的任务——设计一组方案来实现业务分析中提出的业务过程。这组方案应包括：需要找到哪些类型的业务对象资源，包括业务人员、业务中应用的设备、生产资料、信息系统等？这些业务对象资源应具备怎样的表象特征和行为特征？这些业务对象间建立了怎样的关联，通过这些关联可以互相发送消息，驱动业务对象做出动作行为，最终满足业务过程的外部需求？业务设计对应的结果模型就是业务对象模型。

通过上面的分析可以知道，把业务建模看做需求工程中最初始的阶段，那么它的关键任务如下：

（1）了解系统上下文。

（2）选定目标组织和利益相关者。

（3）识别业务执行者。

（4）业务用例模型：

- 识别业务用例
- 详述业务用例

（5）建立业务分析模型。

（6）建立用户界面原型。

3.9　案　例　训　练

　　针对图 3-19 并没有明确说明，需要用例完成产品销售事务，并最终将产品销售记录到 CRM 系统中的数据库中。此外，用例图没有检查顾客的年龄资格（用户必须超过 18 岁才有资格购买产品）。对此用例图进行扩展，使其包括上面的考虑因素。另外，考虑这样的购买过程：产品购买从扫描用户的会员卡、身份证等信息开始，并有以下几种可能：① 产品没有付款；② 如果用户不满 18 岁；③ 用户购买产品需要开发票或者不需要开发票。要求进行该模块的用例图、活动图和类图的设计。

第 4 章 概 要 设 计

4.1 PowerDesigner 在 CRM 软件系统中数据建模

4.1.1 概念数据模型以及创建实体

1. 实体集和实体类型

实体集（Entity Set）是具有相同类型及相同性质实体的集合。例如，学校所有学生的集合可定义为"学生"实体集，"学生"实体集中的每个实体均具有学号、姓名、性别、出生年月、所在系别、入学年份等性质。

实体类型（Entity Type）是实体集中每个实体所具有的共同性质的集合，例如，"患者"实体类型为：患者｛门诊号，姓名，性别，年龄，身份证号……｝。实体是实体类型的一个实例，在含义明确的情况下，实体、实体类型通常互换使用。

实体类型中的每个实体包含唯一标识它的一个或一组属性，这些属性称为实体类型的标识符（Identifier），如"学号"是学生实体类型的标识符，"姓名""出生日期""信址"共同组成"公民"实体类型的标识符。有些实体类型可以有几组属性充当标识符，可选定其中一组属性作为实体类型的主标识符，其他的作为次标识符，如图 4-1 所示。

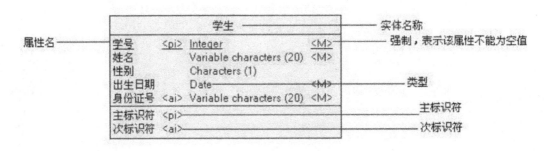

图 4-1　实体表示法

2. 创建概念数据模型的一般过程

（1）选择 File->New，弹出如图 4-2 所示对话框。选择 CDM 模型（即概念数据模型）建立模型。

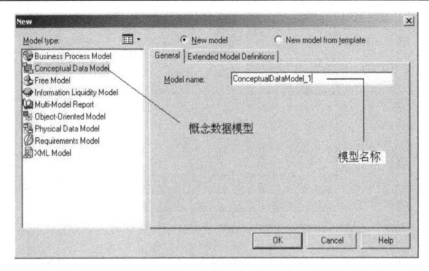

图 4-2　选择 CDM 模型

（2）完成概念数据模型的创建。以图 4-3 为例，对当前的工作空间进行简单介绍。

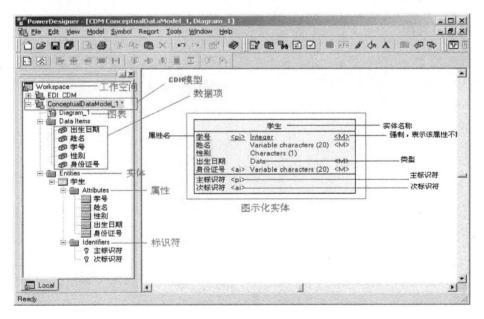

图 4-3　CDM 工作空间的简单介绍

（3）选择新增的 CDM 模型，右击，在弹出的菜单中选择 Properties 属性项，弹出如图 4-4 所示对话框。在 General 标签里可以输入所建模型的名称、代码、描述、创建者、版本以及默认的图表等信息。在 Notes 标签里可以输入相关描述及说明信息。当然再有更多的标签，可以单击 "More>>" 按钮，这里就不进行详细解释。

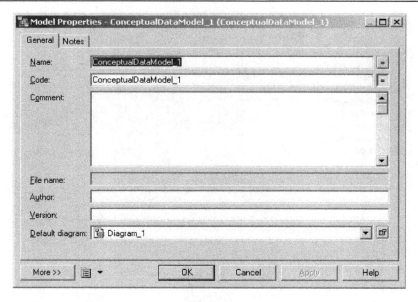

图 4-4　新增的 CDM 模型

3. 创建实体

（1）在 CDM 的图形窗口中，单击工具选项板上的 Entity 工具，再单击图形窗口的空白处，在单击的位置就出现一个实体符号，如图 4-5 所示。单击 Pointer 工具或单击鼠标右键，释放 Entity 工具。

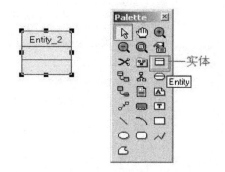

图 4-5　实体图

（2）双击刚创建的实体符号，打开如图 4-6 所示窗口。在此窗口的 General 标签页中可以输入实体的名称、代码、描述等信息。

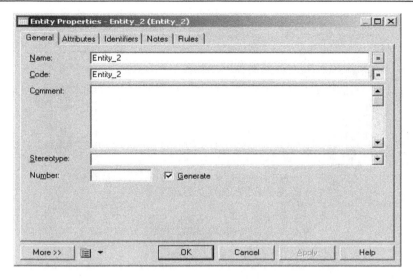

图 4-6 输入实体信息

（3）添加实体属性，在窗口中的 Attributes 标签页中可以添加属性，如图 4-7 所示。

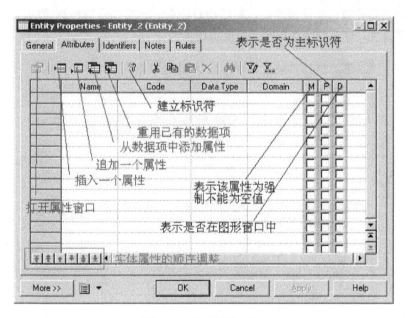

图 4-7 添加属性标签页

注意：数据项中的"插入一个属性"和"重用已有的数据项"这两项功能与模型中 Data Item 的 Unique code 和 Allow reuse 选项有关。P 列表示该属性是否为主标识符；D 列表示该属性是否在图形窗口中显示；M 列表示该属性是否为强制的，即该列是否为空值。如果一个实体属性为强制的，那么，这个属性在每条记录中都必须被赋值，不能为空。在图 4-7 所示窗口中，单击"插入一个属性"按钮，弹出属性对话框，如图 4-8 所示。

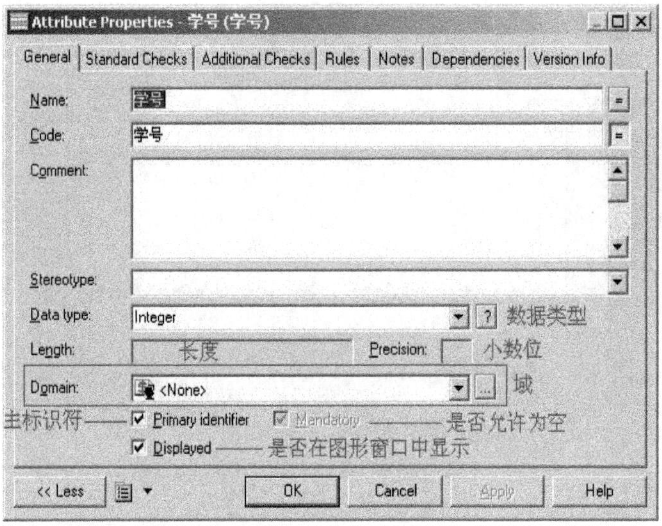

图 4-8　属性对话框

这里涉及的域的概念是一种标准的数据结构，它可应用至数据项或实体的属性上。

（4）定义属性的标准检查约束。标准检查约束是一组确保属性有效的表达式。在实体属性的窗口中，打开如图 4-9 所示的检查选项卡。

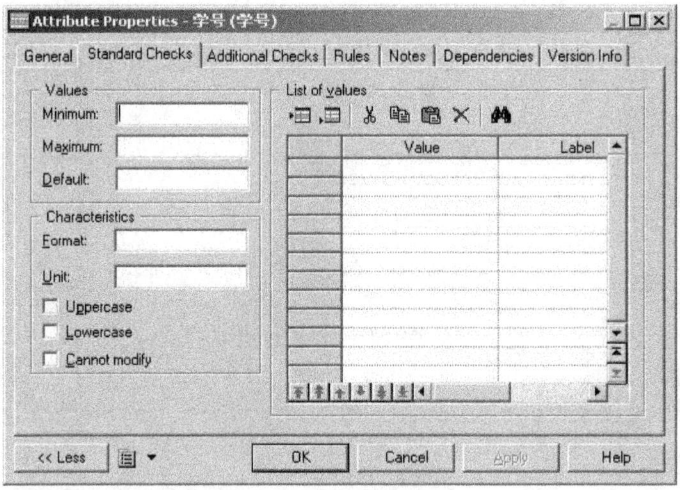

图 4-9　检查选项卡

在这个选项卡可以定义属性的标准检查约束，窗口中每项参数的含义如下：Minimum属性为可接受的最小数；Maximum 属性为可接受的最大数；Default 属性不赋值时，系统提供默认值 Unit 单位，如公里、吨、元；Format 属性为数据显示格式；Lowercase 属性的赋值全部变为小写字母，Uppercase 属性的赋值全部变为大写字母；Cannot modify属性表示一旦赋值不能再修改；List of values 属性赋值列表，除列表中的值，不能有其他的值；Label 属性为列表值的标签。标识符是实体中一个或多个属性的集合，可用来唯一标识实体中的一个实例。要强调的是，CDM 中的标识符等价于 PDM 中的主键或候选键。每个实体都必须至少有一个标识符。如果实体只有一个标识符，则它为实体的主标识符。如果实体有多个标识符，则其中一个被指定为主标识符，其余的标识符就是次标识符了。

（5）选择 Attributes 选项卡，再单击 Add Attributes 工具，弹出如图 4-10 所示窗口。选择其中某个属性作为标识符。

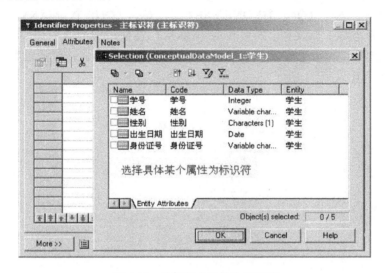

图 4-10　选择某个属性为标识符

（6）新建数据项。数据项（Data Item）是信息存储的最小单位，它可以附加在实体上作为实体的属性。

注意：模型中允许存在没有附加至任何实体上的数据项。使用 Model> Data Items 菜单，在打开的窗口中显示已有的数据项的列表，单击 Add a Row 按钮，创建一个新数据项，如图 4-11 所示。

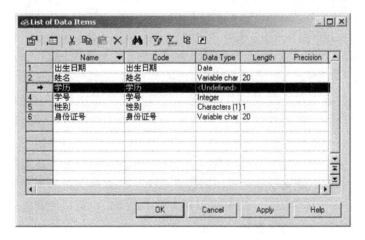

图 4-11　创建数据项

4. 创建联系

联系（Relationship）是指实体集之间或实体集内部实例之间的连接。实体之间可以通过联系来相互关联。与实体和实体集对应，联系也可以分为联系和联系集，联系集是实体集之间的联系，联系是实体之间的联系，联系是具有方向性的。联系和联系集在含义明确的情况之下均可称为联系。按照实体类型中实例之间的数量对应关系，通常可将联系分为 4 类：一对一（ONE TO ONE）联系、一对多（ONE TO MANY）联系、多对一（MANY TO ONE）联系和多对多联系（MANY TO MANY）。

（1）建立联系。在 CDM 工具选项板中除了公共的工具外，还包括如图 4-12 所示的其他对象产生工具。

图 4-12　工具选项板

（2）在图形窗口中创建两个实体后，单击"实体间建立联系"工具，单击一个实体，在按下鼠标左键的同时把光标拖至另一个实体上并释放鼠标左键，这样就在两个实体间创建了联系。右键单击图形窗口，释放 Relationship 工具，即一对一联系、一对多联系、多对一联系和多对多联系，如图 4-13 所示。

（3）定义联系的特性。在两个实体间建立了联系后，双击联系线，打开联系特性窗口，如图 4-14 所示。可以看出，在联系的两个方向上各自包含一个分组框，其中的参数只对这个方向起作用，Role name 为角色名称，描述该方向联系的作用，一般为一个动词或动宾组表。如："学生 to 选课"组框中应该填写"拥有"，而在"选课 to 学生"组框中填写"属于"。定义联系的强制性 Mandatory 表示这个方向联系的强制关系。选中这个复选框，则在联系线上产生一个联系线垂直的竖线，不选择这个复选框则表示联系这个方向上是可选的，在联系线上产生一个小圆圈。有关联系的基数联系具有方向性，每个方向上都有一个基数。举例，"系"与"学生"两个实体之间的联系是一对多联系，换句话说，"学生"和"系"之间的联系是多对一联系。一个学生必须属于一个系，并且只能属于一个系，不能属于零个系，所以从"学生"实体至"系"实体的基数为"1，1"；从联系的另一方向考虑，一个系可以拥有多个学生，也可以没有任何学生，即零个学生，所以该方向联系的基数就为"0，n"。

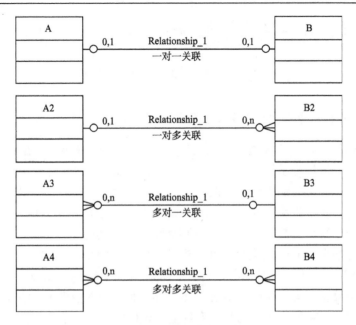

图 4-13　4 种基本联系

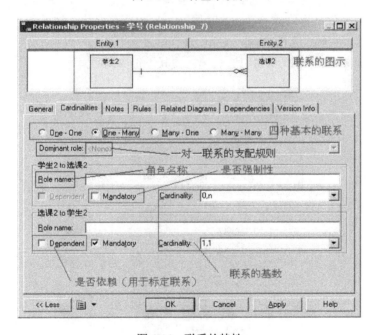

图 4-14　联系的特性

　　CDM 是大多数开发者使用 PD 时最先创建的模型，也是整个数据库设计最高层的抽象模型。CDM 是建立在传统的 ER 图模型理论之上的，ER 图中有三大主要元素：实体、属性和联系。其中实体型对应 CDM 中的 Entity，属性对应 CDM 中每个实体的属性，在概念上基本上是一一对应的，如图 4-15 所示。

图 4-15　CDM 中的实体、属性和联系

4.1.2　PowerDesigner 创建生成 CRM 系统 PDM 图形

概念数据模型也称信息模型，它以实体—联系（Entity-RelationShip，E-R）理论为基础，并对这一理论进行了扩充。它从用户的观点出发对信息进行建模，主要用于数据库的概念级设计。通常人们先将现实世界抽象为概念世界，然后再将概念世界转为机器世界。换句话说，就是先将现实世界中的客观对象抽象为实体和联系，它并不依赖于具体的计算机系统或某个 DBMS 系统，这种模型就是我们所说的 CDM；然后再将 CDM 转换为计算机上某个 DBMS 所支持的数据模型，这样的模型就是物理数据模型，即 PDM。转换 PDM 非常简单，步骤就是：在工具栏中选择 Generate Physical Data Model…，然后选择需要转化的数据库类型即可，如图 4-16 所示。此时 PD 会将对应的关系以及数据类型转化为特定的物理模型中使用的数据库类型，建议你改变一下你转换的物理模型的名字，不要用默认的。如果需要添加或者修改字体中的字段属性时，默认情况下 name 与 code 是同步的，也就是说修改 name 的时候，code 也跟着变化，如果不想这样，可以通过下面的步骤将其去掉：选择 Tools→General Options→Dialog→Name to Code Mirroring，将 Name to Code Mirroring 默认的勾选去掉，使其不选中即可。

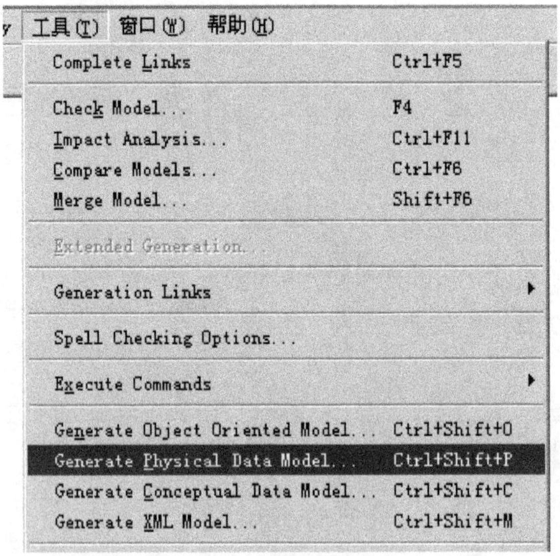

图 4-16　CDM 转换 PDM 的一般方法

现在给出 CRM 系统的整体 PDM 图形，如图 4-17 所示。

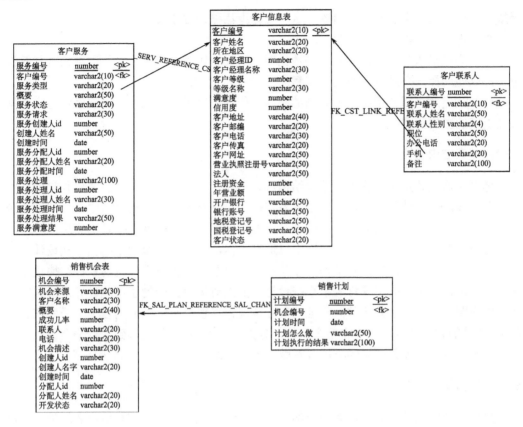

图 4-17 CRM 系统的 PDM

4.2 概要设计的任务和案例

系统开发分析人员采用面向对象建模、面向数据建模或面向功能建模等方法，得到各自分析模型及相应的规格说明文档，并征得用户方的确认之后，软件开发的下一阶段就是进行系统设计。相应地，系统设计也可以分为面向对象的设计、面向数据的设计或面向功能的设计等。本章将介绍面向对象设计，有关面向数据的实体——关系建模。

系统设计阶段通常可以划分为两个子阶段：概要设计和详细设计。概要设计的基本目的就是回答"概括地说，系统应该如何实现？"这个阶段的工作主要有两项：一项是划分出组成系统的物理元素——数据、接口和过程等，这些物理元素仍然处于黑盒子级，而这些黑盒子里的具体内容将在以后详细设计；另一项重要任务是设计软件的结构，也就是要确定系统中每个程序是由哪些模块组成的，以及这些模块相互间的关系。

4.2.1 数据设计

数据设计的任务是从分析阶段得到的数据模型（如实体-关系图）出发，设计出相应的数据结构。对于面向对象设计来说，数据作为类的一个方面（称为属性），也存在选择数据结构来表示类的属性的问题，这一设计步骤称为对象设计。

数据设计的过程包括以下两步：

（1）为在需求分析阶段所确定的数据对象选择逻辑表示，需要对不同结构进行算法分析，以便选择一个最有效的设计方案；

（2）确定对逻辑数据结构所必需的那些操作的程序模块，以便限制或确定各个数据设计决策的影响范围。

4.2.2　体系结构设计

体系结构设计定义了软件的整体结构，它由软件部件、外部可见的属性和它们之间的关系组成。体系结构设计表示可以从系统规约、分析模型和分析模型中定义的子系统的交互导出。由于面向对象系统中的类对应的实例即对象本身就是很好的模块，对象与对象之间是并列关系，通过相互发送消息进行通信，而不像传统的结构化方法设计，各个模块之间具有层次化的控制结构，因此，面向对象设计相对于传统的软件结构设计有很大的不同，其对应的步骤称为子系统设计。面向对象设计中的子系统设计是根据实际系统的需要，按照系统共享共同特征的实际情况，将整个系统划分为若干个子系统。实际上，传统的软件结构设计中将整个系统划分为若干模块，也就是得到了若干个子系统。一般说来，若干个关系密切的模块可看做一个子系统。

4.2.3　接口设计

接口设计的任务是要描述系统内部、系统与系统之间以及系统与用户之间是如何通信的。因此，接口设计主要包括 3 个方面：

- 设计软件模块间的接口；
- 设计模块和其他非人的信息生产者和消费者（比如外部实体）之间的接口；
- 设计人（用户）和计算机间的接口。

4.2.4　过程设计

对于面向对象设计，就是从系统功能模型和行为模型出发，得出各个类的方法及其实现的细节描述。

4.3　设计的原则

无论采用何种具体的软件设计方法，抽象与求精、模块化和信息隐藏、模块独立性等有关概念都是设计的基础，为"程序的正确性"提供了必要的框架。

4.3.1　抽象化与逐步求精

1. 抽象化

抽象是在软件设计的规模逐渐增大的情况下，控制复杂性的基本策略。抽象的过程是从特殊到一般的过程，上层概念是下层概念的抽象，下层概念是上层概念的精化和细化。软件工程过程的每一步都是对较高一级抽象的解做一次具体化的描述。而在软件设计中主要抽象手段有：过程抽象和数据抽象。

· 过程抽象（也称功能抽象）是指任何一个完成明确定义功能的操作都可被使用者当做单个实体看待，这个操作实际上是由一系列更低级的操作来完成的。

· 数据抽象是指定义数据类型和施加于该类型对象的操作，并限定了对象的取值范围，只能通过这些操作修改和观察数据。

2. 逐步求精

逐步求精由 N.Wirth 提出，主要思想是将某个宏观功能不断分解，就是把问题的求解过程分解成若干步骤或阶段，每步都比上步更精化，直至能用程序设计语言描述的算法实现为止。抽象使得设计者能够描述过程和数据而忽略低层的细节，而求精有助于设计者在设计过程中揭示低层的细节。抽象和求精的概念能够帮助设计人员建立一个完整的设计模型。

4.3.2 模块化

模块是由边界元素限定的相邻程序元素（例如，数据说明、可执行的语句）的序列，而且有一个总体标识符代表它。按照模块的定义，过程、函数、子程序和宏等都可作为模块。面向对象方法学中的对象是模块，对象内的方法（或称为服务）也是模块。模块是构成程序的基本构件。

模块化就是把程序划分成独立命名且可独立访问的模块，每个模块完成一个子功能，把这些模块集成起来构成一个整体，可以完成指定的功能，满足用户的需求。

有人说，模块化是为了使一个复杂的大型程序能被人的智力所管理，软件应该具备的唯一属性。如果一个大型程序仅由一个模块组成，它将很难被人所理解。下面根据人类解决问题的一般规律，论证上面的结论。

设函数 $C(x)$ 定义问题 x 的复杂程度，函数 $E(x)$ 确定解决问题 x 需要的工作量（时间）。对于两个问题 $P1$ 和 $P2$，如果 $C(P1)>C(P2)$，显然 $E(P1)>E(P2)$。

根据人类解决一般问题的经验，另一个有趣的规律是 $C(P1+P2)>C(P1)+C(P2)$。

也就是说，如果一个问题由 $P1$ 和 $P2$ 两个问题组合而成，那么它的复杂程度大于分别考虑每个问题时的复杂程度之和。

综上所述，得到下面的不等式：

$E(P1+P2)>E(P1)+E(P2)$

这个不等式导致"各个击破"的结论——把复杂的问题分解成许多容易解决的小问题，原来的问题也就容易解决了。这就是模块化的根据。

由上面的不等式似乎还能得出下述结论：如果无限地分割软件，最后为了开发软件而需要的工作量也就小得可以忽略了。事实上，还有另一个因素在起作用，从而使得上述结论不能成立。参看图 4-18，当模块数目增加时每个模块的规模将减小，开发单个模块需要的成本（工作量）确实减少了；但是，随着模块数目增加，设计模块间接口所需要的工作量也将增加。根据这两个因素，得出了图中的总成本曲线。每个程序都相应地有一个最适当的模块数目 M，使得系统的开发成本最小。

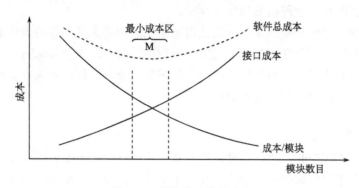

图 4-18　模块化和软件成本

4.3.3　信息隐藏

如何确保模块数落在"最小代价区"内？依据什么标准划分模块？这些涉及信息隐藏和模块独立性等概念。Parnas 提出的"信息隐藏"是指，每个模块的实现细节对于其他模块来说应该是隐蔽的。模块中所包含的信息（包括数据和过程）不允许其他不需要这些信息的模块使用。通过信息隐蔽，则可定义和实施对模块的过程细节和局部数据结构的存取限制，有助于分离模块的实现和使用。信息隐藏是模块化的重要指导原则，采用该原则来指导模块划分，不仅可以支持模块的并行开发，而且可以减少测试和后期维护的工作量。

4.3.4　模块独立

模块独立的概念是模块化、抽象、信息隐藏和局部化概念的直接结果。开发具有独立功能而且和其他模块之间没有过多的相互作用的模块，就可以做到模块独立。换句话说，希望这样设计软件结构，使得每个模块完成一个相对独立的特定子功能，并且和其他模块之间的关系很简单。

为什么模块的独立性很重要呢?主要有两条理由：

（1）有效的模块化（即具有独立的模块）的软件比较容易开发出来，这是由于能够分割功能而且接口可以简化。当许多人分工合作开发同一个软件时，这个优点尤其重要。

（2）独立的模块比较容易测试和维护。这是因为相对说来，修改设计和程序需要的工作量比较小，错误传播范围小，需要扩充功能时能够"插入"模块。

总之，模块独立是设计的关键，而设计又是决定软件质量的关键环节。

模块的独立程度可以有两个定性标准度量，这两个标准分别称为内聚和耦合。

耦合衡量不同模块彼此间互相依赖（连接）的紧密程度；内聚衡量一个模块内部各个元素彼此结合的紧密程度。以下分别详细阐述。

1. 耦合

耦合是对一个软件结构内不同模块之间互连程度的度量。耦合强弱取决于模块间接口的复杂程度、进入或访问一个模块的点，以及通过接口的数据。一般模块的内聚性分为 7 种类型，如图 4-19 所示。

图 4-19　模块的耦合性强弱的具体描述

在软件设计中，应该追求尽可能松散耦合的系统。在这样的系统中，可以研究、测试或维护任何一个模块，而不需要对系统中的其他模块有很多了解。此外，由于模块间联系简单，发生在一处的错误传播到整个系统的可能性就很小。因此，模块间的耦合程度强烈影响系统的可理解性、可测试性、可靠性和可维护性。

如果两个模块中的每一个都能独立地工作而不需要另一个模块的存在，那么它们彼此完全独立，这意味着模块间无任何连接，耦合程度最低。但是，在一个软件系统中不可能所有模块之间都没有任何连接。

如果两个模块彼此间通过参数交换信息，而且交换的信息仅仅是数据，那么这种耦合称为数据耦合。如果传递的信息中有控制信息（尽管有时这种控制信息以数据的形式出现），则这种耦合称为控制耦合。

数据耦合是低耦合。系统中必须存在这种耦合，因为只有当某些模块的输出数据作为另一些模块的输入数据时，系统才能完成有价值的功能。一般说来，一个系统内可以只包含数据耦合。控制耦合是中等程度的耦合，它增加了系统的复杂程度。控制耦合往往是多余的，在把模块适当分解之后，通常可以用数据耦合代替它。

如果被调用的模块需要使用作为参数传递进来的数据结构中的所有元素，那么，把整个数据结构作为参数传递就是完全正确的。但是，当把整个数据结构作为参数传递而被调用的模块只需要使用其中一部分数据元素时，就出现了特征耦合。在这种情况下，被调用的模块可以使用的数据多于它确实需要的数据，这将导致对数据的访问失去控制，从而给计算机犯罪提供了机会。

当两个或多个模块通过一个公共数据环境相互作用时，它们之间的耦合称为公共环境耦合。公共环境可以是全程变量、共享的通信区、内存的公共覆盖区、任何存储介质上的文件、物理设备等。

公共环境耦合的复杂程度随耦合的模块个数而变化，当耦合的模块个数增加时复杂程度显著增加。如果只有两个模块有公共环境，那么这种耦合有下面两种可能：

（1）一个模块往公共环境送数据，另一个模块从公共环境取数据。这是数据耦合的一种形式，是比较松散的耦合。

（2）两个模块都既往公共环境送数据又从里面取数据，这种耦合比较紧密，介于数据耦合和控制耦合之间。

如果两个模块共享的数据很多，都通过参数传递可能很不方便，这时可以利用公共环境耦合。

最高程度的耦合是内容耦合。如果出现下列情况之一，两个模块间就发生了内容耦合：

- 一个模块访问另一个模块的内部数据。
- 一个模块不通过正常入口而转到另一个模块的内部。
- 两个模块有一部分程序代码重叠（只可能出现在汇编程序中）。
- 一个模块有多个入口（这意味着一个模块有几种功能）。

应该坚决避免使用内容耦合。事实上许多高级程序设计语言已经设计成不允许在程序中出现任何形式的内容耦合。

总之，耦合是影响软件复杂程度的一个重要因素。应该采取下述设计原则：

尽量使用数据耦合，少用控制耦合和特征耦合，限制公共环境耦合的范围，完全不用内容耦合。

2. 内聚

内聚标志一个模块内各个元素彼此结合的紧密程度，它是信息隐藏和局部化概念的自然扩展。简单地说，理想内聚的模块只做一件事情。一般模块的内聚性分为 7 种类型，如图 4-20 所示。

图 4-20　模块的内聚性强弱的具体描述

设计时应该力求做到高内聚，通常中等程度的内聚也是可以采用的，而且效果和高内聚相差不多；但是，低内聚很坏，不要使用。

内聚和耦合是密切相关的，模块内的高内聚往往意味着模块间的松耦合。内聚和耦合都是进行模块化设计的有力工具，但是实践表明，内聚更重要，应该把更多注意力集中到提高模块的内聚程度上。

低内聚有如下几类：如果一个模块完成一组任务，这些任务彼此间即使有关系，关系也是很松散的，就叫做偶然内聚。有时在写完一个程序之后，发现一组语句在两处或多处出现，于是把这些语句作为一个模块以节省内存，这样就出现了偶然内聚的模块。如果一个模块完成的任务在逻辑上属于相同或相似的一类，则称为逻辑内聚。如果一个模块包含的任务必须在同一段时间内执行，就叫时间内聚。

在偶然内聚的模块中，各种元素之间没有实质性联系，很可能在一种应用场合需要修改这个模块，在另一种应用场合又不允许这种修改，从而陷入困境。事实上，偶然内聚的模块出现修改错误的概率比其他类型的模块高得多。

在逻辑内聚的模块中，不同功能混在一起，合用部分程序代码，即使局部功能的修改有时也会影响全局。因此，这类模块的修改也比较困难。

时间关系在一定程度上反映了程序的某些实质，所以时间内聚比逻辑内聚好一些。

中内聚主要有两类：如果一个模块内的处理元素是相关的，而且必须以特定次序执行，则称为过程内聚。使用程序流程图作为工具设计软件时，常常通过研究流程图确定模块的划分，这样得到的往往是过程内聚的模块。如果模块中所有元素都使用同一个输入数据和（或）产生同一个输出数据，则称为通信内聚。

高内聚也有两类：如果一个模块内的处理元素和同一个功能密切相关，而且这些处理必须顺序执行（通常一个处理元素的输出数据作为下一个处理元素的输入数据），则称为顺序内聚。根据数据流图划分模块时，通常得到顺序内聚的模块，这种模块彼此间的连接往往比较简单。如果模块内所有处理元素属于一个整体，完成一个单一的功能，则称为功能内聚。功能内聚是最高程度的内聚。

模块独立性比较强的模块应是高内聚、低耦合的模块。

4.3.5　启发规则

启发式规则虽然不像上一节讲述的基本原理和概念那样普遍适用，但是它往往能帮助我们找到改进软件设计、提高软件质量的途径。下面介绍几条启发式规则。

1. 改进软件结构提高模块独立性

设计出软件的初步结构以后，应该审查分析这个结构，通过模块分解或合并，力求降低耦合，提高内聚。例如，多个模块公有的一个子功能可以独立成一个模块，由这些模块调用；有时可以通过分解或合并模块以减少控制信息的传递及对全程数据的引用，并且降低接口的复杂程度。

2. 模块规模应该适中

经验表明，一个模块的规模不应过大，最好能写在一页纸内（通常不超过 60 行语句）。有人从心理学角度研究得出结论，当一个模块包含的语句数超过 30 行以后，模块的可理解程度迅速下降。

过大的模块往往是分解不充分，但是进一步分解必须符合问题结构，一般说来，分解后不应该降低模块独立性。

过小的模块开销大于有效操作，而且模块数目过多将使系统接口复杂。因此过小的模块有时不值得单独存在，特别是只有一个模块调用它时，通常可以把它合并到上级模块中去而不必单独存在。

3. 深度、宽度、扇出和扇入都应适当

深度表示软件结构中控制的层数，它往往能粗略地标志一个系统的大小和复杂程度。深度和程序长度之间应该有粗略的对应关系，当然这个对应关系是在一定范围内变化的。

如果层数过多则应该考虑是否有许多管理模块过分简单了，能否适当合并。

宽度是软件结构内同一个层次上的模块总数的最大值。一般说来，宽度越大系统越复杂。对宽度影响最大的因素是模块的扇出。

扇出是一个模块直接控制（调用）的模块数目，扇出过大意味着模块过分复杂，需要控制和协调过多的下级模块；扇出过小（例如总是 1）也不好。经验表明，一个设计得好的典型系统的平均扇出通常是 3 或 4（扇出的上限通常是 5～9）。

扇出太大一般是因为缺乏中间层次，应该适当增加中间层次的控制模块。扇出太小时可以把下级模块进一步分解成若干个子功能模块，或者合并到它的上级模块中去。当然分解模块或合并模块必须符合问题结构，不能违背模块独立原理。

一个模块的扇入表明有多少个上级模块直接调用它，扇入越大则共享该模块的上级模块数目越多，这是有好处的，但是，不能违背模块独立原理单纯追求高扇入。

观察大量软件系统后发现，设计得很好的软件结构通常顶层扇出比较高，中层扇出较少，底层扇入到公共的实用模块中去（底层模块有高扇入）。

4. 模块的作用域应该在控制域之内

模块的作用域定义为受该模块内一个判定影响的所有模块的集合。模块的控制域是这个模块本身以及所有直接或间接从属于它的模块的集合。在一个设计得很好的系统中，所有受判定影响的模块应该都从属于做出判定的那个模块，最好局限于做出判定的那个模块本身及它的直属下级模块。

5. 力争降低模块接口的复杂程度

模块接口复杂是软件发生错误的一个主要原因。应该仔细设计模块接口，使得信息传递简单并且和模块的功能一致。

接口复杂或不一致（即看起来传递的数据之间没有联系），是紧耦合或低内聚的征兆，应该重新分析这个模块的独立性。

6. 设计单入口单出口的模块

这条启发式规则警告软件工程师不要使模块间出现内容耦合。当从顶部进入模块并且从底部退出来时，软件是比较容易理解的，因此也是比较容易维护的。

7. 模块功能应该可以预测

模块的功能应该能够预测，但也要防止模块功能过分局限。如果一个模块可以当做一个黑盒子，也就是说，只要输入的数据相同就产生同样的输出，这个模块的功能就是可以预测的。带有内部"存储器"的模块的功能可能是不可预测的，因为它的输出可能取决于内部存储器（例如某个标记）的状态。由于内部存储器对于上级模块而言是不可见的，所以这样的模块既不易理解又难于测试和维护。

如果一个模块只完成一个单独的子功能，则呈现高内聚；但是，如果一个模块任意限制局部数据结构的大小，过分限制在控制流中可以做出的选择或者外部接口的模式，那么这种模块的功能就过分局限,使用范围也就过分狭窄了。在使用过程中将不可避免地需要修改功能过分局限的模块,以提高模块的灵活性,扩大它的使用范围;但是,在使用现场修改软件的代价是很高的。

以上列出的启发式规则多数是经验规律,对改进设计、提高软件质量,往往有重要的参考价值。但是,它们既不是设计的目标也不是设计时应该普遍遵循的原理。

4.4 面向对象的软件设计方法

面向对象设计(Object-Oriented Design,OOD)是将 OOA 所创建的分析模型转化为设计模型。与传统的开发方法不同,OOD 与 OOA 采用相同的符号表示,OOD 与 OOA 没有明显的分界线,它们往往反复迭代地进行。在 OOA 时,主要考虑系统做什么,而不关心系统如何实现。在 OOD 时,主要解决系统如何做,因此需要在 OOA 的模型中为系统的实现补充一些新的类,或在原有类中补充一些属性和方法。OOD 时应能从类中导出对象,以及这些对象如何互相关联,还要描述对象之间的关系、行为以及对象间的通信如何实现。

OOD 同样遵循抽象、信息隐藏、功能独立、模块化等设计准则。

4.5 面向对象设计的一般步骤

4.5.1 系统设计

1. 将分析模型划分成子系统

在 OO 系统设计中,我们把分析模型中紧密相关的类、关系等设计元素包装成子系统。通常,子系统的所有元素共享某些公共的性质,它们可能都涉及完成相同的功能;它们可能驻留在相同的产品硬件中;或者它们可能管理相同的类和资源。子系统由它们的责任所刻画,即,一个子系统可以通过它提供的服务来标识。在 OOD 中,这种服务是完成特定功能的一组操作。

子系统的设计准则是:

- 子系统应具有定义良好的接口,通过接口和系统的其他部分通信;
- 除了少数的"通信类"外,子系统中的类应只和该子系统中的其他类协作;
- 子系统的数量不宜太多;
- 可以在子系统内部再次划分,以降低复杂性。

2. 标识问题本身的并发性,并为子系统分配处理器

通过对对象-行为模型的分析,可发现系统的并发性。如果对象(或子系统)不是同时活动的,则它们不需并发处理,此时这些对象(或子系统)可以在同一个处理器上实现。反之,如果对象(或子系统)必须对一些事件同时异步地动作,则它们被视为并发的,此时,可以将并发的子系统分配到不同的处理器,或者分配在同一个处理器,而由操作系统提供并发支持。

3. 任务管理设计

Coad 和 Yourdon 提出如下管理并发任务对象的设计策略：
- 确定任务的类型；
- 必要时，定义协调者任务和关联的对象；
- 将协调者任务和其他任务集成；
- 通常可通过了解任务是如何被启动的来确定任务的类型，如事件驱动任务、时钟驱动任务。每个任务应该定义其优先级，并识别关键任务。当有多个任务时还可以考虑增加一个协调者任务，以控制这些任务协同工作。

4. 数据管理设计

通常数据管理设计成层次模式，其目的是将数据的物理存储及操纵与系统的业务逻辑加以分离。

数据管理的设计包括设计系统中各种数据对象的存储方式（如内部数据结构、文件、数据库），以及设计相应的服务，即为要储存的对象增加所需的属性和操作。

5. 资源管理设计

OO 系统可利用一系列不同的资源（如磁盘驱动器、处理器、通信线路等外部实体或数据库、对象等抽象资源），很多情况下，子系统同时竞争这些资源，因此要设计一套控制机制和安全机制，以控制对资源的访问，避免对资源使用的冲突。

6. 人机界面设计

对大多数应用系统而言，人机界面本身是一个非常重要的子系统。人机界面主要强调人如何命令系统，以及系统如何向人提交信息。它包括窗口、菜单、报告的设计。

7. 子系统间的通信

子系统之间可以通过建立客户/服务器连接进行通信，也可以通过端对端（peer to peer）连接进行通信。我们必须确定子系统间通信的合约（contract），合约提供了一个子系统和另一个子系统交互的方式。

4.5.2 对象设计

对象设计是为每个类的属性和操作作出详细的设计，并设计连接类与它的协作者之间的消息规约。

1. 对象的设计描述

对象的设计描述可以采取以下形式之一。

（1）协议描述：描述对象的接口，即定义对象可以接收的消息，以及当对象接收到消息后完成的相关操作。

（2）实现描述：描述传送给对象的消息所蕴含的每个操作的实现细节，实现细节包括有关对象私有部分的信息，即关于描述对象属性的数据结构的内部细节和描述操作的过程细节。对对象的使用者来说，只需要协议描述就够了。

2. 设计算法和数据结构

为对象中的属性和操作设计数据结构和实现算法。

4.5.3　消息设计

面向对象系统是一个对象与对象之间通过消息传递进行通信的系统。因此，消息的设计也是非常重要的。这里的消息设计是指描述每一个对象可以接收和发送消息的接口。消息设计的一个很好的出发点是对象模型中的对象与对象之间的关系。对象与对象之间的关系实质上代表的就是相互之间传递消息的关系。但是，在前面的子系统设计中已经指出，位于不同的子系统（或者位于同一子系统的不同的部件）中的对象之间除了少数的"通信类"对象以外，不允许画出对象之间的连接关系，这种连接关系是通过另外一种方式即对象与对象之间的实际跟踪图表示的。因此，对象与对象之间的事件跟踪图也是消息设计的一个出发点。

4.5.4　方法设计

方法设计是指在面向对象设计阶段，根据面向对象的行为模型和功能模型，进一步对每一个对象的方法进行求精，一方面是要将以前遗漏了的方法找出来，另一方面是要定义每一种方法过程化的细节。对于前者，绝大部分可以通过对行为模型和功能模型的分析得到，也有一部分可能要到定义服务细节时才能看到。对于后者，则是详细设计将要讨论的问题。

面向对象方法学的一个重要特征是任务驱动设计原理。如果一个对象发送消息给另一个对象的话，接受消息的对象会对发送对象的请求做出响应。发送消息的对象不知道请求是如何被执行的，实际上，也不允许发送消息的对象知道这一点。一旦执行完请求，控制就返回到发送消息的对象。

4.6　设 计 模 式

4.6.1　软件设计模式的起源

软件领域的设计模式起源于建筑学。1977 年，建筑大师 Alexander 出版了《A Pattern Language：Towns, Building, Construction》一书。受 Alexander 著作的影响 ，Kent Beck 和 Ward Cunningham 在 1987 年举行的一次面向对象的会议上发表了论文《在面向对象编程中使用模式》。

目前，被公认在设计模式领域最具影响力的著作是 Erich Gamma、Richard Helm、Ralph Johnson 和 John Vlissides 在 1994 年合作出版的著作《Design Patterns：Elements of

Reusable Object-Oriented Software》（中译本《设计模式：可复用的面向对象软件的基本原理》 或《设计模式》），该书被广大喜爱者昵称为 GOF（Gang of Four）之书，被认为是学习设计模式的必读著作。GOF 之书已经被公认为是设计模式领域的奠基之作。

那什么是设计模式呢？每一个设计模式描述一个在我们周围不断重复发生的问题，以及该问题的解决方案的核心。这样，你就能一次一次地使用该方案而不必做重复劳动。这些模式求解特定的设计问题，使面向对象设计更灵活，并最终可复用。

学习设计模式不仅可以使我们使用好这些成功的模式，更重要的是可以使我们更加深刻地理解面向对象的设计思想，非常有利于我们更好地使用面向对象语言解决设计中的问题。这些模式帮助设计者复用以前成功的设计，设计者可以把这些模式应用到新的设计中。

4.6.2　设计模式的描述与分类

设计模式是指系统地命名、解释和评价某一重要的、可重用的面向设计方案。一般来说，一个设计模式通常可用 4 个信息来描述：

- 模式名。设计模式名应具有实际的含义，它能反映模式的适用性和意图。
- 使模式可被应用所必须存在的环境和条件。
- 设计模式的特征。模式特征指出一些设计的属性，调整这些属性使该模式能适应各种不同的问题。这些属性表示设计的特征，这些特征能被用于检索（通过数据库）以找到合适的模式。
- 应用设计模式的结果。对于一个设计模式的使用结果表明设计决策的走向。

E.Gamma 等根据设计模型完成的工作将 24 种设计模式分成 3 类：创建型模式、结构型模式和行为型模式。

1. 创建型模式

对象的创建会消耗掉系统的很多资源，所以单独对对象的创建进行研究，从而能够高效地创建对象就是创建型模式要探讨的问题。这里有 6 个具体的创建型模式可供研究，如表 4-1 所示。

表 4-1　创建型模式分类说明

设计模式名称	简要说明
简单工厂模式（Simple Factory）	提供创建相关的或相互依赖的一组对象的接口而无须指定具体的类
工厂方法模式（Factory Method）	定义一个用于创建对象的接口，让子类决定实例化哪一个类，Factory Method 使一个类的实例化延迟到了子类
抽象工厂模式（Abstract Factory）	提供一个创建一系列相关或相互依赖对象的接口，而无须指定它们的具体类
创建者模式（Builder）	将一个复杂对象的构建与它的表示相分离，使得同样的构建过程可以创建不同的表示
原型模式（Prototype）	用原型实例指定创建对象的种类，并且通过复制这些原型来创建新的对象
单例模式（Singleton）	保证一个类只有一个实例，并提供一个访问它的全局访问点

2. 结构型模式

在解决了对象的创建问题之后，对象的组成以及对象之间的依赖关系就成了开发人员关注的焦点，因为如何设计对象的结构、继承和依赖关系会影响到后续程序的维护性、代码的健壮性、耦合性等。对象结构的设计很容易体现出设计人员水平的高低，这里有 7 个具体的结构型模式可供研究，如表 4-2 所示。

表 4-2 结构型模式分类说明

设计模式名称	简要说明
外观模式（Facade）	为子系统中的一组接口提供一致的界面，Facade 提供了一个高层接口，这个接口使得子系统更容易使用
适配器模式（Adapter）	将一类的接口转换成客户希望的另外一个接口，Adapter 模式使得原本由于接口不兼容而不能一起工作那些类可以一起工作
代理模式（Proxy）	为其他对象提供一种代理以控制对这个对象的访问
装饰模式（Decorator）	动态地给一个对象增加一些额外的职责，就增加的功能来说，Decorator 模式相比生成子类更加灵活
桥模式（Bridge）	将抽象部分与它的实现部分相分离，使它们可以独立地变化
组合模式（Composite）	将对象组合成树形结构以表示部分整体的关系，Composite 使得用户对单个对象和组合对象的使用具有一致性
享元模式（Flyweight）	它使用共享物件，用来尽可能减少内存使用量以及分享信息给尽可能多的相似物件

3. 行为型模式

在对象的结构和对象的创建问题都解决了之后，就剩下对象的行为问题了。如果对象的行为设计的好，那么对象的行为就会更清晰，它们之间的协作效率就会提高。这里有 11 个具体的行为型模式可供研究，如表 4-3 所示。

表 4-3 行为型模式分类说明

设计模式名称	简要说明
模板方法模式（Template Method）	定义一个操作中的算法的骨架，而将一些步骤延迟到子类中，TemplateMethod 使得子类可以不改变一个算法的结构即可重定义该算法得某些特定步骤
观察者模式（Observer）	定义对象间一对多的依赖关系，当一个对象的状态发生改变时，所有依赖于它的对象都得到通知而自动更新
状态模式（State）	允许对象在其内部状态改变时改变它的行为。对象看起来似乎改变了它的类
策略模式（Strategy）	定义一系列的算法，把它们一个个封装起来，并使它们可以互相替换，本模式使得算法可以独立于使用它们的客户

续表

设计模式名称	简要说明
职责链模式（Chain of Responsibility）	使多个对象都有机会处理请求，从而避免请求的送发者和接收者之间的耦合关系
命令模式（Command）	将一个请求封装为一个对象，从而使你可以用不同的请求对客户进行参数化，对请求排队和记录请求日志，以及支持可撤销的操作
访问者模式（Visitor）	表示一个作用于某对象结构中的各元素的操作，它使你可以在不改变各元素类的前提下定义作用于这个元素的新操作
调停者模式（Mediator）	用一个中介对象封装一系列的对象交互
备忘录模式（Memento）	在不破坏对象的前提下，捕获一个对象的内部状态，并在该对象之外保存这个状态
迭代器模式（Iterator）	提供一个方法顺序访问一个聚合对象的各个元素，而又不需要暴露该对象的内部表示
解释器模式（Interpreter）	给定一个语言，定义它的文法的一个表示，并定义一个解释器，这个解释器使用该表示来解释语言中的句子

4.7　软件体系结构设计

软件体系结构关注系统的一个或多个结构，包含软件构件、这些构件的对外可见的性质以及它们之间的关系。事实上，软件总是有体系结构的，不存在没有体系结构的软件。Dewayne Perry 和 Alexander Wolf 认为：软件体系结构是具有一定形式的结构化元素，即构件的集合，包括处理构件、数据构件和连接构件。处理构件负责对数据进行加工，数据构件是被加工的信息，连接构件把体系结构的不同部分组合连接起来。这一定义注重区分处理构件、数据构件和连接构件，这一方法在其他的定义和方法中基本上得到保持。

体系结构是早期设计决策的体现：

（1）软件体系结构明确了对系统实现的约束条件。

（2）软件体系结构决定了开发和维护组织的组织结构。

（3）软件体系结构制约着系统的质量属性。

（4）通过研究软件体系结构可能预测软件的质量。

（5）软件体系结构使推理和控制更改更简单。

（6）软件体系结构有助于循序渐进的原型设计。

（7）软件体系结构可以作为培训的基础。

4.7.1　体系结构发展过程

最初的软件结构体系也是 Mainframe 结构，该结构下客户、数据和程序被集中在主机上，通常只有少量的 GUI 界面，对远程数据库的访问比较困难。随着 PC 的广泛应用，该结构逐渐在应用中被淘汰。

在 20 世纪 80 年代中期出现了 Client/Server 分布式计算结构，应用程序的处理在客户（PC 机）和服务器（Mainframe 或 Server）之间分担；请求通常被关系型数据库处理，PC 机在接收受到被处理的数据后实现显示和业务逻辑；系统支持模块化开发，通常有 GUI 界面。Client/Server 结构因为其灵活性得到了极其广泛的应用。但对于大型软件系统而言，这种结构在系统的部署和扩展性方面还存在不足。

Internet 的发展给传统应用软件的开发带来了深刻的影响。基于 Internet 和 Web 的软件和应用系统无疑需要更为开放和灵活的体系结构。随着越来越多的商业系统被搬上 Internet，一种新的、更具生命力的体系结构被广泛采用，这就是为我们所知的"三层/多层计算"。客户层（client tier）是用户接口和用户请求的发出地，典型应用是网络浏览器和"胖客户"（如 Java 程序）。服务器层（server tier）典型应用是 Web 服务器和运行业务代码的应用程序服务器。数据层（data tier）典型应用是关系型数据库和其他后端（back-end）数据资源，如在 Oracle 和 SAP、R/3 等三层体系结构中，客户（请求信息）、程序（处理请求）和数据（被操作）被物理地隔离。

三层结构是个更灵活的体系结构，它把显示逻辑从业务逻辑中分离出来，这就意味着业务代码是独立的，可以不关心怎样显示和在哪里显示。业务逻辑层现在处于中间层，不需要关心由哪种类型的客户来显示数据，也可以与后端系统保持相对独立性，有利于系统扩展。三层结构具有更好的移植性，可以跨不同类型的平台工作，允许用户请求在多个服务器间进行负载平衡。三层结构中安全性也更易于实现，因为应用程序已经同客户隔离。应用程序服务器是三层/多层体系结构的组成部分，应用程序服务器位于中间层。

4.7.2　软件体系结构的应用现状

20 世纪 90 年代后期以来，软件体系结构的研究成为一个热点。广大软件工作者已经认识到软件体系结构研究的重大意义和它对软件系统设计开发的重要性，开展了很多研究和实践工作。

从软件体系结构研究的现状来看，当前的研究和对软件体系结构的描述，在很大程度上还停留在非形式化的基础上。软件构架师仍然缺乏必要的工具，这种工具应该是显式描述的、有独立性的形式化工具。

在目前通用的软件开发方法中，其描述通常是用非形式化的图和文本，不能描述系统期望的存在于构件之间的接口，不能描述不同的组成系统的组合关系的意义。难以被开发人员理解，更不能用来分析其一致性和完整性等特性。

当一个软件系统中的构件之间几乎以一种非形式化的方法描述时，系统的重用性也会受到影响，在设计一个系统结构过程中的努力很难移植到另一个系统中去。对系统构件和连接关系的结构化假设没有得到显式的、形式化的描述时，把这样的系统构件移植到另一个系统中去将是有风险的，甚至是不可能的。

4.7.3　软件体系结构的形式化方法研究

软件体系结构研究如果仅仅停留在非形式化的框图阶段，已经难以适应进一步发展的需要。为支持基于体系结构的开发，需要有形式化建模符号、体系结构说明的分析与开发工具。从软件体系结构研究的现状来看，在这一领域已经有不少进展，其中比较有代表性的是美国卡耐基梅隆大学（Carnegie Mellon University）的 Robert J. Allen 于 1997 年提出的 Wright 系统。Wright 是一种结构描述语言，该语言基于一种形式化的、抽象的系统模型，为描述和分析软件体系结构和结构化方法提供了一种实用的工具。Wright 主要侧重于描述系统的软件构件和连接的结构、配置和方法。它使用显式的、独立的连接模型作为交互的方式，这使得该系统可以用逻辑谓词符号系统，而不依赖特定的系统实例来描述系统的抽象行为。该系统还可以通过一组静态检查来判断系统结构规格说明的一致性和完整性。从这些特性的分析来看，Wright 系统的确适用于对大型系统的描述和分析。

4.7.4　软件体系结构的建模研究

研究软件体系结构的首要问题是如何表示软件体系结构，即如何对软件体系结构建模。根据建模的侧重点的不同，可以将软件体系结构的模型分为 5 种：结构模型、框架模型、动态模型、过程模型和功能模型。在这 5 个模型中，最常用的是结构模型和动态模型。

1. 结构模型

这是一个最直观、最普遍的建模方法。这种方法以体系结构的构件、连接件和其他概念来刻画结构，并力图通过结构来反映系统的重要语义内容，包括系统的配置、约束、隐含的假设条件、风格、性质。研究结构模型的核心是体系结构描述语言。

2. 框架模型

框架模型与结构模型类似，但它不太侧重描述结构的细节，而更侧重于整体的结构。框架模型主要以一些特殊的问题为目标，建立只针对和适应该问题的结构。

3. 动态模型

动态模型是对结构或框架模型的补充，研究系统的"大颗粒"的行为性质。例如，描述系统的重新配置或演化。动态可能指系统总体结构的配置、建立或拆除通信通道或计算的过程。这类系统常是激励型的。

4. 过程模型

过程模型研究构造系统的步骤和过程。因而结构是遵循某些过程脚本的结果。

5. 功能模型

该模型认为，体系结构是由一组功能构件按层次组成，下层向上层提供服务。它可以看作是一种特殊的框架模型。

这 5 种模型各有所长，也许将 5 种模型有机地统一在一起，形成一个完整的模型来刻画软件体系结构更合适。例如，Kruchten 在 1995 年提出了一个 "4+1" 的视角模型。

"4+1"模型从 5 个不同的视角包括逻辑视角、过程视角、物理视角、开发视角和场景视角来描述软件体系结构。每一个视角只关心系统的一个侧面，5 个视角结合在一起才能够反映系统的软件体系结构的全部内容。

4.7.5 发展基于体系结构的软件开发模型

软件开发模型是跨越整个软件生存周期的系统开发、运行、维护所实施的全部工作和任务的结构框架，给出了软件开发活动各阶段之间的关系。目前，常见的软件开发模型大致可分为 3 种类型：

（1）以软件需求完全确定为前提的瀑布模型。

（2）在软件开发初始阶段只能提供基本需求时采用的渐进式开发模型，如螺旋模型等。

（3）以形式化开发方法为基础的变换模型。

所有开发方法都是要解决需求与实现之间的差距。但是，这 3 种类型的软件开发模型都存在这样或那样的缺陷，不能很好地支持基于软件体系结构的开发过程。

4.7.6 软件产品线体系结构

软件体系结构的开发是大型软件系统开发的关键环节。产品线代表着一组具有公共的系统需求集的软件系统，它们都是根据基本的用户需求对标准的产品线构架进行定制，将可重用构件与系统独有的部分集成而得到的。

软件产品线是一个十分适合专业的软件开发组织的软件开发方法，能有效地提高软件生产率和质量、缩短开发时间、降低总开发成本。软件体系结构有利于形成完整的软件产品线。

软件体系结构在软件产品线的开发中具有至关重要的作用，在这种开发生产中，基于同一个软件体系结构，可以创建具有不同功能的多个系统。

4.7.7 软件体系结构的风格

对软件体系结构风格的研究和实践促进了对设计的复用，一些经过实践证实的解决方案也可以可靠地用于解决新的问题。体系结构风格的不变部分使不同的系统可以共享同一个实现代码。只要系统是使用常用的、规范的方法来组织的，就可使别的设计者很容易地理解系统的体系结构。例如，如果某人把系统描述为"客户/服务器"模式，则不必给出设计细节，我们立刻就会明白系统是如何组织和工作的。

下面是 Garlan 和 Shaw 对通用体系结构风格的分类。

（1）数据流风格：批处理序列，管道/过滤器。

（2）调用/返回风格：主程序/子程序，面向对象风格，层次结构。

（3）独立构件风格：进程通信，事件系统。

（4）虚拟机风格：解释器，基于规则的系统。

（5）仓库风格：数据库系统，超文本系统，黑板系统。

限于篇幅，在本书中，我们只介绍几种主要的、经典的体系结构风格和它们的优缺点。

1. C2 体系

C2 体系结构风格可以概括为，通过连接件绑定在一起的、按照一组规则运作的并行构件网络，如图 4-21 所示。C2 风格中的系统组织规则如下：

* 系统中的构件和连接件都有一个顶部和一个底部；
* 构件的顶部应连接到某连接件的底部，构件的底部则应连接到某连接件的顶部，而构件与构件之间的直接连接是不允许的；
* 一个连接件可以和任意数目的其他构件和连接件连接；
* 当两个连接件进行直接连接时，必须由其中一个的底部连接到另一个的顶部。

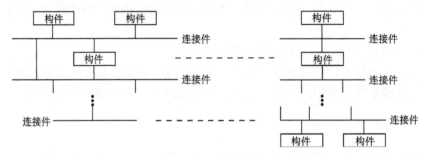

图 4-21　C2 风格示意图

C2 风格是最常用的一种软件体系结构风格。从图 4-21 中，我们可以得出，C2 风格具有以下特点：

* 系统中的构件可实现应用需求，并能将任意复杂度的功能封装在一起；
* 所有构件之间的通信是通过以连接件为中介的异步消息交换机制来实现的；
* 构件相对独立，构件之间依赖性较少。系统中不存在某些构件在同一地址空间内执行，或某些构件共享特定控制线程之类的相关性假设。

2. 管道/过滤器

在管道/过滤器风格的软件体系结构中，每个构件都有一组输入和输出，构件读输入的数据流，经过内部处理，然后产生输出数据流。这个过程通常通过对输入流的变换及增量计算来完成，所以在输入被完全消费之前，输出便产生了。因此，这里的构件被称为过滤器，这种风格的连接件就像是数据流传输的管道，将一个过滤器的输出传到另一过滤器的输入。此风格特别重要的过滤器必须是独立的实体，它不能与其他的过滤器共享数据，而且一个过滤器不知道它上游和下游的标识。一个管道/过滤器网络输出的正确性并不依赖于过滤器进行增量计算过程的顺序，如图 4-22 所示。

一个典型的管道/过滤器体系结构的例子是以 UNIX Shell 编写的程序。UNIX 既提供一种符号，以连接各组成部分（UNIX 的进程），又提供某种进程运行时机制以实现管道。另一个著名的例子是传统的编译器。传统的编译器一直被认为是一种管道系统，在该系统中，一个阶段（包括词法分析、语法分析、语义分析和代码生成）的输出是另一个阶段的输入。

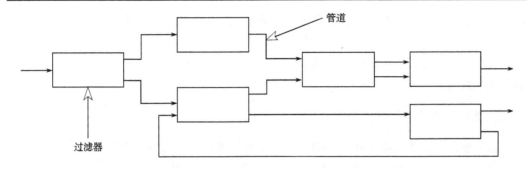

图 4-22 管道/过滤器风格的体系结构

管道/过滤器风格的软件体系结构具有许多优点：

· 使得软构件具有良好的隐蔽性和高内聚、低耦合的特点。

· 允许设计者将整个系统的输入/输出行为看成多个过滤器的行为的简单合成。

· 支持软件重用，只要提供适合在两个过滤器之间传送的数据，任何两个过滤器都可被连接起来。

· 系统维护和增强系统性能简单，新的过滤器可以添加到现有系统中来，旧的可以被改进的过滤器替换掉。

· 允许对一些如吞吐量、死锁等属性的分析。

· 支持并行执行，每个过滤器作为一个单独的任务完成，因此可与其他任务并行执行。

但是，这样的系统也存在着若干不利因素：

· 通常导致进程成为批处理的结构。这是因为，虽然过滤器可增量式地处理数据，但它们是独立的，所以设计者必须将每个过滤器看成一个完整的从输入到输出的转换。

· 不适合处理交互的应用。当需要增量地显示改变时，这个问题尤为严重。

· 因为在数据传输上没有通用的标准，每个过滤器都增加了解析和合成数据的工作，这样就导致了系统性能下降，并增加了编写过滤器的复杂性。

3. 数据抽象和面向对象

抽象数据类型概念对软件系统有着重要作用，目前软件界已普遍转向使用面向对象系统。这种风格建立在数据抽象和面向对象的基础上，数据的表示方法和它们的相应操作封装在一个抽象数据类型或对象中。这种风格的构件是对象，或者说是抽象数据类型的实例。对象是一种被称作管理者的构件，因为它负责保持资源的完整性。对象是通过函数和过程的调用来交互的。

面向对象的系统有许多的优点，并早已为人所知。

· 因为对象对其他对象隐藏它的表示，所以可以改变一个对象的表示，而不影响其他的对象。

· 设计者可将一些数据存取操作的问题分解成一些交互的代理程序的集合。

但是，面向对象的系统也存在着某些问题：

· 为了使一个对象和另一个对象通过过程调用等进行交互，必须知道对象的标识。

只要一个对象的标识改变了，就必须修改所有其他明确调用它的对象。

· 必须修改所有显式调用它的其他对象，并消除由此带来的一些副作用。例如，如果 A 使用了对象 B，C 也使用了对象 B，那么，C 对 B 的使用所造成的对 A 的影响可能是意料不到的。

4. 基于事件的隐式调用

基于事件的隐式调用风格的思想是构件不直接调用一个过程，而是触发或广播一个或多个事件。系统中的其他构件中的过程在一个或多个事件中注册，当一个事件被触发，系统自动调用在这个事件中注册的所有过程，这样，一个事件的触发就导致了另一模块中的过程的调用。

从体系结构上说，这种风格的构件是一些模块，这些模块既可以是一些过程，又可以是一些事件的集合。过程可以用通用的方式调用，也可以在系统事件中注册一些过程，当发生这些事件时，过程被调用。

基于事件的隐式调用风格的主要特点是，事件的触发者并不知道哪些构件会被这些事件影响。这样不能假定构件的处理顺序，甚至不知道哪些过程会被调用，因此，许多隐式调用的系统也包含显式调用作为构件交互的补充形式。

支持基于事件的隐式调用的应用系统很多。例如，在编程环境中用于集成的各种工具，在数据库管理系统中确保数据的一致性约束，在用户界面系统中管理数据，以及在编辑器中支持语法检查。例如在某系统中，编辑器和变量监视器可以登记相应 Debugger 的断点事件。当 Debugger 在断点处停下时，它声明该事件，由系统自动调用处理程序，如编辑程序可以卷屏到断点，变量监视器刷新变量数值。而 Debugger 本身只声明事件，并不关心哪些过程会启动，也不关心这些过程做什么处理。

隐式调用系统的主要优点如下：

· 为软件重用提供了强大的支持。当需要将一个构件加入现存系统中时，只需将它注册到系统的事件中。

· 为改进系统带来了方便。当用一个构件代替另一个构件时，不会影响其他构件的接口。

隐式调用系统的主要缺点如下：

· 构件放弃了对系统计算的控制。一个构件触发一个事件时，不能确定其他构件是否会响应它。而且即使它知道事件注册了哪些构件的构成，也不能保证这些过程被调用的顺序。

· 数据交换的问题。有时数据可被一个事件传递，但另一些情况下，基于事件的系统必须依靠一个共享的仓库进行交互。在这些情况下，全局性能和资源管理便成了问题。

· 过程的语义必须依赖于被触发事件的上下文约束，关于正确性的推理可能会存在问题。

5. 层次系统

层次系统组织成一个层次结构，每一层为上层服务，并作为下层客户。在一些层次系统中，除了一些精心挑选的输出函数外，内部的层只对相邻的层可见。这样的系统中构件在一些层实现了虚拟机（在另一些层次系统中层是部分不透明的）。连接件通过决定层间如何交互的协议来定义，拓扑约束包括对相邻层间交互的约束。

这种风格支持基于可增加抽象层的设计。这样，允许将一个复杂问题分解成一个增量步骤序列的实现。由于每一层最多只影响两层，同时只要给相邻层提供相同的接口，允许每层用不同的方法实现，同样为软件重用提供了强大的支持。

层次系统最广泛的应用是分层通信协议。在这一应用领域中，每一层提供一个抽象的功能，作为上层通信的基础。较低的层次定义低层的交互，最低层通常只定义硬件物理连接。

层次系统有许多可取的属性：

• 支持基于抽象程度递增的系统设计，使设计者可以把一个复杂系统按递增的步骤进行分解；

• 支持功能增强，因为每一层至多和相邻的上下层交互，因此功能的改变最多影响相邻的上下层；

• 支持重用，只要提供的服务接口定义不变，同一层的不同实现就可以交换使用。这样，就可以定义一组标准的接口，而允许各种不同的实现方法。

但是，层次系统也有其不足之处：

• 并不是每个系统都可以很容易地划分为分层的模式，甚至即使一个系统的逻辑结构是层次化的，出于对系统性能的考虑，系统设计师不得不把一些低级或高级的功能综合起来；

• 很难找到一个合适的、正确的层次抽象方法。

6. 仓库

在仓库风格中，有两种不同的构件：中央数据结构说明当前状态，独立构件在中央数据存储上执行，仓库与外构件间的相互作用在系统中会有大的变化。

控制原则的选取产生两个主要的子类。若输入流中某类时间触发进程执行的选择，则仓库是一传统型数据库；另一方面，若中央数据结构的当前状态触发进程执行的选择，则仓库是一黑板系统。黑板系统的传统应用是信号处理领域，如语音和模式识别。另一应用是松耦合代理数据共享存取。

黑板系统主要由 3 部分组成：

• 知识源。知识源中包含独立的、与应用程序相关的知识，知识源之间不直接进行通信，它们之间的交互只通过黑板来完成。

• 黑板数据结构。黑板数据是按照与应用程序相关的层次来组织的解决问题的数据，知识源通过不断地改变黑板数据来解决问题。

• 控制。控制完全由黑板的状态驱动，黑板状态的改变决定使用的特定知识。

4.7.8 模型—视图—控制器

MVC（Model View Controler），M 是指数据模型，V 是指用户界面，C 则是控制器。

使用 MVC 的目的是将 M 和 V 的实现代码分离,从而使同一个程序可以使用不同的表现形式。比如,对一批统计数据可以分别用柱状图、饼图来表示。C 存在的目的则是确保 M 和 V 的同步,一旦 M 改变,V 应该同步更新。

模型—视图—控制器(MVC)是 Xerox PARC 在 20 世纪 80 年代为编程语言 Smalltalk-80 发明的一种软件设计模式,至今已被广泛使用。最近几年被推荐为 SUN 公司 Java EE 平台的设计模式,并且受到越来越多的使用 ColdFusion 和 PHP 的开发者的欢迎。

MVC 是一种设计模式,它强制性地把应用程序的输入、处理和输出分开,对应用程序达到了很好的移植性和可维护性。它把应用程序分成 3 个核心模块:模型、视图和控制器,它们分别担任不同的任务。它们的相互关系如图 4-23 所示。

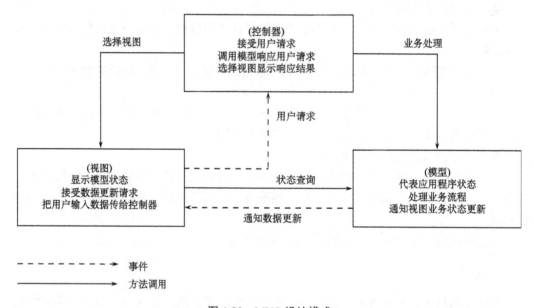

图 4-23　MVC 设计模式

视图(View):是用户看到并与之交互的界面。视图向用户显示相关的数据,并能接受用户的输入数据,但是它并不进行任何实际的业务处理。视图可以向模型查询业务状态,它不能改变模型。视图还能介绍模型发出的新数据更新事件,从而对用户界面进行同步更新。

模型(Model):是应用程序的主体部分。模型表示业务数据和逻辑数据,一个模型能为多个视图提供数据。由于同一个模型能被多个视图重用,所以提高了应用程序的可重用性。

控制器(Control):接受用户的输入,并调用模型和视图去完成用户的需求。当 Web 用户单击 Web 页面中的提交按钮来发送 HTML 表单时,控制器接受请求并调用相应的模型组件去处理请求,然后调用相应的视图来显示模型返回的数据。

目前,SUN 制定了两种规范,称为 Model1(如图 4-24 所示)和 Model2(如图 4-25 所示)。

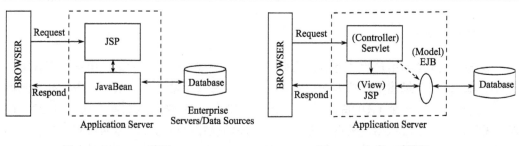

图 4-24　Model1 模型　　　　　　图 4-25　Model2 模型

4.8　图形用户界面设计

4.8.1　GUI 设计原则

用户界面开发开始于需求分析阶段中早期 GUI 窗口草图。这些草图用于在客户研讨会上收集需求及构造原型，并包含在用例文档中。在设计过程中，应用程序的 GUI 窗口被开发成符合基本要求的 GUI 演示软件，并满足已开发环境的特性和约束。

GUI 客户端可分为桌面平台大的可编程客户端和 WEB 平台的浏览器客户端。一方面，可编程客户端是胖客服端，程序驻留和执行与客户端，并访问客户端及其存储资源。另一方面，浏览器客户端是基于 Web 的图形用户界面，它需要从服务器获取数据和程序，这种客户端是瘦客户端，也称为 Web 客户端。

1. 从 GUI 原型到实现

IS 应用系统 GUI 设计的典型过程是从用例开始的。描述用例事件流的分析师具有某种 GUI 的视觉想象，来支持人机交互。在某些情况下，分析师可以选择在用例文档中插入图形描绘用户界面。只用文本不能充分描述复杂的人机交互，有时，收集和协商客户需求的过程需要制作 GUI 草图。

详细说明用例实现中协作的设计师必须对 GUI 屏幕具有清晰的视觉想象。如果之前的分析师没有做到这一点，设计师就是第一个进行用户界面描绘的人。设计师的描绘必须符合基本的 GUI 技术——窗口和窗口小部件工具包等。这可能需要咨询技术专家，以成功地利用技术上的特点。

在将协助设计交给程序员实现之前，需要先构造一个"用户友好"的 GUI 屏幕原型。这个任务应该结合多人的力量，在共同的努力下提供既有吸引力又可用的 GUI。

程序员的任务不仅仅是盲目地实现这些屏幕界面，对于程序设计环境引发的变更，还要给出建议。在某些情况下，这些变更可能是改进；而在其他情况下，由于程序设计或性能的限制，这些变更可能会使设计变得更糟。

GUI 设计的中心问题是用户控制式。而面向对象程序是事件驱动的。对象对事件和消息有双重目的：评价 GUI 屏幕的感觉并展现它的功能。然而，屏幕真正的外观要到实现节点才能完成。

2. 用户控制式

用户控制式是指用户启动行为，因此，如果程序取得控制权的话，用户也要获得必要的反馈。现在来描述一个典型的控制流。用户事件（菜单动作、鼠标单击、屏幕光标移动等）可以打开一个 GUI 窗口或调用一个，比如，程序访问数据库并利用其 SQL 过程的优势。程序暂时从用户处取得控制权。程序的执行可以将控制返回给同一个或另一个窗口。另外，它可以调用另一个 SQL 模块或者调用一个外部程序。在某些情况下，程序实际上可以为用户做一些事情。例如，当程序需要做与外部用户事件相关联的计算时，或者当程序将光标移动到屏幕上的另一个域，且离开原始域的事件已经退出与其相关的处理时，这种情况就发生了。

3. 一致性

一致性是指遵循标准和做事情的常规方式。至少有两方面的一致性：

· 符合 GUI 的标准。

· 符合组织内部开发的命名、编码和其他与 GUI 相关的标准。

这两方面都很重要，而且第二个方面不应该与第一个方面矛盾。如果应用系统是为 Windows 开发的，就必须展现 Windows 的外观和感觉。

GUI 开发者在界面设计上不需要有太多的创造力和创新意识，否则就会破坏用户的信心和能力，应该让用户处于一个熟悉的和可以预见的环境中。

必须考虑命名、编码、缩写及其他内部标准的一致性。这包括菜单、活动按钮、屏幕区域等的命名和编码，也包括对象在屏幕上处于什么位置的标准，已经在整个内部开发的应用系统中其他 GUI 元素的一致使用。

4. 个性化和客户化

个性化和客户化是两个相互关联的指导方针。简单地说，GUI 的个性化是为个人使用的简单客户化，而客户化是按不同的用户组对软件进行裁剪的管理任务。

· 个性化的例子：用户重新排序和在一个行浏览器的显示中调整列的大小，并将这些变更保存起来作为他的个人偏好。下一次程序激活时就考虑这个偏好。

· 客户化的例子：程序可以对新用户和高级用户执行不同的操作。例如，对新用户可以提供清楚的帮助。

在许多情况下，个性化和客户化的区别比较模糊，甚至可以忽略。如改变菜单项、创建新的菜单等就是这样的情况。如果是为个人用户做的，就是个性化；如果是为大的用户群并由系统管理员做的就是客户化。

5. 反馈

反馈是由用户控制式派生出来的。要实现控制，就意味着要知道当控制暂时交给程序时将会发生什么。开发者应该在系统中为每个用户事件建立视听提示。

在大多数情况下，一个等待指示器就提供了足够的反馈来显示程序正在做事情。对那些可能偶尔出现性能问题的程序,就需要一个更生动的反馈形式。另一方面,开发者决不能假设应用执行得很快而使反馈成为不必要的。应用中任何负载的增长都将证明这是个令人痛苦的错误。

4.8.2 Web GUI 设计

Web 应用程序是允许用户通过 Web 浏览器执行业务逻辑的 Web 系统。业务逻辑可以驻留在服务器或客户端。因此,Web 应用程序是一种在 Internet 浏览器上使用的分布式 C/S 系统。

Internet 客户端浏览器在计算机屏幕上显示网页。Web 服务器将网页传送到浏览器上。网页文档可以是静态的,也可以是动态的。网页文档可以是用户填写的表单,可以在用于程序中使用框架对屏幕进行分割,使用户可以同时浏览多个页面。

当一个网页作为 Web 应用系统的入口时,可以将其看成一种特殊的主窗口。与桌面 IS 应用系统不同的是,网页上的菜单栏和工具栏不用于特定的应用任务,但也可用于某些与应用系统的网页内容有关的一般任务(如复制)。Web 应用程序的用户事件是通过菜单项、动作按钮和活动链接实现的。

1. 内容设计

网页内容设计必须思考如何将网站或 Web 应用系统的可视内容展现在用户的 Web 浏览器上,对于网页内容设计需要综合技能,一方面需要视觉艺术,另一方面需要软件开发技能。良好的 GUI 设计原则适合 Web 内容设计。

内容必须与网站或应用系统的性质和宗旨相匹配。必须定义出网站和 Web 应用系统的不同内容的目标:

• 电子商务、产品目录和网上购物——使得通过互联网开展业务成为可能。无疑是一个应用系统,不仅仅是一个网站。

• 产品支持——传播信息、操作说明、升级、咨询、文档、指南和其他对产品用户和消费者的支持。

• 企业内网和外网——运行员工通过私有局域网访问组织的软件应用系统,包括文件、政策、电子邮件等。

2. 导航设计

GUI 屏幕(窗口、网页)之间的导航既涉及用户动作,又涉及应用程序的代码。在桌面应用系统中,有菜单项、工具栏按钮、命令按钮和键盘支持用户在窗体之间的导航。Web 应用系统中存在类似的功能,虽然看上去可能会有所不同,特别是菜单项和工具栏按钮。事实上,在 Web 应用系统中,不存在桌面上的菜单栏和工具栏的感觉。另一方面,桌面上不存在 Web 应用系统中为用户导航的活动链接。

如果有什么区别的话,Web 应用系统中的导航往往比桌面中的用户界面更友好。它没有主窗口和辅窗口的区别,每个网页都可以表现出混合的导航能力;各种各样的菜单可以与按钮、链接和导航共存。

应用程序网页之间的导航要精心策划。无论是直观的还是页面上的导航面板，导航必须有明确的用户可以理解的逻辑，使用户不会在网页的"超空间"中迷失。

导航风格应根据 Web 应用系统的复杂性不同而不同。基于 CRM 系统的倾向于加强页面中工作流程的活动顺序。在初始阶段，当用户查找产品或服务时，允许用户进行搜索，但在后期则引导用户付款。数据输入的应用倾向于尽量少的导航，由少量的较长的页面组成，以方便快速的输入，而不需要在页面之间切换。以检索操作作为目标的应用，如图书馆系统，提供不同标准的搜索功能、线性浏览检索的项目、扫描选择的项目内容等。

4.8.3　利用 GUI 框架支持 GUI 设计

开发者使用系统软件来构建应用软件。作为一个典型的和长期存在的例子，开发者往往依赖于数据库管理系统来持久化存储数据。出了特殊情况，甚至连建立特定应用系统持久化机制的打算也没有。同样，客户管理系统（CRM）为营销、人力、市场推广提供标准的解决方案。

通过 GUI 框架，我们认识到，开发者可以使用任何技术、软件库和其他面向 GUI 的系统软件支持 GUI 设计。这类典型的框架包括 Swing 库、Java ServerFaces、Struts、Spring 等。框架利用应用代码执行一些响应，从而降低了应用软件的复杂度。一个特定的开发目标不仅要使用技术来减轻编程工作，而且要允许选择框架设计来构造系统。

4.8.4　GUI 导航建模

GUI 设计者的任务是把互相依赖的屏幕组织在一起，使结构容易理解，用户不至于在打开的屏幕中迷失。

理想的情况下，从主窗口到顶层窗口的链接相应的是一个路径，而不是一个层次。这可以通过在先前窗口中使用模态辅助窗口来实现。

GUI 设计应方便用户通过界面探索。一个设计得好的菜单和工具栏结构仍然是说明应用程序功能的主要技术。为用户提供的下拉和滑动菜单上的菜单命令间接说明窗口之间的依赖。

GUI 窗口的图形描述，使用原型或 GUI 布局工具，不能告知窗口如何为用户导航。我们仍然需要设计窗口导航。窗口导航模型应该有可视的屏幕容器和构件的图组成，并显示用户如何才能从一个窗口浏览到另一个。

4.9　实体—关系建模

关系模型最初是由 E.F.Codd 于 20 世纪 70 年代初提出的，由于关系理论是建立在集合代数理论基础上的，因此它有着坚实的数学基础。数据模型是一种组织和文档化系统数据的方法。实体关系图（Entity Relationship Diagram，ERD）是最常用的数据建模方法，它使用实体及其关系来描述数据。数据模型有时候又被称为数据库模型，因为数据模型最终会在数据库上实现。有时候数据模型又被称为信息模型。

目前市面上的数据库管理系统几乎都是以关系型数据模式为理论的架构，也就是以表格（table）来存储数据，每一个表格存储许多记录（record），每一条记录由许多字段（field）所组成。

实体关系图非常容易使用，设计的逻辑观念很自然，所讨论的范畴只有 3 个：一个是实体（Entity），一个是属性（attribute），另一个是实体之间的关系（Relationship）。产生的设计图只有一张，另外用基本表和外键关系图来补充。

ERD 的画法很容易，与功能建模不同，因为只有一张图，没有所谓层次分解的概念，图内只有实体、属性以及实体之间的关系，设计出来的实体对应数据库中的基本表（base table），属性对应表格内的字段（field），以记录存储每一笔业务数据。在实体关系图完成后经过规范化检验，然后整理出各个基本表内的每个字段的格式、数据类型、限制条件、默认值等，以及用外来键关系图来表示各个基本表之间的字段关联进行建立数据库的工作。

4.9.1　实体关系图的语法语义

ERD 中最关键的 3 个概念是实体、属性和联系，如表 4-4 所示。

表 4-4　ERD 图元

名称	E-R 图表示方法	E-R 图表示图示
实体	用矩形表示，矩形内写明实体名	
属性	用椭圆形表示，并用无向边将其与对应实体连接起来	
联系	用菱形表示，并用无向边分别与有关实体连接起来，同时在无向边旁标上联系的类型	

4.9.2　实体

实体是企业数据库内需要被记录的人、事、地、物等，实体是一个变量的概念，某一个特定的实例代表一个常数，比如说客户是实体，那某一个特定的客户，如张三则是一个实例。如果实例的数目只有一个，那这个实体是有问题的，不能算是实体，比如企业本身公司的数据是不用成立一个实体的，但是企业的部门可以是一个实体，因为部门的数据需要加以记录，而且部门有好几个。

可以作为实体的对象如下。

（1）人员：代理员、合同人、顾客、部门、机构、雇员、供应商等。

（2）地点：销售区、建筑物、房间、办公室等。

（3）物品：产品、原材料、工具、车辆零件等。

（4）事件：订货、注册、更新、请求、销售、预订等。

（5）概念：账户、合同、资格、时间块等。

实体的实例是实体的一个发生，例如，对于实体"客户"，实体可以是"张三""李四""王五"等具体的人。

4.9.3　属性

属性是实体的特性，属性的集合就是记录，属性也是一个变量的概念，例如客户的特性为客户号、姓名、地点、电话号码等，则某一客户的特性的属性值可以以（zk00001，张三，北京，0105361080）来形成一笔特定的记录。这必须是一个单一值，如每个学生只能有一个客户号、一个姓名，不能是多重值。再例如，电话这个属性可能会有多重值，所以可以在设计的时候多设几个属性，将电话的属性以手机号码、住宅电话号码等多几个属性来代替，以便存储所要存的数据。

属性之中，必须选择出能代表记录独特性的键值，也就是主键（Primary Key）。每一笔记录可以以主键来区别，例如在"客户"实体中"客户号"就是主键，每个客户的客户号都不同，当然还有其他的键值也有唯一的特性，如"手机号码"，也是每个客户都不同。有唯一特性的键值称为候选键，在这些候选键中，挑选一个较合适的属性来当主键。所谓的合适是指简单、自然，不会随着时间而改变的有意义的键值。如果没有合适的键值，可以以编号当主键，如"产品编号""采购单编号"等。在 ERD 中，通常将主键加上底线来表示，如图 4-26 所示。属性包括如下概念。

- 键：是一个或一组属性，可以确定每一个实体实例的唯一值。
- 复合键：是一组属性，唯一确定一个实体的一个实例。
- 候选键：是一个实体的实例的"候选主键"。
- 主键：是一个候选键，它被选出用于唯一地标识单一的实体实例。
- 可选键：是所有没有被选择为主键的候选键。
- 分类规则：是一个属性或复合属性，其有穷值将所有的实体实例划分为有用的子集。

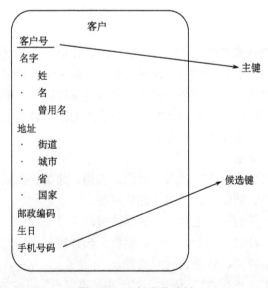

图 4-26　主键和候选键

1. 人员实体与属性

如图 4-27 所示的客户实体，需要有"客户编号""公司名称""统一编号""电话""联系人""地址""客户等级"等属性，其中"客户编号"是主键。

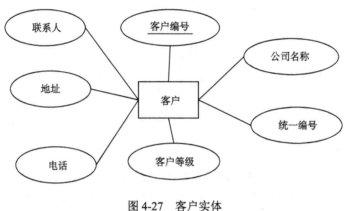

图 4-27　客户实体

2. 事件实体与属性

在 CRM 系统中的事件也就是交易，每一个事务处理包含销售、请购、采购、盘点、出货、进货等，所发生的事情都需要在 CRM 系统加以记录。例如，每一笔请购的交易都要记录在数据库中。以"请购单"为实体，属性包括"请购单编号""日期""预计金额""请购人员""请购单位""请购人员电话"等数据，其中"请购单编号"是主键，如图 4-28 所示。当然，从数据库的角度看系统和从功能的角度看系统是不同的，不是一个事务处理对应一个实体的关系，但是有关功能的信息是一个很好的设计参考。

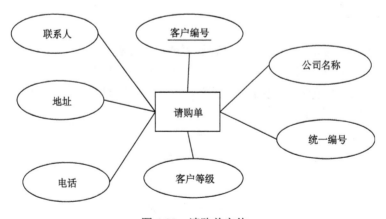

图 4-28　请购单实体

例如，采购作业需要加以记录，"采购单"是实体，属性包括"采购单编号""采购人员""厂商编号""请购单编号""金额""审核""日期"以及"采购种类"等，其中，"采购单编号"是主键，如图 4-29 所示。

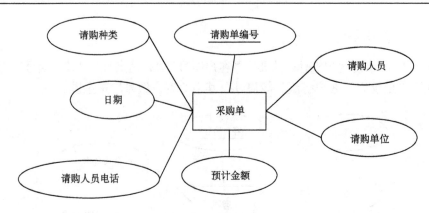

图 4-29　采购单实体

3. 地点实体与属性

企业的部门、小组、仓库等组织的单位可以看成地点的实体。例如，部门需要记录的属性有"部门编号""名称""地点""主管""电话"等，如图 4-30 所示。

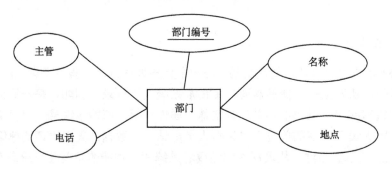

图 4-30　部门实体

4. 物体实体与属性

企业里的项目、机器、产品、物料等需要被记录在数据库中。以"产品"为实体，它的属性包括"产品编号""名称""定价""规格""库存量"等，如图 4-31 所示。以"机器"为实体，它的属性包括"机器编号""名称""地点""厂牌""规格""负责人"等，如图 4-32 所示。

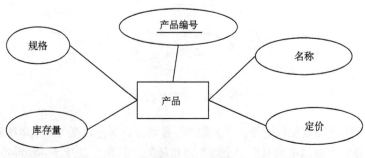

图 4-31　产品实体

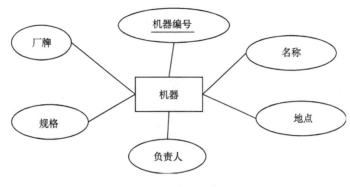

图 4-32 机器实体

4.9.4 联系

不属于人、事、地、物的其他实体当然也可以记录在数据库中。只要是需要记录的实体数据都可以放在数据库中，但是每个实体之间要有联系。下面来看看实体之间的联系。

联系是存在于一个或多个实体之间的自然的业务联系。联系可以表达为链接实体的事件，或者仅仅是存在于实体之间的逻辑关系。

在讨论联系时，需要研究联系的基数。基数定义了一个实体的实例与另一个实体的实例发生联系的最小和最大数。由于所有的联系都是双向的，所以在每一个联系的两个方向都需要定义基数。

根据基数的不同，实体之间主要有 3 种关联性：一对一、一对多和多对多。

1. 一对一的联系

如果对于实体集 A 中的每一个实体，实体集 B 中至多有一个实体与之联系，反之亦然，则称实体集 A 与实体集 B 具有一对一联系，记为 1∶1，如图 4-33 所示。例如，班级与班长之间的联系：一个班级只有一个班长，一个班长只在一个班中任职。

2. 一对多的联系

如果对于实体集 A 中的每一个实体，实体集 B 中有 n 个实体（$n \geq 0$）与之联系，反之，对于实体集 B 中的每一个实体，实体集 A 中至多只有一个实体与之联系，则称实体集 A 与实体集 B 有一对多联系，记为 1∶n，如图 4-34 所示。例如，班级与学生之间的联系：一个班中有若干名学生，每个学生只在一个班中学习。

3. 多对多的联系

如果对于实体集 A 中的每一个实体，实体集 B 中有 n 个实体（$n \geq 0$）与之联系，反之，对于实体集 B 中的每一个实体，实体集 A 中有 m 个实体（$m \geq 0$）与之联系，则称实体集 A 与实体 B 具有多对多联系，记为 $m∶n$，如图 4-35 所示。例如，课程与学生之间的联系：一门课程有若干个学生选修，一个学生可以选修多门课程。

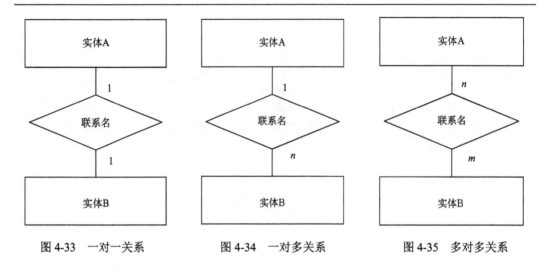

图 4-33　一对一关系　　　　图 4-34　一对多关系　　　　图 4-35　多对多关系

4.9.5　实体关系图的规范化

规范化的过程是检查数据库表格的设计，并且加以调整，让表格内的字段的键值能符合设计的原则，在新增、更新、删除记录数据时不至于发生错误。规范化规则有第一范式、第二范式、第三范式、BC 范式、第四范式，甚至是第五范式等。但是规范化的程度越深，关联表就会越多，需要更多的关联来存取。如此一来，从数据库执行效率而言，会比较有问题。所以在实际操作中不会将所有的规范化规则全部应用，一般只做到BC 范式即可。

各种范式之间存在联系：

$1NF \supset 2NF \supset 3NF \supset BCNF \supset 4NF \supset 5NF$

某一关系模式 R 为第 n 范式，可简记为 $R \in nNF$。

1. 第一范式（1NF）：无重复的列

所谓第一范式是指数据库表的每一列都是不可分割的基本数据项，同一列中不能有多个值，即实体中的某个属性不能有多个值或者不能有重复的属性。如果出现重复的属性，就需要定义一个新的实体，新的实体由重复的属性构成，新实体与原实体之间为一对多关系。在第一范式中，表的每一行只包含一个实例的信息。简而言之，第一范式就是无重复的列。

说明：在任何一个关系数据库中，第一范式是对关系模式的基本要求，不满足第一范式的数据库就不是关系数据库。

2. 第二范式（2NF）：消除部分子函数依赖

第二范式是在第一范式的基础上建立起来的，即满足第二范式必须先满足第一范式。第二范式要求数据库表中的每个实例或行必须可以被唯一地区分。为实现区分通常需要为表加上一个列，以存储各个实例的唯一标识。例如，员工信息表中加上了员工编号（emp_id）列，因为每个员工的员工编号是唯一的，因此每个员工可以被唯一区分。这个唯一属性列被称为主关键字或主键、主码。

第二范式要求实体的属性完全依赖于主关键字。所谓完全依赖是指不能存在仅依赖主关键字一部分的属性，如果存在，那么这个属性和主关键字的这一部分应该被分离出来形成一个新的实体，新实体与原实体之间是一对多的关系。为实现区分通常需要为表加上一个列，以存储各个实例的唯一标识。简而言之，第二范式就是属性完全依赖于主键。

3. 第三范式（3NF）：消除传递依赖

满足第三范式必须先满足第二范式。简而言之，第三范式要求一个数据库表中不包含在其他表中包含的非主关键字信息。例如，存在一个部门信息表，其中每个部门有部门编号（dept_id）、部门名称、部门简介等信息。那么在员工信息表中列出部门编号后就不能再将部门名称、部门简介等与部门有关的信息再加入员工信息表中。如果不存在部门信息表，则根据第三范式也应该构建它，否则就会有大量的数据冗余。简而言之，第三范式就是属性不依赖于其他非主属性。

4. BCNF（Boyce Codd Normal Form）

BCNF 范式是由 Boyce 和 Codd 提出的，比 3NF 更进了一步。通常认为，BCNF 是修正的第三范式。2NF 和 3NF 的定义都假设了 R 只有一个候选码，但一般情况下 R 可能有多个候选码，并且不同的候选码之间还可能相互重叠。3NF 不能处理 R 的一般情况（多个候选码）。BCNF 扩充了 3NF，可以处理 R 有多个候选码的情形。R 只有一个候选码时，BCNF 等价于 3NF。

规范化是关系型数据库设计的重要规则，其中第一范式可以说一开始就符合了，原因是当我们设计数据库时，以将单一值视为属性的基本原则不太可能犯错误。第二范式和第三范式却是很重要的概念，需要将所设计的基本关联表一一检查，以免出现不合理的设计或错误。

4.9.6 建立基本表

在完成了规范化之后，整张 ERD 就算完成了，由于规范化是审查数据库内关联表的设计，所以不用在项目开发的文件中加以记载，只需要记录整个 ERD 的状况和应该建立几个基本表。另外，还应该有一张外来键关系图。总的来说，在项目的文件中有关数据库设计的 3 个主要内容为：ERD、基本表和外来键关系图。

1. ERD

以实体关系图表示数据库的逻辑设计。ERD 内有一些实体，每个实体有其属性，实体与实体之间需要定义其联系，整个数据库必须有大于一个以上的实体，每个实体必须和一个以上的实体有联系。在画 ERD 时要看实体、属性的多寡，如果是一个大型的数据库，也许可以分开，以局部图的方式来画。另外，可以省略实体中的属性，只画出实体以及实体之间的关系。

2. 基本表

以表格的方式定义出基本关联表,将每一个基本表的内容,包括设计用的属性名称、字段名称、数据类型、格式、字段长度、条件限制和说明等定义出来。

3. 外来键关系图

以一张图来表示表和表之间的键值的关联性,以箭头来表示所有表的外来键对应于主键的关系。图 4-36 给出了销售管理模块中的主要的实体关系图,表 4-5 为给出的员工实体的基本表。在这里只是简略给出,并不进行深入探讨。

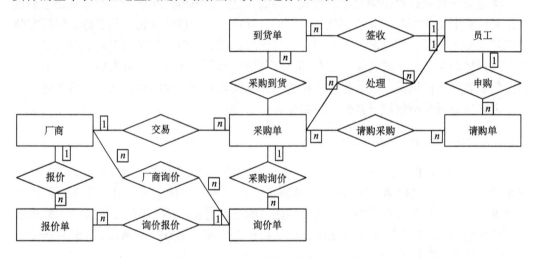

图 4-36　销售管理模块的实体关系图

表 4-5　员工实体的基本表

员工						
属性名称	字段名称	数据类型	格　式	字段长度	条件限制与说明	备注
员工号	Sno	char	99999999	8	共 8 位,前两位是入职的年份;第 3 位为岗位,经理为 1,一般员工为 2,其他为 3;第 4 和第 5 位为部门号;第 6 位为班组号;第 7 和第 8 位为座号	主键
员工姓名	Sname	char		20		
移动电话	Mphone	char	9999-999-999	12		
地址	Saddress	char		50	家庭完整的地址,包括门牌号	
班组编号	Dno	char	(999)	3	英文缩写	外键

4.10 案 例 训 练

依据前面介绍的知识，进行完整的 CRM 系统的数据库设计、图形设计和体系结构设计，熟悉信息系统设计的一般流程。

第5章 详细设计与实现

5.1 CRM系统的销售管理功能模块设计

系统开发的总体任务是使业务管理系统化、规范化、自动化，从而达到提高人们购物效率、提高服务质量等目的。

根据销售商品所需达到的要求设计具体的模块，包括登录模块、访客模块、会员模块、商城管理员模块等。

5.1.1 前台功能模块

主要包括以下7个子模块。系统前台用户功能模块如图5-1所示。

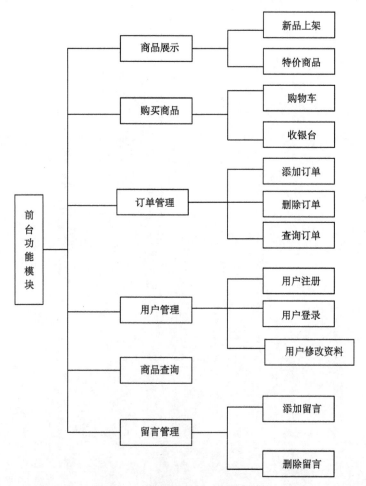

图5-1 系统前台用户功能模块图

（1）商品浏览模块：管理员及时更新，使得用户可以看到最新商品（含有图片），并用亮色标注特价商品。还可以单击更多按钮，分页浏览、查看详情介绍。

（2）商品查询模块：浏览页面左侧栏可以按照商品类别搜索自己中意的商品。

（3）购物车模块：顾客在浏览的过程中随时将中意的商品加入购物车，对购物车里面的商品可以进行删除、修改及清空等操作。

（4）收银台模块：当用户确定要购买购物车里的商品时，单击结账按钮并填写订单的详情。

（5）用户维护模块（信息）：主要是用户对自己信息的增删改查权限。

（6）订单查询模块：在客户意愿发生改变时对订单进行改正，浏览订单历史记录，订单是否准时发货等。

（7）留言模块：一是方便买家与卖家之间的交流，二是顾客之间的咨询。

5.1.2　后台功能模块

主要包括 5 个子模块，具体如图 5-2 所示。

（1）商品管理模块：对新品商品及时更新、特价商品亮色标注，以及商品的下架处理等。

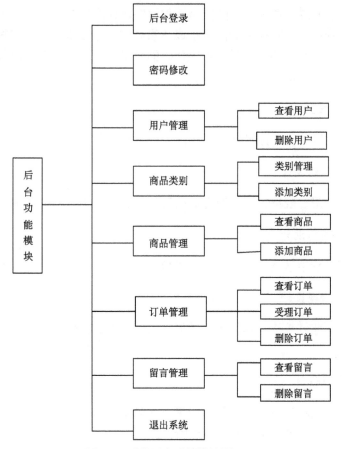

图 5-2　系统后台功能模块图

（2）用户管理模块：确保用户信息不能泄露，与用户自己维护的不同之处在于，只能对其进行查看与删除，无权限对其信息修改。

（3）管理员维护模块：只限于对自己的信息的操作。

（4）订单管理模块：负责对用户提交的订单进行授权处理。

（5）留言管理模块：随时在线与客户交流，解答疑难，反馈信息，有助于更好地提高信誉度。

5.2　详细设计的任务

详细设计虽然并不是直接用计算机程序设计语言编程，而是要细化概要设计的有关结果，形成软件的详细规格说明（相当于工程施工图纸），但它与编程思想、方法和风格等还是密切相关的。为了保证软件质量，软件详细规格说明既要正确，又要清晰易读，便于编码实现和验证。

5.2.1　详细设计的目标

详细设计阶段将具体地设计目标系统，得出新系统软件的详细规格。同时，要求设计出的规格简明易懂，便于下一阶段用某种程序设计语言在计算机上实现。

软件经过详细设计阶段之后，将形成一系列的程序规格说明。这些规格说明就像建筑物设计的施工图纸，决定了最终程序代码的质量。因此，如何高质量地完成详细设计是提高软件质量的关键。

5.2.2　详细设计的任务

详细设计主要依据详细设计的目标，完成下列任务。

1. 算法过程的设计

选择某种图形、表格、语言等合适的工具，表示处理过程的详细算法。

2. 数据结构的设计

对于处理过程中涉及的概念性数据类型进行确切的定义。

3. 数据库物理设计

主要确定那些依赖于具体使用的数据库系统的数据存储记录格式、存储方法和存储记录安排等。

4. 信息编码设计

信息编码是指将某些数据项的值用某一代号来表示，以提高数据的处理效率。在进行信息编码设计时，要求编码具有下述特点。

• 唯一性：一个代码只反映一个编码对象；

- 灵活性：代码应该能适应编码对象不断发展的需要，方便修改；
- 简洁性：代码结构应尽量简单，位数要尽量少；
- 一致性：代码格式要统一规划；
- 实用性：代码要尽可能地反映编码对象的特点，方便使用；
- 稳定性：代码不宜频繁变动。

5. 测试用例的设计

测试用例包括输入数据和预测结果等内容。由于进行详细设计的软件人员对处理过程的要求最清楚，因此由他们设计测试用例是最合适的。

5.3　详细设计的过程

面向对象设计在详细设计阶段主要完成对象的属性和方法的设计，称为面向对象程序的详细设计。面向对象程序的详细设计与结构化程序的详细设计相似，但也有其特殊之处，在设计时要认真考虑才能体现面向对象的优越性。

5.3.1　可重用性

重用也叫再用或复用，是指同一事物不做修改或稍加改动就可多次重复使用。广义地说，软件重用可分为以下 3 个层次：

（1）知识重用，例如，软件工程知识的重用；

（2）方法和标准的重用，例如，面向对象方法或国家制定的软件开发规范的重用；

（3）软件成分的重用。

这就说明软件重用需要反复考虑、精心设计。下面是复用所应遵循的一些主要准则。

（1）保证方法的内聚性。类的一种方法只完成一个功能或一组密切相关的功能。若类的一种方法涉及一些不相关的功能，应该把它分解成多个方法。

（2）减少方法的代码规模。如果实现一个方法的代码太长，应该把它分解成更小的方法。

（3）保持方法对外接口的一致性。相同或相似的方法应该保持一致的名称、参数、返回值、条件等。

（4）分离策略方法和实现方法。从所完成的功能看，有两种类型的方法。一种类型的方法负责做出决策，提供变元，管理全局资源，称为策略方法；另一种类型的方法负责完成具体的操作，但不做出是否执行这个操作的决定，也不知道为什么执行这个操作，称为实现方法。策略方法应该检查系统的运行状态，并处理出错情况，但不直接完成具体的计算或实现复杂的算法。实现方法仅仅针对具体数据完成特定的处理，通常用于实现复杂的算法。实现方法并不制定策略，也不管理全局资源，也不对错误进行处理（只是返回错误状态）。由于实现方法是自含式算法，相对独立于具体应用，因此可以复用它们。

（5）方法应均匀覆盖数据。如果方法只覆盖了操作数据的一部分，应该增加覆盖其他部分的方法。例如，若存在一个方法获得表对象的第一个元素，则相对应地应该增加一个方法来获得表对象的第一个元素，再增加一个方法来获得表对象的最后一个元素。

（6）加强封装性。应该尽量只操作对象内部的数据，而避免操作全局数据。

（7）减少方法的耦合性。

（8）利用继承机制。在面向对象程序中，使用继承机制是实现共享和提高复用性的主要方法。

5.3.2　可扩展性

可扩展性是软件质量的一个重要指标。面向对象技术的继承和多态性机制使得程序代码具有很好的可扩展性。在面向对象程序设计中，通常依据下面几个准则来增强代码的可扩展性。

1. 封装数据

类的内部数据通常对其他类是隐藏的，应该把这些数据封装起来。其他类只有通过该类的方法才能访问这些数据。

2. 封装方法内部的数据结构

方法内部的数据结构通常是为实现方法的算法而设计的。因此，不应该从方法外部获取这些数据结构，否则就失去了改变算法的灵活性。

3. 避免情况分支语句

情况分支语句可以用来测试对象内部的属性，但不能根据对象类型选择相应的行为。因为如果这样做，在增加新类时将不得不修改原有的代码。因此，应该合理地利用多态性机制，根据对象当前的类型，自动决定应有的行为。

4. 区分公有方法和私有方法

公有方法是对象的对外接口，其他对象只能使用公有方法访问对象。公有方法通常不应该修改和删除，否则会导致整个系统的全面修改。私有方法是对象内部的方法，通常用来辅助实现公有方法，对外是不可见的。区分公有方法和私有方法可以避免程序员卷入不必要的内部细节当中。

5.3.3　健壮性

程序员在编写实现方法的代码时，既应该考虑效率，也应该考虑健壮性。通常需要在健壮性与效率之间做出适当的折中。必须认识到，对于任何一个实用软件来说，健壮性都是不可忽略的质量指标。为提高健壮性应该遵守以下几条准则。

1. 预防用户的操作错误

软件系统必须具有处理用户操作错误的能力。当用户在输入数据时发生错误，不应该引起程序运行中断，更不应该造成死机。任何一个接收用户输入数据的方法，对其接收到的数据都必须进行检查，即使发现了非常严重的错误，也应该给出恰当的提示信息，并准备再次接收用户的输入。

2. 检查参数的合法性

对公有方法，尤其应该着重检查其参数的合法性，因为用户在使用公有方法时可能违反参数的约束条件。

3. 不要预先确定限制条件

在设计阶段，往往很难准确地预测出应用系统中使用的数据结构的最大容量需求。因此不应该预先设定限制条件。如果有必要和可能，则应该使用动态内存分配机制，创建未预先设定限制条件的数据结构。

4. 先测试后优化

在效率与健壮性之间做出合理的折中，应该在为提高效率而进行优化之前，先测试程序的性能，事实上大部分程序代码所消耗的运行时间并不多。应该仔细研究应用程序的特点，以确定哪些部分需要着重测试（例如，最坏情况出现的次数及处理时间，可能需要着重测试）。经过测试，合理地确定为提高性能应该着重优化的关键部分。如果实现某个操作的算法有许多种，则应该综合考虑内存需求、速度及实现的简易程度等因素，经合理折中选定适当的算法。

5.4 Java EE 体系结构

Java EE 是一种技术规范，它给开发人员提供了一种工作平台，它定义了整个标准的应用开发体系结构和部署环境。在这个体系结构中，应用开发者的注意力集中在封装商业逻辑和商业规则上，一切与基础结构服务相关的问题以及底层分配问题都由应用程序容器或者服务器来处理。Java EE 应用程序开发人员可以集中考虑应用程序的逻辑和相关的服务，而把所有基础结构相关的服务交由运行环境实现。要了解 Java EE 的体系结构，我们需要从两个方面入手，Java EE 容器的体系结构和 Java EE 应用体系结构。

容器是运行在服务器上的软件实体，用于管理特定类型的组件。它主要包括 JSP、Servlet 和 JavaBean 等技术。

5.4.1 JSP 概述

JSP（Java Server Pages）是由 Sun Micro Systems 公司倡导、许多公司参与一起建立的一种动态网页技术标准。该技术为创建显示动态生成内容的 Web 页面提供了一个简洁而快速的方法。JSP 技术的设计目的是使得构造基于 Web 的应用程序更加容易和快捷，而这些应用程序能够与各种 Web 服务器、应用服务器、浏览器和开发工具共同工作。JSP 规范是 Web 服务器、应用服务器、交易系统，以及开发工具供应商间广泛合作的结果。在传统的网页 HTML 文件（*.htm,*.html）中加入 Java 程序片段（Scriptlet）和 JSP 标记（tag），就构成了 JSP 网页（*.jsp）。Web 服务器在遇到访问 JSP 网页的请求时，首先执行其中的程序片段，然后将执行结果以 HTML 格式返回给客户。程序片段可以操作数据库、重新定向网页以及发送 Email 等，这就是建立动态网站所需要的功能。所有程序操作都在服务器端执行，网络上传送给客户端得仅是得到的结果，对客户浏览器的要求最低，可以实现无 Plugin，无 ActiveX，无 Java Applet，甚至无 Frame。

JSP 技术在多个方面加速了动态 Web 页面的开发。

1）将内容的生成和显示进行分离

使用 JSP 技术，Web 页面开发人员可以使用 HTML 或者 XML 标识来设计和格式化最终页面。使用 JSP 标识或者小脚本来生成页面上的动态内容（内容是根据请求来变化的，例如请求账户信息或者特定的一瓶酒的价格）。生成内容的逻辑被封装在标识和 Java Beans 组件中，并且捆绑在小脚本中，所有的脚本在服务端运行。如果核心逻辑被封装在标识和 Beans 中，那么其他人，如 Web 管理人员和页面设计者，能够编辑和使用 JSP 页面，而不影响内容的生成。在服务端，JSP 引擎解释 JSP 标识和小脚本生成所请求的内容（例如，通过访问 Java Beans 组件，使用 JDBCTM 技术访问数据库，或者包含文件），并且将结果以 HTML（或者 XML）页面的形式发送回浏览器。这有助于保护自己的代码，而又保证任何基于 HTML 的 Web 浏览器的完全可用性。

2）强调可重用的组件

绝大多数 JSP 页面依赖于可重用的、跨平台的组件（Java Beans 或者 Enterprise Java Beans TM 组件）来执行应用程序所要求的更为复杂的处理。开发人员能够共享和交换执行普通操作的组件，或者使得这些组件为更多的使用者或者客户团体所使用。基于组件的方法加速了总体开发过程，并且使得各种组织在它们现有的技能和优化结构的开发努力中得到平衡。

3）采用标识简化页面开发

Web 页面开发人员不会都是熟悉脚本语言的编程人员。Java Server Page 技术封装了许多功能，这些功能是在易用的、与 JSP 相关的 XML 标识中进行动态内容生产所需要的。标准的 JSP 表示能够访问和实例化 Java Beans 组件，设置或者检索组件属性，下载 Applet，以及执行用其他方法更难于编码和耗时的功能。

通过开发定制化标识库，JSP 技术是可以扩展的。第三方开发人员和其他人员可以为常用功能创建自己的表示库。这使得 Web 页面开发人员能够使用熟悉的工具和如同标识一样的执行特定功能的构建来工作。

JSP 技术很容易整合到多种应用体系结构中，以利用现存的工具和技巧，并且扩展到能够支持企业级的分布应用。作为采用 Java 技术家族的一部分，以及 Java EE（企业版本体系结构）的一个组成部分，JSP 技术能够支持高度复杂的基于 Web 的应用。

由于 JSP 页面的内置脚本语言是基于 Java 编程语言的，而且所有的 JSP 页面都被编译成为 Java Servlet，JSP 页面就具有 Java 技术的所有好处，包括健壮的存储管理和安全性。作为 Java 平台的一部分，JSP 拥有 Java 编程语言"一次编写，各处运行"的特点。随着越来越多的供应商将 JSP 支持添加到他们的产品中，您可以使用自己选择的服务器和工具，更改工具或服务器并不影响当前的应用。当与 Java2 平台、企业版（Java EE）和 Enterprise Java Bean 技术整合时，JSP 页面将提供企业级的扩展性和性能，这对于在虚拟企业中部署基于 Web 的应用是必需的。

4）技术分析

JSP 和 ASP 从形式上非常相似，ASP 程序员一眼就能认出<%%>以及<%=%>。但是深入探究下去会发现它们有很多的差别，其中最主要的有以下 3 点：JSP 的效率和安全性更高；JSP 的组件（Component）方式更方便；JSP 的适应平台更广。

5.4.2　Servlet 概述

Servlet 是使用 Java Servlet 应用程序设计接口（API）及相关类和方法的 Java 程序。除了 Java Servlet API，Servlet 还可以使用用以扩展和添加到 API 的 Java 类软件包。Servlet 在启用 Java 的 Web 服务器上或应用服务器上运行并扩展了该服务器的能力。Java Servlet 对于 Web 服务器就好像 Java applet 对于 Web 浏览器。Servlet 装入 Web 服务器并在 Web 服务器内执行，而 applet 装入 Web 浏览器并在 Web 浏览器内执行。Java Servlet API 定义了一个 Servlet 和 Java 使能的服务器之间的一个标准接口，这使得 Servlet 具有跨服务器平台的特性。

Servlet 通过创建一个框架来扩展服务器的能力，以提供在 Web 上进行请求和响应服务。当客户机发送请求至服务器时，服务器可以将请求信息发送给 Servlet，并让 Servlet 建立起服务器返回给客户机的响应。当启动 Web 服务器或客户机第一次请求服务时，可以自动装入 Servlet。装入后，Servlet 继续运行直到其他客户机发出请求。Servlet 的功能涉及范围很广。Servlet 可完成如下功能：

- 创建并返回一个包含基于客户请求性质的动态内容的完整的 HTML 页面。
- 创建可嵌入现有 HTML 页面中的一部分 HTML 页面（HTML 片段）。
- 与其他服务器资源（包括数据库和基于 Java 的应用程序）进行通信。
- 用多个客户机处理连接，接收多个客户机的输入，并将结果广播到多个客户机上。例如，Servlet 可以是多参与者的游戏服务器。
- 当允许在单链接方式下传送数据的情况下，在浏览器上打开服务器至 applet 的新连接，并将该连接保持在打开状态。当允许客户机和服务器简单、高效地执行会话的情况下，applet 也可以启动客户浏览器和服务器之间的连接。可以通过定制协议或标准（如 IIOP）进行通信。
- 对特殊的处理采用 MIME 类型过滤数据，例如图像转换和服务器端包括（SSI）。
- 将定制的处理提供给所有服务器的标准例行程序。例如，Servlet 可以修改如何认证用户。

5.4.3　Java Bean 技术

Java Bean 是一种可重复使用且跨平台的软件组件。Java Bean 可分为两种：一种是有用户界面（User Interface，UI）的 Java Bean；还有一种是没有用户界面、主要负责处理事务（如数据运算，操纵数据库）的 Java Bean。JSP 通常访问的是后一种 Java Bean。

JSP 与 Java Bean 搭配使用，有以下 3 个好处：

· 使得 HTML 与 Java 程序分离，这样便于维护代码。如果把所有的程序代码都写到 JSP 网页中，会使得代码繁杂，难以维护。

· 可以降低开发 JSP 网页人员对 Java 编程能力的要求。

· JSP 侧重于生成动态页面，事务处理由 Java Bean 来完成，这样可以充分利用 Java Bean 组件的可重用性特点，提高开发网站的效率。

一个标准的 Java Bean 有以下几个特性：

· Java Bean 是一个公共的（public）类。

· Java Bean 有一个不带参数的构造方法。

· Java Bean 通过 getXxx 方法设置属性，通过 setXxx 方法获取属性。

5.5　基于 MVC 的 SSM 框架软件开发模式简介

Spring MVC+Spring+Mybatis 简称 SSM，其中 Spring MVC 进行流程控制，Spring 进行业务流转，Mybatis 进行数据库操作的封装，如图 5-3 所示。

Spring 的 MVC 设计模式可以使我们的逻辑变得很清晰。Spring 的 IOC 和 AOP 可以使产品在最大限度上解耦。Mybatis 是实体对象的持久化了典型的 J2EE 三层结构，分为表现层、中间层（业务逻辑层）和数据服务层。三层体系将业务规则、数据访问及合法性校验等工作放在中间层处理。客户端不直接与数据库交互，而是通过组件与中间层建立连接，再由中间层与数据库交互。

Web 层，就是 MVC 模式里面的"C"（controller），负责控制业务逻辑层与表现层的交互，调用业务逻辑层，并将业务数据返回给表现层做组织表现，该系统的 MVC 框架采用 Struts。Service 层（就是业务逻辑层）负责实现业务逻辑。业务逻辑层以 DAO 层为基础，通过对 DAO 组件的正面模式包装，完成系统所要求的业务逻辑。DAO 层负责与持久化对象交互。该层封装了数据的增、删、查、改的操作。PO 为持久化对象，通过实体关系映射工具将关系型数据库的数据映射成对象，很方便地实现以面向对象方式操作数据库，该系统采用 Mybatis 作为 ORM 框架。 Spring 的作用贯穿了整个中间层，将 Web 层、Service 层、DAO 层及 PO 无缝整合。

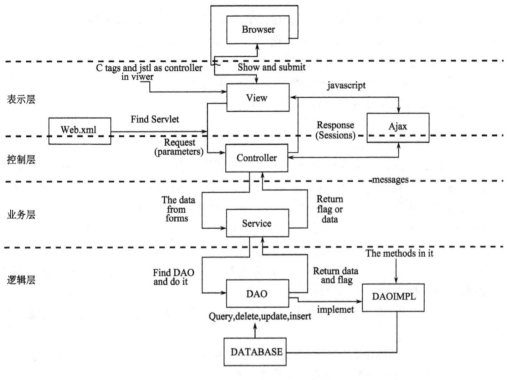

图 5-3　SSM 框架整合图

5.5.1　Spring MVC 工作流程

（1）用户向服务器发送请求，请求被 Spring 前端控制 Servelt DispatcherServlet 捕获。

（2）DispatcherServlet 对请求 URL 进行解析，得到请求资源标识符（URI）。然后根据该 URI 调用 HandlerMapping 获得该 Handler 配置的所有相关的对象（包括 Handler 对象以及 Handler 对象对应的拦截器），最后以 HandlerExecutionChain 对象的形式返回。

（3）DispatcherServlet 根据获得的 Handler，选择一个合适的 HandlerAdapter。如果成功获得 HandlerAdapter，此时将开始执行拦截器的 preHandler（...）方法。

（4）提取 Request 中的模型数据，填充 Handler 入参，开始执行 Handler（Controller）。在填充 Handler 的入参过程中，根据你的配置，Spring 将帮你做一些额外的工作。

• HttpMessageConveter：将请求消息（如 Json、xml 等数据）转换成一个对象，将对象转换为指定的响应信息。

• 数据转换：对请求消息进行数据转换。如将 String 转换成 Integer、Double 等。

• 数据格式化：对请求消息进行数据格式化。如将字符串转换成格式化数字或格式化日期等。

• 数据验证：验证数据的有效性（长度、格式等），验证结果存储到 BindingResult 或 Error 中。

（5）Handler 执行完成后，向 DispatcherServlet 返回一个 ModelAndView 对象。

（6）根据返回的 ModelAndView，选择一个适合的 ViewResolver（必须是已经注册到 Spring 容器中的 ViewResolver）返回给 DispatcherServlet。

（7）ViewResolver 结合 Model 和 View 来渲染视图。

（8）将渲染结果返回给客户端。

5.5.2　Mybatis 简介

（1）加载配置：配置来源于两个地方，一是配置文件，一是 Java 代码的注解。将 SQL 的配置信息加载成为一个 mybatis 结构，mybatis 结构的 MappedStatement 对象（包括了传入参数映射配置、执行的 SQL 语句、结果映射配置）存储在内存中。

（2）SQL 解析：当 API 接口层接收到调用请求时，会接收到传入 SQL 的 ID 和传入对象（可以是 Map、JavaBean 或者基本数据类型），Mybatis 会根据 SQL 的 ID 找到对应的 MappedStatement，然后根据传入参数对象对 MappedStatement 进行解析，解析后可以得到最终要执行的 SQL 语句和参数。

（3）SQL 执行：将最终得到的 SQL 和参数拿到数据库进行执行，得到操作数据库的结果。

（4）结果映射：将操作数据库的结果按照映射的配置进行转换，可以转换成 HashMap、JavaBean 或者基本数据类型，并将最终结果返回。

5.5.3　Spring 简介

Spring 是一个开源框架，它由 Rod Johnson 创建。它是为了解决企业应用开发的复杂性而创建的。Spring 使用基本的 Java Bean 来完成以前只可能由 EJB 完成的事情。然而，Spring 的用途不仅限于服务器端的开发，从简单性、可测试性和松耦合的角度来看，任何 Java 应用都可以从 Spring 中受益。

它使用基本的 JavaBean 代替 EJB，并提供了更多的企业应用功能。

简单来说，Spring 是一个轻量级的控制反转（IoC）和面向切面（AOP）的容器框架。

（1）轻量——从大小与开销两方面而言 Spring 都是轻量的。完整的 Spring 框架可以在一个大小只有 1MB 多的 JAR 文件里发布。并且 Spring 所需的处理开销也是微不足道的。此外，Spring 是非侵入式的：典型地，Spring 应用中的对象不依赖于 Spring 的特定类。

（2）控制反转——Spring 通过一种被称作控制反转的技术促进了松耦合。应用了 IoC，一个对象的依赖其他对象会通过被动的方式传递进来，而不是这个对象自己创建或者查找依赖对象。你可以认为 IoC 与 JNDI 相反，不是对象从容器中查找依赖，而是容器在对象初始化时不等对象请求就主动将依赖传递给它。

（3）面向切面——Spring 提供了面向切面编程的丰富支持，允许通过分离应用的业务逻辑与系统级服务（例如审计（auditing）和事务（transaction）管理）进行内聚性的开发。应用对象只实现它们应该做的，完成业务逻辑，仅此而已。它们并不负责（甚至是意识）其他的系统级关注点，例如日志或事务支持。

（4）容器——Spring 包含并管理应用对象的配置和生命周期，在这个意义上它是一种容器，你可以配置你的每个 bean 如何被创建——基于一个可配置原型（prototype），你的 bean 可以创建一个单独的实例或者每次需要时都生成一个新的实例——以及它们是如何相互关联的。然而，Spring 不应该被混同于传统的重量级的 EJB 容器，它们经常是庞大与笨重的，难以使用。

（5）框架——Spring 可以将简单的组件配置、组合为复杂的应用。在 Spring 中，应用对象被声明式地组合，典型地是在一个 XML 文件里。Spring 也提供了很多基础功能（事务管理、持久化框架集成等），将应用逻辑的开发留给了你。

所有 Spring 的这些特征使你能够编写更干净、更可管理并且更易于测试的代码。它们也为 Spring 中的各种模块提供了基础支持。

5.6　基于 SSM 的 CRM 系统架构设计

CRM 系统采用 Java EE 多层架构，分别为表示层、模型层、控制层、DAO 工厂模式、DAO 层、数据库层。其中以 Spring MVC 为主导，并整合 Mybatis 框架和 Spring 框架，工厂设计模式，体现出了严格的 MVC 设计模式的体系层次，将业务规则及数据库访问等操作放置于中间层处理，客户端不直接与数据库交互，而是通过控制器与中间件建立连接，再由中间层与数据库交互。为了更清晰的表达这种层次关系，可参考如图 5-4 所示的系统模型架构图。

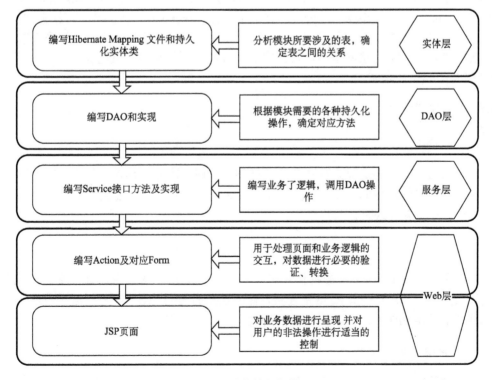

图 5-4　系统整体架构图

5.6.1 开发运行环境的设置

软硬件支持如下。

服务器端：操作系统为 Windows 2000 或者 Windows XP。

Web 服务器：Tomcat6.0。

硬件要求：内存最小为 512M，硬盘最小为 30G。

数据库服务端：MySQL5.0 数据库。

客户端：配有 Windows OS 的浏览器，如 Firefox，IE6+等。

硬件要求：内存最小为 256M，硬盘最小为 50G。

本系统开发采用 MyEclipse 12.0 开发平台，通过 Tomcat 数据源进行数据交换。

5.6.2 系统框架的整合

现在来具体描述 CRM 系统的整合框架，该系统是基于 Spring MVC-Spring-Mybatis 来搭建的，如图 5-4 所示。SSM 整合的基本原理具体体现在下面两个方面：

1）Spring MVC 的整合

当用户通过 JSP 页面提交请求时，Struts 的 DispatcherServlet 来处理所有请求，通过用 HandlerMapping 以及 HandlerAdapter 来处理 Handler，代码的可复用性高。

2）Spring-Mybatis 的整合原理

Spring 通过操作 Mybatis 中的 DAO 实现类的 DAO 接口来操作数据库，具体的实现由 Mybatis 来完成。让 Mybatis 的每个 DAO 实现类都继承 org.springframework.orm. Mybatis.support。MybatisDao-Support 类通过 getHibernateTemplate0 方法返回一个 MybatisTemplate 对象，根据一系列 O／R 映射文件以及数据源或连接池与数据库进行连接，实现"操作一个对象就是操作数据库的一行数据"的目的，从而完成 Spring 层对 DAO 接口的操作的响应。

5.6.3 外部接口设计

1. 用户接口

呈现在用户面前的是服务器生成的、友好的 HTML 界面，为尽量减少用户记忆负担，采取有助于记忆的图标提示设计方案。注意页面上下平衡，不能堆积数据。采用统一的框架设计，保证各模块设计风格统一。

2. 通信接口

由于系统采用 B/S 架构，数据传输协议主要以 TCP/IP 协议为主，因此客户机都需要安装以太网网卡，并能提供 RJ45 的连接，保证数据的传输。每个用户都需宽带连接，并在此基础上采用 PPTP 协议组建 VPN 实现与服务器的连接。

3. 客户端交互接口

系统同用户端交互所使用的外部接口，要用到 JDK 和 Servlet API，即 javax.servlet

和 javax.servlet.http 两个包中的接口。当一个 Action 响应来自客户端的请求时,它的主要任务就是处理两个接口对象:一个是 ServletRequest,另一个是 ServletResponse。其中 ServletRequest 接口处理从客户端到服务器之间的联系,而 ServletRequest 接口处理从客户端到服务器之间的联系,ServletResponse 处理从 Action 返回客户端的联系。

ServletRequest 接口可以获取由客户端传送的参数名称,客户端正在使用的网络协议,提交请求且接受请求的服务器远端主机名这样的信息。它也将获取客户端数据的输入流即 ServletInputStream 给 Action,这些数据一般是客户端中使用 HTTP POST 或者 PUT 方法提交的。

ServletResponse 接口给出了响应的客户请求的方法,它允许 Action 设置内容长度和回复响应的 MIME 类型,并且提供输入流,即 ServletOutputStream 给 Action。服务器可以通过它给出客户端相应数据。同 ServletRequest 一样,ServletResponse 子类也可以给出更多的协议特征信息。

4. 数据库交互接口

在与数据库端交互时,使用 Tomcat 数据源代替传统的 JDBC 技术,使用连接池能提高系统访问性能,同时也体现出了 Java 的跨平台性。当我们需要跨数据库时,我们只需修改配置文件,并不需要修改 Java 文件。

5.6.4　业务流程设计

根据系统用户需求,可总结出业务流程如图 5-5 所示。

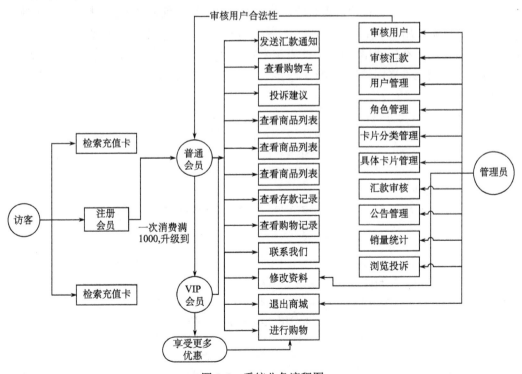

图 5-5　系统业务流程图

5.6.5　访客模块

由于 CRM 系统的销售管理模块的内容很多，本节挑选一个比较有代表性的访客模块进行描述。访客模块主要分为注册会员、检索并查看产品信息（具体充值卡信息）。下面依次进行介绍。

1. 注册会员

注册会员，界面如图 5-6 所示。

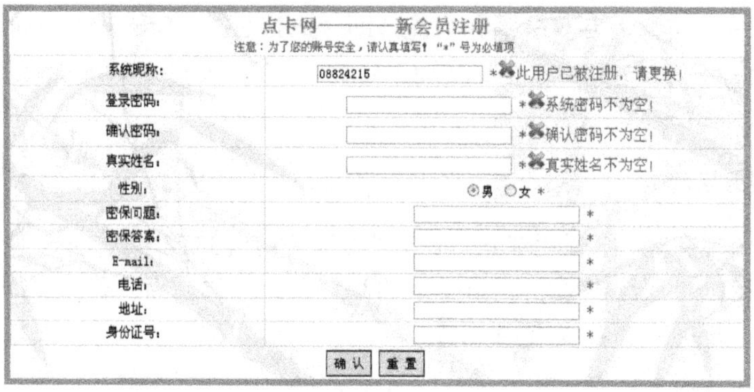

图 5-6　注册会员界面

在注册会员时，我们必须检查系统昵称是否存在，这里使用 Ajax 异步检查每个输入条件，虽然这里使用了 jQuery（jQuery 分装了 Ajax），因为本次是设计研究，我们得关注它底层的实现，不去使用 jQuery 的方法来实现 Ajax，而只是用 jQuery 中对 DOM 操作的方法，我们还是采用传统的 Ajax 三步调用方法。关键代码如下：

```
var xmlHttp;
    var flag = false;
    function createXMLHttp(){              // 第一步：创建XMLHttpRequest对象
        if(window.XMLHttpRequest){
            xmlHttp = new XMLHttpRequest() ;
        } else {
            xmlHttp = new ActiveXObject("Microsoft.XMLHTTP") ;
        }
    }
    function checkUseridCallback(){       // 第二步：回调函数
        if(xmlHttp.readyState == 4){
            if(xmlHttp.status == 200){
                var text = xmlHttp.responseText ;
                if(text == "true"){       // 用户id已经存在了
                    $("#msg_userId").html("<img
src='images/wrong.gif'>"+"<font color='red'>此用户已被注册，请更换！</font>");
```

```
                    return false ;
              }else{
                    $("#msg_userId").html("<img
src='images/right.gif'>"+"<font color='red'>此用户可以被注册！</font>");
                    return true;
        }    }    }          }
    function checkUserid(userid){               // 第三步：发送请求
          if(userid == ""){
                $("#msg_userId").html("<img src='images/wrong.gif'>"+"<font
color='red'>系统昵称不为空！</font>");
                return false;
          }else{
                createXMLHttp() ;
                xmlHttp.open("POST","CheckServlet?userid="+userid) ;
                xmlHttp.onreadystatechange = checkUseridCallback ;
                xmlHttp.send(null) ;
          }
    }
```

在当所有字段验证完之后，需要使用 DAO 实现类方法对其进行注册新用户操作，具体流程如图 5-7 所示。

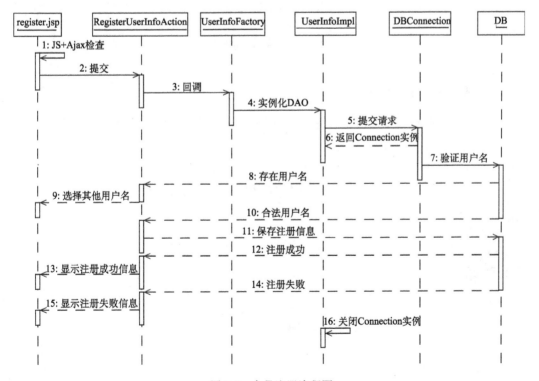

图 5-7　会员注册流程图

2. 检索相应充值卡

输入相应关键字可以从数据库中检索出相应充值卡，如果能检索到，则把检索到的充值卡以分页的形式显示在页面上；如果未检索到，则不显示相应充值卡。实现其查询详情的原理，该流程如图 5-8 所示。

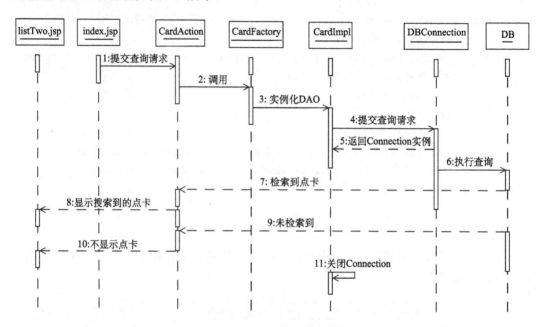

图 5-8　检索充值卡流程图

3. 查看指定充值卡信息

在主页单击某张充值卡，将会查询它的详细信息，如图 5-9 所示。

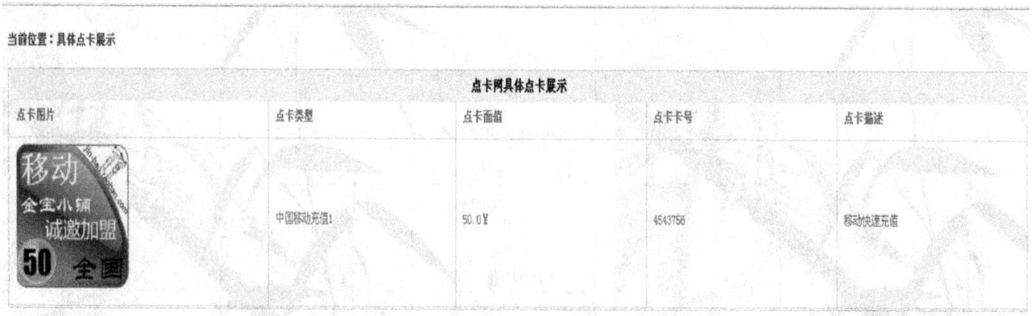

点卡图片	点卡类型	点卡面值	点卡卡号	点卡描述
	中国移动充值1	50.0¥	4543758	移动快速充值

图 5-9　查询某张充值卡信息

5.6.6　会员模块

会员模块除了拥有访客的功能外，还包括个人管理、会员特权操作、综合信息等，下面依次分类进行介绍。会员登录后界面如图 5-10 所示。

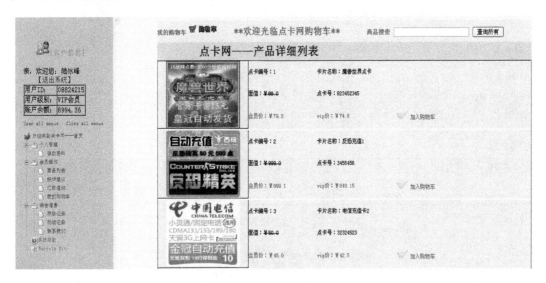

图 5-10　会员登录后界面

会员系统逻辑层中每个具体的业务功能类及其各自所实现的接口，如图 5-11 所示。

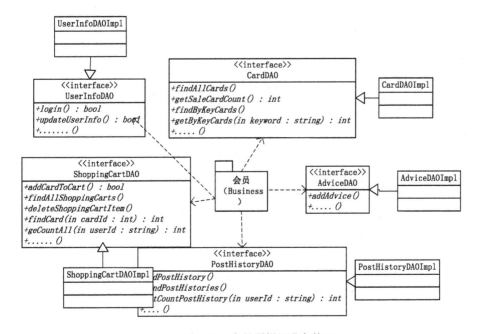

图 5-11　会员逻辑层业务接口

1. 会员购物操作

会员可在如图 5-10 所示界面查询所需点卡，假如需购买"联通充值卡"和"征途/巨人"充值卡，并单击"加入购物车"按钮（如果未登录，将出现登录警告提示），即可购买。然后可查看自己的购物车，如图 5-12 所示。

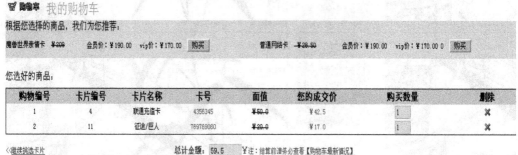

图 5-12　查看购物车

以上计算使用 Java Script 进行总金额计算，其实现流程如图 5-13 所示。

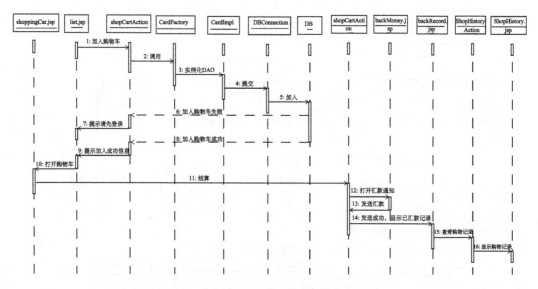

图 5-13　会员购物流程图

2. 会员汇款操作

当用户单击"结算"按钮时，系统会要求确认进行汇款，如图 5-14 所示。

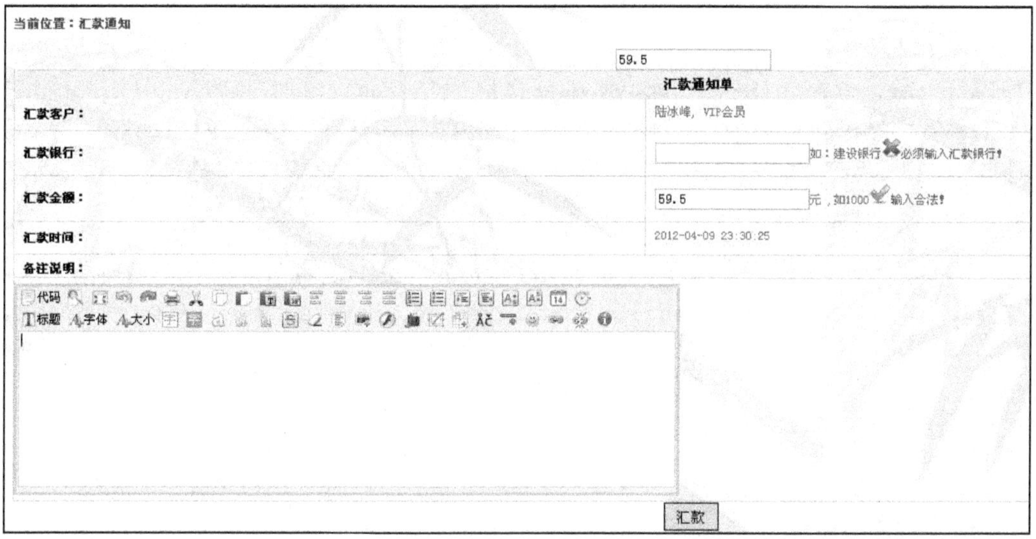

图 5-14　用户汇款界面

当系统确认无误后，单击"汇款"按钮进行汇款。汇款成功后将跳转到汇款记录页面，如图 5-15 所示。

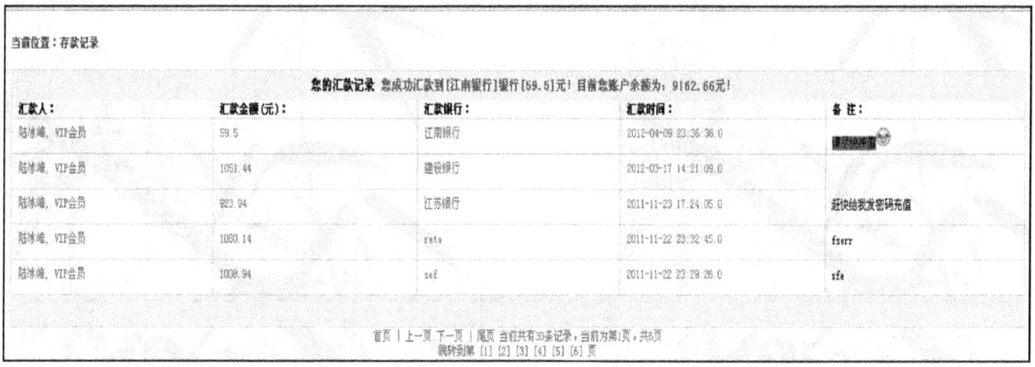

图 5-15　用户汇款记录

实现汇款方法的关键流程如图 5-13 所示。但在，在 Action 中有一大难点，与其他 Action 相比，此 Action 比较特殊，这里是动态创建 SQL，因为当会员一次性消费满 1000 元时，要能自动升级为 VIP 会员。实现代码如下：

```
else if (total >= 1000){ //一次性消费满1000,升级为VIP会员
        for(int i=0;i<buyNumber.length;i++){
```

```
            if (!buyNumber[i].equals("0") && !"".equals(buyNumber[i])) {
            try {
                sql1 = "insert into ShopHistory values( '"+new Integer(0)+"',
'"+request.getSession().getAttribute("userid").toString()+"','"+cardId[i]+
"', " +
                                                        "
'"+DateTime.getDate()+"','"+buyNumber[i]+"','"+real[i]+"' )";
    sql2 = "delete from ShoppingCart  where CardId='"+cardId[i]+"'";
    sql3 = "update card set CardStateId=1 where CardId='"+cardId[i]+"' ";
                                        stmt1 = conn.createStatement();
                    int count1 = stmt1.executeUpdate(sql1);   //执行增加
                    int count2 = stmt1.executeUpdate(sql2);   //执行删除
                    int count3 = stmt1.executeUpdate(sql3);   //执行修改卡片状
态
                                //….省略其他
    }
```

3. 查看购物记录

会员在汇款完成后，代表购物完成，可以查询购物记录，界面如图 5-16 所示。

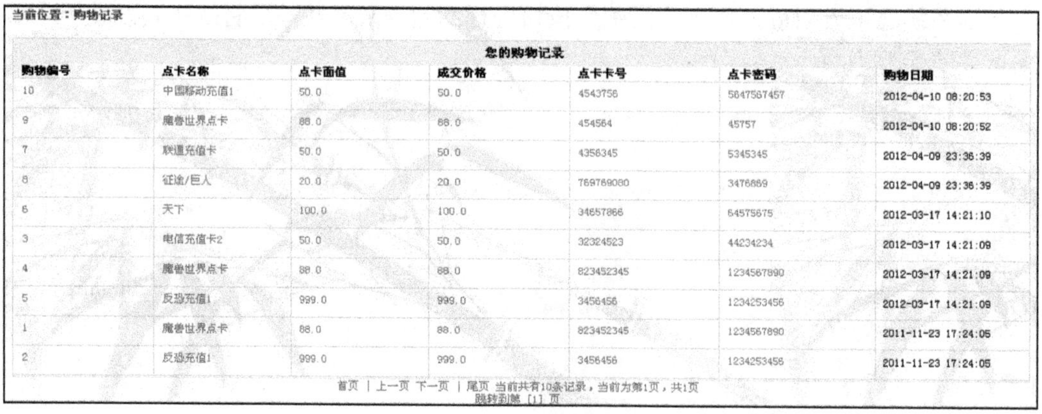
当前位置：购物记录

您的购物记录

购物编号	点卡名称	点卡面值	成交价格	点卡卡号	点卡密码	购物日期
10	中国移动充值1	50.0	50.0	4543756	5647567457	2012-04-10 08:20:53
9	魔兽世界点卡	88.0	88.0	454564	45757	2012-04-10 08:20:52
7	联通充值卡	50.0	50.0	4356345	5345345	2012-04-09 23:36:39
8	征途/巨人	20.0	20.0	769769080	3476869	2012-04-09 23:36:39
6	天下	100.0	100.0	34657866	64575675	2012-03-17 14:21:10
3	电信充值卡2	50.0	50.0	32324523	44234234	2012-03-17 14:21:09
4	魔兽世界点卡	88.0	88.0	823452345	1234567890	2012-03-17 14:21:09
5	反恐充值1	999.0	999.0	3456456	1234253456	2012-03-17 14:21:09
1	魔兽世界点卡	88.0	88.0	823452345	1234567890	2011-11-23 17:24:05
2	反恐充值1	999.0	999.0	3456456	1234253456	2011-11-23 17:24:05

首页 | 上一页 下一页 | 尾页 当前共有10条记录，当前为第1页，共1页
跳转到第 [1] 页

图 5-16　用户购物记录

5.6.7　商城管理员模块

管理模块的主要作用是为整个商城提供管理和维护，包括个人操作、系统管理和综合信息管理等，其登录界面如图 5-17 所示。

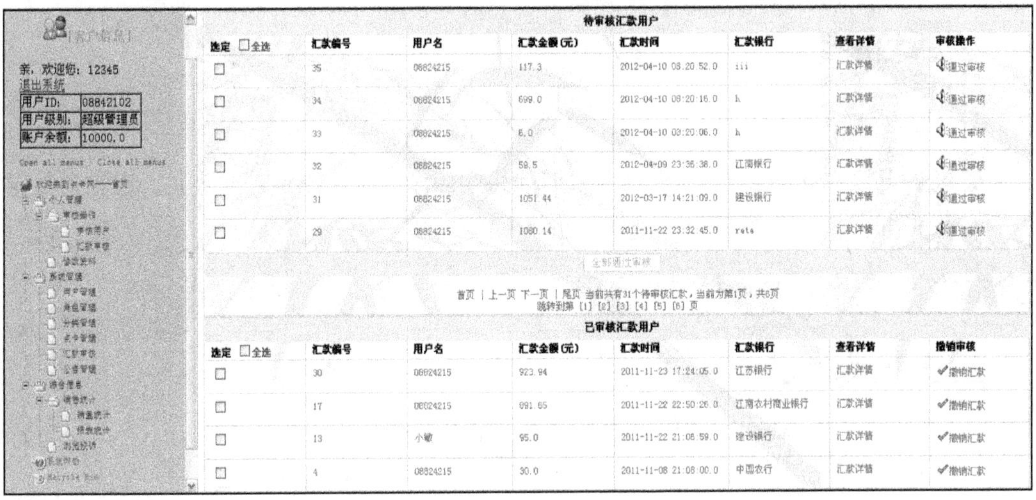

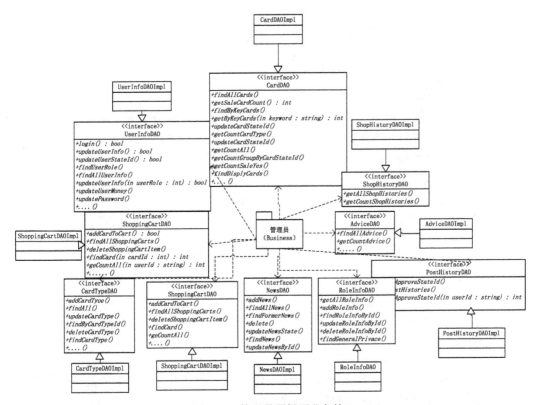

图 5-17　管理员登录界面

　　管理员的功能相当多，包括用户审核、汇款审核、用户管理、角色管理、充值卡分类管理、点卡信息管理、前台公告管理、销量统计、投诉处理等。这里只选择几个典型模块介绍。接下来看管理员的系统逻辑层中每个具体的业务功能类及其各自所实现的接口，如图 5-18 所示。

图 5-18　管理员逻辑层业务接口

5.6.8 审核操作

1. 审核用户

管理员可以在如图 5-17 所示界面审核注册的用户，使之成为普通会员，也支持批量审核，其实现流程如图 5-19 所示。

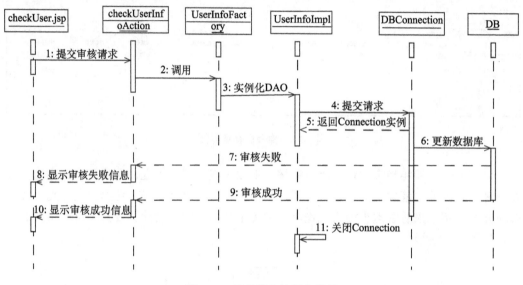

图 5-19　管理员审核用户流程

2. 用户管理

用户管理首先按照普通会员、VIP 会员、管理员以及所有用户进行查询，然后可以对其进行删除、设置为普通会员、升级为 VIP 会员、设定为系统管理员等操作。均支持批量删除，同时也能查询用户详情，界面如图 5-20 所示。

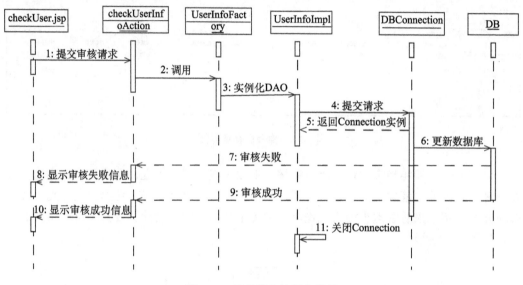

图 5-20　用户管理界面

升级 VIP 会员、设置为普通会员、设定为管理员和删除选定用户都涉及更改数据库的某个字段，原理类似。下面我们以升级为 VIP 为例，其实现过程如图 5-21 所示。

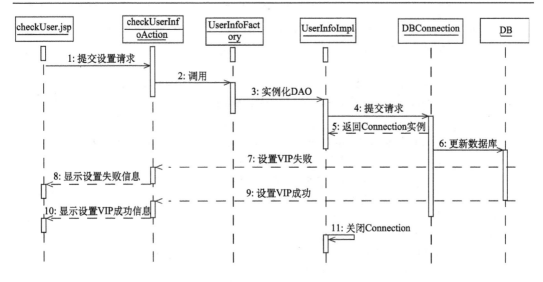

图 5-21　升级 VIP 过程

5.6.9　充值卡分类管理

对于一个网上商城而言，最重要的就是后台对商品的管理，好的商品管理能促进消费者的购物心理。所以，管理员有必要充分做好商城的管理工作。设置卡片类别管理界面如图 5-22 所示。

设置卡片类别管理

卡片名称：

卡片价格：

选择卡片图片路径：　　　　　　　　　[浏览…]

[添加] [重置]

卡片类别列表			
卡片名称	卡片价格	卡片图片	卡片类型操作
大话西游	30.0		修改 | 删除

首页 \| 上一页 下一页 \| 尾页 当前共有11条记录，当前为第3页，共3页
跳转到第 [1] [2] [3] 页

图 5-22　设置卡片类别管理界面

相信大家已经看到，上传充值卡这里用了 Struts1 的上传操作，在上传图片过程中，会将上传图片自动命名，格式为：IP+时间戳+3 位随机数。封装该代码的关键 Java 类 IPTimeStamp.java 如下：

```java
public class IPTimeStamp {
    private String ip;
```

```
public IPTimeStamp(String ip) {              //通过构造初始化
    this.ip = ip;
}
public String getIPTimeRand(){               //拼凑文件名
    StringBuffer s = new StringBuffer();
    if (ip != null) {
        String string[] = ip.split("\\.");  //按照IP的.拆分
        for (int i = 0; i < string.length; i++) {
            s.append(this.addZero(string[i], 3));
        }
    }
    s.append(DateTime.getTimeStamp());
    Random random = new Random();
    for (int i = 0; i < 3; i++) {
        s.append(random.nextInt(10));        //产生10以内的随机数
    }
    return s.toString();
}
public String addZero(String str,int length){  //字符串补0操作
    StringBuffer sb = new StringBuffer();
    sb.append(str);
    while (sb.length() < length) {
        sb.insert(0, "0");
    }
    return sb.toString();
}
}
```

5.6.10　充值卡管理

在维护好充值卡类型的情况下，需要针对每种类型的充值卡进行添加相应的点卡。其界面如图 5-23 所示。

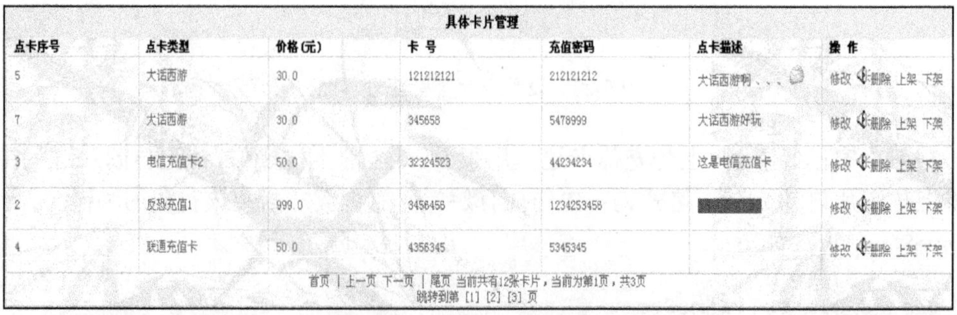

具体卡片管理						
点卡序号	点卡类型	价格(元)	卡 号	充值密码	点卡描述	操 作
5	大话西游	30.0	121212121	212121212	大话西游啊⋯⋯	修改 删除 上架 下架
7	大话西游	30.0	345658	5478999	大话西游好玩	修改 删除 上架 下架
3	电信充值卡2	50.0	32324523	44234234	这是电信充值卡	修改 删除 上架 下架
2	反恐充值1	999.0	3456456	1234253456		修改 删除 上架 下架
4	联通充值卡	50.0	4356345	5345345		修改 删除 上架 下架

首页 | 上一页 下一页 | 尾页 当前共有12张卡片，当前为第1页，共3页
跳转到第 [1] [2] [3] 页

图 5-23　具体卡片管理界面

　　添加充值卡、上架、下架以及维护充值卡信息流程基本相似。我们以上架和下架为例，其流程如图 5-24 所示。

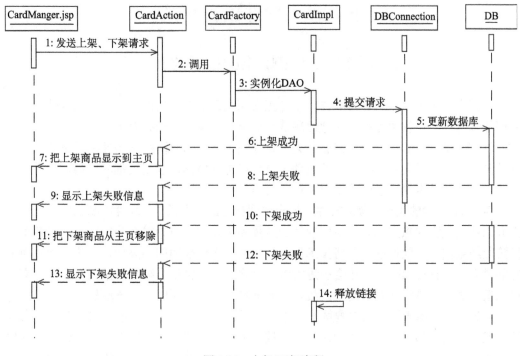

图 5-24　上架/下架流程

5.7　案 例 训 练

　　依据前面的介绍知识，进一步完善 CRM 系统的销售管理功能模块详细设计与实现，深刻领会信息系统实现的一般流程。

第6章　软件项目测试

6.1　软件测试概述与案例

大到宇航系统，小到日常购物，软件正在深刻影响着人们的生活，所以软件的质量保证非常重要，在软件工程引入软件测试可保障软件系统平稳高效运行。

软件测试描述的是一种用来促进鉴定软件的正确性、完整性、安全性和质量的过程。软件测试的经典定义是：在规定的条件下对程序进行操作，以发现程序错误，衡量软件质量，并对其是否能满足设计要求进行评估的过程。

随着 IT 技术的飞速发展，软件产品应用到社会的各个领域，软件产品的质量自然成为人们共同关注的焦点。为了保证软件的质量和可靠性，应力求在分析、设计等各个开发阶段结束前，对软件进行严格技术评审。但由于人们能力的局限性，审查不能发现所有的错误。而且在编码阶段还会引进大量的错误。这些错误和缺陷如果遗留到软件交付投入运行之时，终将会暴露出来。故软件测试是软件质量保证的关键步骤。

大量统计资料表明，软件测试的工作量往往占软件开发总工作量的 40％以上，在极端情况下，测试那种关系人的生命安全的软件所花费的成本，可能相当于软件工程其他开发步骤总成本的 3 倍到 5 倍。因此，必须高度重视软件测试工作，绝不要以为写出程序之后软件开发工作就接近完成了，实际上，大约还有同样多的开发工作量需要完成。仅就测试而言，它的目标是发现软件中的错误，但是，发现错误并不是我们的最终目的。软件工程的根本目标是开发出高质量的、完全符合用户需要的软件。

案例 1：1996 年 6 月 4 日，阿丽亚娜（Ariane）5 型火箭在法属圭亚那库鲁航天中心首次发射。当火箭离开发射台升空 30 秒时，距地面约 4 公里，天空中传来两声巨大的爆炸声并出现一团橘黄色的巨大火球，火箭碎块带着火星撒落在直径约 2 平方公里的地面上。与阿丽亚娜 5 型火箭一同化为灰烬的还有 4 颗太阳风观察卫星。这是世界航天史上又一大悲剧。经过后期大量分析后，找出阿丽亚娜 5 型火箭坠毁的原因是，在软件设计过程中加速度值输入到计算机系统的整形加速度值产生上溢出，以加速度为参数的速度、位置计算错误，导致惯性导航系统对火箭控制失效，程序只得进入异常处理模块，引爆自毁。箭载两套计算机系统由于硬件、软件完全相同，没有达到软件容错的目的。

案例 2：中新网 2008 年 10 月 31 日新闻：北京奥组委票务中心主任容军今天表示，导致奥运会第二阶段售票被迫暂时停止的奥运票务销售系统，为一家美国公司和两家中方的合资企业共同开发、提供。北京奥组委将评估费用方面的损失，根据协议的有关条款办事。

在今天举行的发布会上，有外国媒体提问：有两个问题，票务的问题是一个合作的问题，是北京奥组委和技术部门合作的，也是合资企业在负责技术系统，具体票务系统是谁负责的，出现问题具体由哪个部门负责？整个票务技术系统的花费是多少？昨天出现这样的问题，肯定带来了很大的花费，造成了多少经济的损失，这个错误应该由谁来负责，造成损失有多大？对此，容军回答说："我们的技术服务商是由美国 Ticket Master 公司和两家中方的合资企业。"他表示，目前这个阶段，最重要的任务是要解决问题，是要解决当前遇到的困难，尽快地拿出一个可行的实施方案，尽快地能够再次向公众实施门票的销售。至于责任的问题，我们会根据具体的问题具体分析，有关的协议条款也是规定比较明确的，但是目前这个工作是放在第二位的事情，包括刚才提到的费用方面的损失，我们也需要经过评估。

　　从案例 2 不难看出，这里面关于软件测试技术在 Web 网站测试中的应用存在不足。奥运会网络票务系统设计的最高峰值为 100 万次/小时并发登录，而当天的官方网站访问量达 800 万次/小时，就连呼叫中心的访问量也超过 380 万次/小时，票务系统在开始运作不到半小时就彻底瘫痪。我们可以分析一下这个事件出现的原因：

　　（1）对网络访问量的估计有严重缺陷。

　　大家都知道，基于 B/S 架构的 Web 系统，在做系统测试时，分功能性测试和性能测试两大方面的工作，而在做性能测试时要考虑到系统的负载测试和压力测试。为了能够避免出现系统性能由于访问量的剧增导致系统瘫痪、崩溃，一般是要进行压力测试后做网络负载均衡。此次现象的发生说明，在做系统测试时没有考虑到网络访问量的突变。

　　（2）没有对票务系统的服务器做有效的冗余。

　　在 Web 系统中，需要对服务器做冗余备份，当系统的负载超过一定峰值时，必须启动备份的服务器进行负载均衡，以减少由于网络风险而带来的损失。奥运会票务系统的最大峰值负载为 100 万次/小时，当系统的阈值在 80 万～90 万次/小时的时候，就要启动备份服务器以缓解系统的压力。

　　（3）系统的测试工作严重缺乏。

　　当一个大型软件系统尤其是基于 B/S 架构的 Web 网站，往往关注的比较多的是功能上是否实现了即定的功能、是否和数据库连接、表单递交是否成功、易用性好坏、兼容性如何等，偏偏对系统的性能测试工作准备不足或没有做足够的考虑。

6.2　软件项目测试目的与方法

6.2.1　软件测试的目的

　　软件测试就是在软件投入运行前，对软件需求分析、设计规格说明和编码的最终复审，是软件质量保证的关键步骤。如果给软件测试下定义，可以这样讲：软件测试是为了发现错误而执行程序的过程。或者说，软件测试是根据软件开发各阶段的规格说明和程序的内部结构而精心设计的一批测试用例（即输入一些数据而得到其预期的结果），并利用这些测试用例去运行程序，以发现程序错误的过程。

　　软件测试在软件生存期中横跨两个阶段：通常在编写出每一个模块之后就要对它做必要的测试（称为单元测试）。编码与单元测试属于软件生存期中的同一个阶段。在结束这个阶段之后，对软件系统还要进行各种综合测试，这是软件生存期的另一个阶段，即测试阶段，通常由专门的测试人员承担这项工作。

基于不同的立场，存在着两种完全不同的测试目的。从用户的角度出发，普遍希望通过软件测试暴露出软件中隐藏的错误和缺陷，以考虑是否可以接受该产品。而从软件开发者的角度出发，则希望测试成为表明软件产品中不存在错误的过程，验证该软件已正确地实现了用户的要求，确立用户对软件质量的信心。

因为在程序中往往存在着许多预料不到的问题，可能会被疏漏，许多隐藏的错误只有在特定的环境下才可能暴露出来。如果不把着眼点放在尽可能查找错误这样一个基础上，这些隐藏的错误和缺陷就查不出来，会遗留到运行阶段中去。如果站在用户的角度替他们设想，就应当把测试活动的目标对准揭露程序中存在的错误。在选取测试用例时，考虑那些易于发现程序错误的数据。

下面这些规则也可以看作测试的目的或定义：

- 测试是为了发现程序中的错误而执行程序的过程；
- 好的测试方案是极可能发现迄今为止尚未发现的错误的测试方案；
- 成功的测试是发现了至今为止尚未发现的错误的测试。

从上述规则可以看出，测试的正确定义是"为了发现程序中的错误而执行程序的过程"。这和某些人通常想象的"测试是为了表明程序是正确的""成功的测试是没有发现错误的测试"等是完全相反的。正确认识测试的目标是十分重要的，测试目标决定了测试方案的设计。如果为了表明程序是正确的而进行测试，就会设计一些不易暴露错误的测试方案；相反，如果测试是为了发现程序中的错误，就会力求设计出最能暴露错误的测试方案。

由于测试的目标是暴露程序中的错误，从心理学角度看，由程序的编写者自己进行测试是不恰当的。因此，在综合测试阶段，通常由其他人员组成测试小组来完成测试工作。此外，应该认识到测试决不能证明程序是正确的。即使经过了最严格的测试，仍然可能还有没被发现的错误隐藏在程序中。测试只能查找出程序中的错误，不能证明程序中没有错误。

6.2.2　软件测试的方法

软件测试的方法原则上可以分为两大类，即静态测试和动态测试。静态测试是对被测软件进行特性分析的方法的总称，主要特点是：不利用计算机运行被测试的软件，而针对需求说明、设计文件等文档和源程序进行人工检查和静态分析，以保证软件质量。静态测试能够有效地发现软件中 30%～70%的逻辑设计错误和编码错误。动态测试是在计算机上实际运行被测试的软件，通过选择适当的测试用例，判定执行结果是否符合要求，从而测试软件的正确性、可靠性和有效性。动态测试的两种主要方法是黑盒测试和白盒测试。

1. 黑盒测试

黑盒测试着眼于软件的外部结构，不考虑程序的逻辑结构和内部特性，仅依据软件的需求规格说明书，在软件界面上检查程序的功能是否符合要求，因此黑盒测试又叫做功能测试或数据驱动测试。用黑盒测试发现程序中的错误，必须在所有可能的输入条件和输出条件中确定测试数据，来检查程序是否都能产生正确的输出，其原理图如图 6-1 所示。

输入条件1　…　输入条件n　→　被测对象　→　输出结果　…

图 6-1　黑盒测试基本原理

从该图可以看出，黑盒测试只需要知道被测对象的输入和预期输出，不需要了解其实现细节，如程序实现逻辑、源代码编写等。因此黑盒测试方法具有以下优势：

- 对测试人员的技术要求相对较低；
- 不需要了解程序实现的细节，测试团队与开发团队可以并行地完成各自任务。

但黑盒测试也具有测试结果的覆盖度不容易度量、测试的潜在风险较高的局限性。常用的黑盒测试方法有等价类划分、边界值分析、决策表测试等，每种方法各有所长。选择测试方法时应针对软件开发项目的具体特点，选择合适的测试方法，有效解决软件开发中的测试问题。

1）等价类划分

等价类的划分一般有两种情况：有效等价类和无效等价类。有效等价类就是指对于程序的规格说明来时是合理的、有意义的输入数据。例如，计算器中的 1+1 就是有效等价类中的一个，a+b 就是无效等价类中的一个。

等价类是指某个输入域的子集合。在该子集中，各个输入数据对于揭露程序中的错误都是等效的，并合理地假定：测试某等价类的代表值就等于对这一类其他值的测试，因此，可以把全部输入数据合理划分为若干等价类，在每一个等价类中取一个数据作为测试的输入条件，就可以用少量代表性的测试数据取得较好的测试结果。等价类划分可有两种不同的情况：有效等价类和无效等价类。有效等价类是指对于程序的规格说明来说是合理的、有意义的输入数据构成的集合。利用有效等价类可检验程序是否实现了规格说明中所规定的功能和性能。无效等价类是指对于程序的规格说明来说是不合理的、无意义的输入数据构成的集合。对于具体的问题，无效等价类至少应有一个，也可能有多个。在设计测试用例时，要同时考虑有效等价类和无效等价类的设计。如果输入条件规定了取值范围，或值的个数，则可以确立一个有效等价类和两个无效等价类。例如，在程序的规格说明中，对输入条件有一句话："……项数可以从 1 到 999……"，则有效等价类是 "1≤项数≤999"，两个无效等价类是 "项数<1" 或 "项数>999"，具体有效、无效范围如图 6-2 所示。

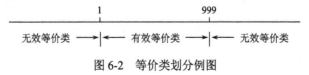

1　　　　999

无效等价类　→｜←　有效等价类　→｜←　无效等价类

图 6-2　等价类划分例图

等价类划分的 6 条原则如下：

· 在输入条件规定了输入值的范围或值的个数的情况下，可以确立一个有效等价类和两个无效等价类。

· 在输入条件规定了输入值的集合或者规定了"必须如何"的条件的情况下，可以确立一个有效等价类和一个无效等价类。

· 在输入条件是一个布尔量的时候，可确定一个有效等价类和一个无效等价类。

· 在规定了输入数据的一组值（n 个），并且程序要对每个输入值分别处理的情况下，可以确定 n 个有效等价类和一个无效等价类。

· 在规定了输入数据必须遵守的规则的情况下，可以确立一个有效等价类（符合规则）和若干个无效等价类（从不同角度违反规则）。

· 在确知已划分的等价类中，各元素在程序中的处理方式不同的情况下，则应再将该等价类划分为更小的等价类。

在确立了等价类后，可以建立等价类表，然后就可以确定测试用例了。在确定测试用例时有个原则要注意：一条测试用例尽量覆盖所有的有效等价类，一个无效等价类对应一条测试用例。

分析一个判断是否构成三角形的等价类划分例子，一个程序接收 3 个数作为输入，并判断这 3 个数是否构成三角形，并说明这个三角形是不等边的、等腰的还是等边的。

假设 3 条边是：A、B、C。如果构成三角形应该满足下面的条件：

A>0，B>0，C>0 并且 A+B>C，A+C>B，B+C>A

等腰三角形还要满足 A=B 或 A=C 或 B+C

等边三角形要满足 A=B 且 A=C 且 B=C

根据这些条件列出等价类如表 6-1 所示。

表 6-1　是否构成三角形等价类表

输入条件	有效等价类		无效等价类	
是否构成三角形	A>0	（1）	A<=0	（7）
	B>0	（2）	B<=0	（8）
	C>0	（3）	C<=0	（9）
	A+B>C	（4）	A+B<=C	（10）
	A+C>B	（5）	A+C<=B	（11）
	B+C>A	（6）	B+C<=A	（12）
是否等腰三角形	A=B	（13）	A!=B and A!=C and B!=C （16）	
	A=C	（14）		
	B=C	（15）		
是否等边三角形	A=B and A=C and B=c	（17）	A!=B	（18）
			A!=C	（19）
			B!=C	（20）

基于等价类表，可以确定测试用例如表 6-2 所示。

表 6-2　构成三角形测试用例表

序号	（A B C）	覆盖的等价类	输出
1	3 4 5	1,2,3,4,5,6	一般三角形
2	0 1 2	7	不构成三角形
3	1 0 2	8	
4	1 2 0	9	
5	1 2 3	10	
6	3 5 2	11	
7	3 1 2	12	
8	3 3 4	1,2,3,4,5,6,13	是等腰三角形
9	3 4 3	1,2,3,4,5,6,14	
10	4 3 3	1,2,3,4,5,6,15	
11	3 4 5	1,2,3,4,5,6,16	不是等腰三角形
12	3 3 3	1,2,3,4,5,6,17	是等边三角形
13	3 4 4	1,2,3,4,5,6,15,18	不是等边三角形
14	3 3 4	1,2,3,4,5,6,13,19	

2）边界值分析法

边界值分析法就是对输入或输出的边界值进行测试的一种黑盒测试方法。通常边界值分析法是作为对等价类划分法的补充，这种情况下，其测试用例来自等价类的边界。

实践中，由于大量的错误发生在输入、输出值的边界上，所以，对于各种边界值设计测试用例，可以查出更多的错误。边界值分析关注的是输入空间边界，用以标识测试用例，基本思想是在最小值（min）、略高于最小值（min+）、正常值（nom）、略低于最大值（max–）和最大值（max）等处取值。边界值分析手段主要有两种方式：通过变量数量和通过值域的种类进行。如一个 n 变量函数 f（$x1$，$x2$，$\cdots$，xn）按以上方式每次确定一个测试对象（基于"单缺陷假设"理论），会产生 $4n+1$ 个测试用例。健壮性测试是扩展边界值分析的测试，即增加一个略大于最大值（max+）和略小于最小值（min–）的取值，则用例数将变为 $6n+1$。

因为边界值需要考虑到输出域，所以要根据具体的需求看是从结果域来划分还是从输入域来划分。如果从输入域划分，一般还是先利用等价类划分法确定出等价类表，再根据等价类表利用定义的原则取出边界值生成测试用例表。如果是从输出域划分，一般根据输出等价类来确认输入等价类表，再根据等价类表利用定义的原则取出边界值生成测试用例表。另外，有些边界值在软件的内部，最终用户几乎看不到，但是软件测试仍有必要检查。这样的边界条件称为次边界条件或内部条件，也称作隐式条件。作为综合测试方法的一种补充手段，往往要考虑规格说明中的一些隐式边界值。例如存储空间的溢出、数组下标计算的溢出、内存分配的溢出等。对应每个边界值需要单独设计一个测试用例。

基于边界值找零钱最佳组合分析例子。假设商店货品价格（R）皆不大于 100 元（且为整数），若顾客付款在 100 元内（P），求找给顾客之最少货币个（张）数（货币面值 50 元（N50），10 元（N10），5 元（N5），1 元（N1）4 种）。

根据规格说明生成等价类如表 6-3 所示。

表 6-3　基于边界值找零钱等价类表

输入	有效等价类	无效等价类
货物价格 R	(0, 100]　⑨ 边界：1, 100	<=0, 或　① >100　②
支付金额 P	(0, 100] 且要[R, 100]　⑩ 边界：R, 100	>100, 或　③ <=0, 或 P<R　④
输出		
N50	[0, 1]　⑤ 边界：0, 1	
N10	[0, 4]　⑥ 边界：0, 4	
N5	[0, 1]　⑦ 边界：0, 1	
N1	[0, 4]　⑧ 边界：0, 4	

根据等价类表，可以得到边界值生成测试用例如表 6-4 所示。

表 6-4　基于边界值测试用例表

测试用例编号	用例描述 R/P	覆盖有效等价类	覆盖无效等价类
1	0/		①
2	101/		②
3	100/101		③
4	100/50		④
5	100/100	⑨⑩⑤⑥⑦⑧ R 边 1 P 边 R N50,N10,N5,N1 边 0	
6	99/100	⑨⑩⑤⑥⑦⑧ N1 边 1	

续表

测试用例编号	用例描述 R/P	覆盖有效等价类	覆盖无效等价类
7	96/100	⑨⑩⑤⑥⑦⑧ N1 边 4	
8	95/100	⑨⑩⑤⑥⑦⑧ N5 边 1	
9	91/100	⑨⑩⑤⑥⑦⑧ N1 边 4 N5 边 1	
10	90/100	⑨⑩⑤⑥⑦⑧ N10 边 1	
11	51/100	⑨⑩⑤⑥⑦⑧ N10 边 4 N5 边 1 N1 边 4	
12	50/100	⑨⑩⑤⑥⑦⑧ N50 边 1	

3）决策表测试

在一些数据处理问题中，某些操作是否实施依赖于多个逻辑条件的取值。在这些逻辑条件取值的组合所构成的多种情况下，分别执行不同的操作。处理这类问题的一个非常有力的分析和表达工具是判定表，或称决策表（Decision Table）。在所有功能性测试方法中，基于决策表的测试方法是最严格的，决策表在逻辑上是严密的。

决策表是一种较为复杂的黑盒测试方法，其目标是在特定条件下消除等价类测试的冗余，基本思想是基于强组合等价类测试得到有效的、完整的测试用例计划，并通过合并化简消除用例间的冗余。

决策表是分析和表达多逻辑条件下执行不同操作的情况的工具。在程序设计发展的初期，决策表就已被用作编写程序的辅助工具了。它可以把复杂的逻辑关系和多种条件组合的情况表达得比较明确。

决策表通常由 4 个部分组成，如图 6-3 所示。

· 条件桩（condition stub）：列出了问题的所有条件。通常认为列出的条件的次序无关紧要。

· 动作桩（action stub）：列出了问题规定可能采取的操作。这些操作的排列顺序没有约束。

· 条件项（condition entry）：列出针对它所列条件的取值，在所有可能情况下的真假值。

· 动作项（action entry）：列出在条件项的各种取值情况下应该采取的动作。

规则：任何一个条件组合的特定取值及其相应要执行的操作。在决策表中贯穿条件项和动作项的一列就是一条规则。显然，决策表中列出多少组条件取值，也就有多少规则，条件项和动作项就有多少列。

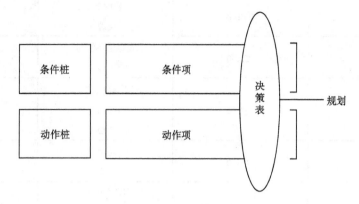

图 6-3　决策表组成示意图

决策表的建立步骤如下：

（1）确定规则个数；

（2）列出所有的条件桩和动作桩；

（3）填入条件项；

（4）填入动作桩和动作项，得到初始判定表；

（5）化简，合并相似规则；

（6）依据判定表，选择测试数据，设计测试用例。

决策表技术适合具有以下特征的应用程序：

·if-then-else 逻辑很突出；

·输入变量之间存在逻辑关系；

·涉及输入变量子集的计算；

·输入和输出之间存在因果关系；

·很高的圈复杂度。

Beizer（《Software Testing Techniques》的作者）指出了适合使用决策表设计测试用例的条件：

（1）规格说明以决策表的形式给出，或很容易转换成决策表。

（2）条件的排列顺序不影响执行哪些操作。

（3）规则的排列顺序不影响执行哪些操作。

（4）当某一规则的条件已经满足，并确定要执行的操作后，不必检验别的规则。

（5）如果某一规则要执行多个操作，这些操作的执行顺序无关紧要。

表 6-5 给出一个实际的决策表的例子。

表 6-5　决策表组成

桩	规则 1	规则 2	规则 3、规则 4	规则 5	规则 6	规则 7、规则 8
C1	T	T	T	F	F	F
C2	T	T	F	T	T	F
C3	T	F	——	T	F	——
a1	X	X		X		
a2	X				X	
a3		X		X		
a4			X			X

2. 白盒测试

白盒测试是对软件内部工作过程的细致检查，它允许测试人员利用程序内部的逻辑结构及有关信息，设计或选择测试用例，对程序所有逻辑路径进行测试。通过在不同测试点检查程序的状态，确定实际的状态是否与预期的状态一样，因此，白盒测试又称为结构测试或逻辑驱动测试。白盒测试一般选用可以有效揭露隐藏错误的路径进行测试，所以如何设计软件测试用例是这种方法的关键。

白盒测试的实施步骤如下：

（1）测试计划阶段：根据需求说明书，制定测试进度。

（2）测试设计阶段：依据程序设计说明书，按照一定规范化的方法进行软件结构划分和设计测试用例。

（3）测试执行阶段：输入测试用例，得到测试结果。

（4）测试总结阶段：对比测试的结果和代码的预期结果，分析错误原因，找到并解决错误。

程序流程图反映程序内部控制流的处理和转移过程，它一般是进行模块编码的参考依据。为了更清晰突出地显示出程序的控制结构，反映控制流的转移过程，一种简化了的程序流程图便出现了，就是程序的控制流图。在控制流图中一般只有节点和控制流两种简单的图示符号。

在控制流图中，其基本的控制结构所对应的图形符号如图 6-4 所示。

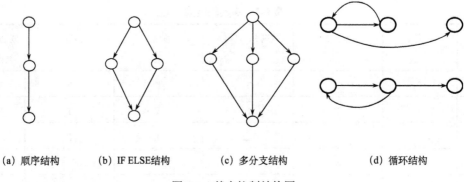

(a) 顺序结构　　　　(b) IF ELSE结构　　　　(c) 多分支结构　　　　(d) 循环结构

图 6-4　基本控制结构图

白盒测试的优点如下：

- 迫使测试人员去仔细思考软件的实现。
- 可以检测代码中的每条分支和路径。
- 揭示隐藏在代码中的错误。
- 对代码的测试比较彻底。

白盒测试的缺点主要表现为：代价昂贵，无法检测代码中遗漏的路径和数据敏感性错误，不能验证规格的正确性。

白盒测试主要有 6 种测试方法（强度由低到高）：语句覆盖、判定覆盖、条件覆盖、判定条件覆盖、条件组合覆盖、路径覆盖。

图 6-5 为基础程序流程图进行白盒测试的示例。

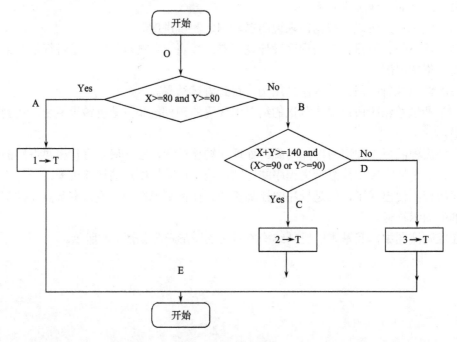

图 6-5　程序流程图

（1）语句覆盖：就是设计若干个测试用例，运行被测程序，使得每一可执行语句至少执行一次。这里的"若干个"意味着使用测试用例越少越好。语句覆盖率的公式可以表示如下：

语句覆盖率=被评价到的语句数量/可执行的语句总数 × 100%

语句覆盖是最起码的结构覆盖要求，语句覆盖要求设计足够多的测试用例，使得程序中每条语句至少被执行一次，用例设计如表 6-6 所示。

表 6-6　语句覆盖用例设计表

	X	Y	路径
1	50	50	OBDE
2	90	70	OBCE

优点是可以很直观地从源代码得到测试用例，无须细分每条判定表达式。缺点是这种测试方法仅仅针对程序逻辑中显式存在的语句，但对于隐藏的条件和可能到达的隐式逻辑分支是无法测试的。在本例中去掉了语句 1→T 去掉，那么就少了一条测试路径。在 if 结构中，若源代码没有给出 else 后面的执行分支，那么语句覆盖测试就不会考虑这种情况。但是我们不能排除这种以外的分支不会被执行，而往往这种错误会经常出现。再如，在 Do-While 结构中，语句覆盖执行其中某一个条件分支。那么显然，语句覆盖对于多分支的逻辑运算是无法全面反映的，它只在乎运行一次，而不考虑其他情况。

（2）判定覆盖：使设计的测试用例保证程序中每个判断的每个取值分支至少经历一次。判定覆盖又称为分支覆盖，它要求设计足够多的测试用例，使得程序中每个判定至少有一次为真值，有一次为假值，即：程序中的每个分支至少执行一次，每个判断的取真、取假至少执行一次，用例设计如表 6-7 所示。

表 6-7　判定覆盖用例设计表

	X	Y	路径
1	90	90	OAE
2	50	50	OBDE
3	90	70	OBCE

优点：判定覆盖比语句覆盖要多几乎一倍的测试路径，当然也就具有比语句覆盖更强的测试能力。同样判定覆盖也具有和语句覆盖一样的简单性，无须细分每个判定就可以得到测试用例。

缺点：往往大部分的判定语句是由多个逻辑条件组合而成（如，判定语句中包含 AND、OR、CASE），若仅仅判断其整个最终结果，而忽略每个条件的取值情况，则必然会遗漏部分测试路径。

（3）条件覆盖：条件覆盖是指选择足够的测试用例，使得运行这些测试用例时，判定中每个条件的所有可能结果至少出现一次，但未必能覆盖全部分支。条件覆盖要检查每个符合谓词的子表达式值为真和假两种情况，要独立衡量每个子表达式的结果，以确保每个子表达式的值为真和假两种情况都被测试到。条件覆盖要求设计足够多的测试用例，使得判定中的每个条件获得各种可能的结果，即每个条件至少有一次为真值，有一次为假值，条件覆盖用例设计如表 6-8 所示。

优点是条件覆盖比判定覆盖增加了对符合判定情况的测试，增加了测试路径。缺点是要达到条件覆盖，需要足够多的测试用例，但条件覆盖并不能保证判定覆盖。条件覆盖只能保证每个条件至少有一次为真，而不考虑所有的判定结果。

表 6-8　条件覆盖用例设计表

	X	Y	路径
1	90	70	OBC
2	40		OBD

（4）判定条件覆盖：判定条件覆盖就是设计足够的测试用例，使得判断中每个条件的所有可能取值至少执行一次，同时每个判断的所有可能判断结果至少执行一次，即要求各个判断的所有可能的条件取值组合至少执行一次。主要特点是设计足够多的测试用例，使得判定中每个条件的所有可能结果至少出现一次，每个判定本身所有可能结果也至少出现一次，用例设计如表 6-9 所示。

优点是判定条件覆盖满足判定覆盖准则和条件覆盖准则，弥补了二者的不足。缺点是判定条件覆盖准则未考虑条件的组合情况。

表 6-9　判定条件覆盖用例设计表

	X	Y	路径
1	90	90	OAE
2	50	50	OBDE
3	90	70	OBCE
4	70	90	OBCE

（5）条件组合覆盖：在白盒测试法中，选择足够的测试用例，使所有判定中各条件判断结果的所有组合至少出现一次，满足这种覆盖标准称为条件组合覆盖。主要特点是要求设计足够多的测试用例，使得每个判定中条件结果的所有可能组合至少出现一次，如表 6-10 所示为覆盖用例设计表。

条件组合覆盖的优点是多重条件覆盖准则满足判定覆盖、条件覆盖和判定条件覆盖准则。更改的判定条件覆盖要求设计足够多的测试用例，使得判定中每个条件的所有可能结果至少出现一次，每个判定本身的所有可能结果也至少出现一次，并且每个条件都能单独影响判定结果。缺点是线性地增加了测试用例的数量。

表 6-10　条件组合覆盖用例设计表

	X	Y	路径
1	90	90	OAE
2	90	70	OBCE
3	90	30	OBDE
4	70	90	OBCE
5	30	90	OBDE
6	70	70	OBDE
7	50	50	OBDE

（6）路径覆盖：每条可能执行到的路径至少执行一次。主要特点：设计足够的测试用例，覆盖程序中所有可能的路径，具体路径的用例设计如表 6-11 所示。

表 6-11　路径覆盖用例设计表

	X	Y	路径
1	90	90	OAE
2	50	50	OBDE
3	90	70	OBCE
4	70	90	OBCE

优点是这种测试方法可以对程序进行彻底的测试，比前面 5 种的覆盖面都广。缺点是由于路径覆盖需要对所有可能的路径进行测试（包括循环、条件组合、分支选择等），那么需要设计大量、复杂的测试用例，使得工作量呈指数级增长。而在有些情况下，一些执行路径是不可能被执行的，如：

```
If （!A）B++;
If （!A）D--;
```

这两个语句实际只包括了 2 条执行路径，即 A 为真或假时对 B 和 D 的处理，真或假不可能都存在，而路径覆盖测试则认为是包含了真与假的 4 条执行路径。这样不仅降低了测试效率，而且大量的测试结果的累积，也为排错带来麻烦。

其中语句覆盖是一种最弱的覆盖，判定覆盖和条件覆盖比语句覆盖强，满足判定条件覆盖标准的测试用例一定也满足判定覆盖、条件覆盖和语句覆盖，条件组合覆盖是除路径覆盖外最强的，路径覆盖也是一种比较强的覆盖，但未必考虑判定条件结果的组合，并不能代替条件覆盖和条件组合覆盖。

6.2.3　软件测试的内容与过程

软件测试总体来说是为验证和确认程序的正确性。

验证（verification）是保证软件正确地实现了一些特定功能的一系列活动，即保证软件做了你所期望的事情（Do the right thing）。

· 确定软件生存周期中的一个给定阶段的产品是否达到前阶段确立的需求的过程；

· 程序正确性的形式证明，即采用形式理论证明程序符号设计规约规定的过程；

· 评价、审查、测试、检查、审计等各类活动，或对某些项处理、服务或文件等是否和规定的需求一致进行判断，并提出报告。

确认（validation）是一系列的活动和过程，目的是证实在一个给定的外部环境中软件的逻辑正确性，即保证软件以正确的方式来做这个事件（Do it right）。

· 静态确认：不在计算机上实际执行程序，通过人工或程序分析来证明软件的正确性；

· 动态确认：通过执行程序做分析，测试程序的动态行为，以证实软件是否存在问题。

软件测试的对象不仅仅是程序测试，软件测试应该包括整个软件开发期间各个阶段所产生的文档，如需求规格说明、概要设计文档、详细设计文档。当然软件测试的主要对象还是源程序。

软件测试是一个极为复杂的过程，一个规范化的软件测试过程通常包括以下基本的测试活动：

· 拟定软件测试计划；

· 编制软件测试大纲；

· 确定软件测试环境；

· 设计和生成测试用例；

· 实施测试；

· 生成软件测试报告。

软件测试一般按 5 个步骤进行，即单元测试、集成测试、系统测试、验收测试和回归测试，如图 6-6 所示。

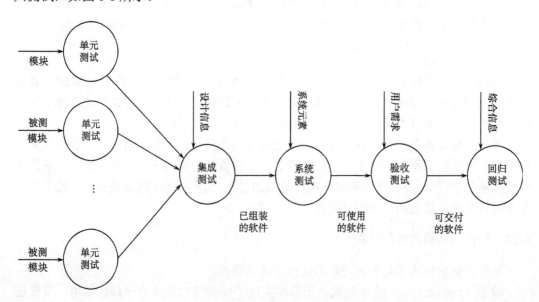

图 6-6　软件测试的一般过程

　　对整个测试过程进行有效的管理，实际上，软件测试过程与整个软件开发过程基本上是平行进行的，那些认为只有在软件开发完成以后才进行测试的观点是危险的。测试计划早在需求分析阶段即应开始制定，其他相关工作，包括测试大纲的制定、测试数据的生成、测试工具的选择和开发等也应在测试阶段之前进行。充分的准备工作可以有效地克服测试的盲目性，缩短测试周期，提高测试效率，并且起到测试文档与开发文档互查的作用。

　　软件测试大纲是软件测试的依据。它明确详尽地规定了在测试中针对系统的每一项功能或特性所必须完成的基本测试项目和测试完成的标准。无论是自动测试还是手动测试，都必须满足测试大纲的要求。测试环境是一个确定的、可以明确说明的条件，不同的测试环境可以得出对同一软件的不同测试结果，这正说明了测试并不完全是客观的行为，任何一个测试的结果都是建立在一定的测试环境之上的。没必要去创造一个尽可能好的测试环境，而只需一个满足要求的、公正一致的、稳定的、可以明确说明的条件。测试环境中最需明确说明的是测试人员的水平，包括专业的、计算机的、经验的能力以及与被测程序的关系，这种说明还要在评测人员对评测对象做出的判断的权值上有所体现。这一点要求测试机构建立测试人员库，并对其参与测试的工作业绩不断做出评价。一般而言，测试用例是指为实施一次测试而向被测系统提供的输入数据、操作或各种环境设置。测试用例控制着软件测试的执行过程，它是对测试大纲中每个测试项目的进一步实例化。已有许多著名的论著总结了设计测试用例的各种规则和策略。从工程实践的角度出发，应遵循以下几点。

　　·要弄清软件的任务剖面，使测试用例具代表性；能够代表各种合理和不合理的、合法和非法的、边界和越界的，以及极限的输入数据、操作和环境设置等。

　　·测试结果的可判定性：即测试执行结果的正确性是预先可判定的。

　　·测试结果的可再现性：即对同样的测试用例，系统的执行结果应当是相同的。

　　软件测试是与软件开发紧密相关的一系列有计划、系统性的活动，显然软件测试也需要测试模型去指导实践。这里主要针对 V 模型和 W 模型做简单的介绍。

　　V 模型是最具有代表性的测试模型。V 模型最早是由 Paul Rook 在 20 世纪 80 年代后期提出的，V 模型在英国国家计算中心文献中发布，旨在改进软件开发的效率和效果。

　　在传统的开发模型中，比如瀑布模型，通常把测试过程作为在需求分析、概要设计、详细设计和编码全部完成之后的一个阶段，尽管有时测试工作会占用整个项目周期一半的时间，但是仍有人认为测试只是一个收尾工作，而不是主要的工程。V 模型是软件开发瀑布模型的变种，它反映了测试活动与分析和设计的关系，从左到右，描述了基本的开发过程和测试行为，明确地标明了测试工程中存在的不同级别，清楚地描述了这些测试阶段和开发过程期间各阶段的对应关系，如图 6-7 所示。

　　V 模型图中箭头代表了时间方向，左边下降的是开发过程各阶段，与此相对应的是右边上升的部分，即测试过程的各个阶段。V 模型的软件测试策略既包括低层测试又包括了高层测试，低层测试是为了确保源代码的正确性，高层测试是为了使整个系统满足用户的需求。

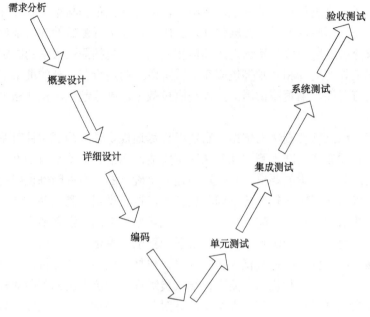

图 6-7　软件测试 V 模型

V 模型指出，单元和集成测试是验证程序设计、开发人员和测试组应检测程序的执行是否满足软件设计的要求；系统测试应当验证系统设计，检测系统功能、性能的质量特性是否达到系统设计的指标；由测试人员和用户进行软件的确认测试和验收测试，追溯软件需求说明书进行测试，以确定软件的实现是否满足用户需求或合同的要求。

V 模型存在一定的局限性，它仅仅把测试过程作为需求分析、概要设计、详细设计及编码之后的一个阶段。容易使人理解为测试是软件开发的最后一个阶段，主要是针对程序进行测试，寻找错误，而需求分析阶段隐藏的问题一直到后期的验收测试时才被发现。

V 模型的局限性在于没有明确地说明早期的测试，不能体现"尽早地和不断地进行软件测试"的原则。在 V 模型中增加软件各开发阶段应同步进行的测试，被演化为一种 W 模型，因为实际上开发是 V，测试也是与此相并行的 V。基于"尽早地和不断地进行软件测试"的原则，在软件的需求和设计阶段的测试活动应遵循 IEEE STD 1012-1998《软件验证和确认（V&V）》的原则。一个基于 V&V 原理的 W 模型示意图如图 6-8 所示。

相对于 V 模型，W 模型更科学。W 模型可以说是 V 模型自然而然的发展。W 模型强调测试伴随着整个软件开发周期，而且测试的对象不仅仅是程序，需求、功能和设计同样要测试。这样，只要相应地开发活动完成，我们就可以开始执行测试。可以说，测试与开发是同步进行的，从而有利于尽早地发现问题。以需求为例，需求分析一完成，就可以对需求进行测试，而不是等到最后才进行针对需求的验收测试。

如果测试文档能尽早提交，那么就有了更多的检查和检阅的时间，这些文档还可用于评估开发文档。另外还有一个很大的益处是，测试者可以在项目中尽可能早地面对规格说明书中的挑战。这意味着测试不仅仅能评定软件的质量，还可以尽可能早地找出缺陷所在，从而帮助改进项目内部的质量。参与前期工作的测试者可以预先估计问题和难度，这将可以显著地减少总体测试时间，加快项目进度。

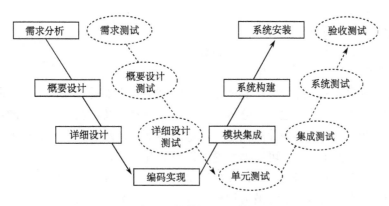

图 6-8　软件测试 W 模型

根据 W 模型的要求，一旦有文档提供，就要及时确定测试条件，以及编写测试用例，这些工作对测试的各级别都有意义。当需求被提交后，就需要确定高级别的测试用例来测试这些需求。当概要设计编写完成后，就需要确定测试条件来查找该阶段的设计缺陷。

6.3　软件项目测试技术

6.3.1　单元测试

单元测试是针对软件设计的最小单位——程序模块，进行正确性检验的测试工作。其目的在于发现每个程序模块内部可能存在的差错。单元测试也是程序员的一项基本职责，程序员必须对自己所编写的代码保持认真负责的态度，这也是程序员的基本职业素质之一。同时单元测试能力也是程序员的一项基本能力，能力的高低直接影响程序员的工作效率与软件的质量。

单元测试一般包括 5 个方面的测试。

（1）模块接口测试：模块接口测试是单元测试的基础。只有在数据能正确流入、流出模块的前提下，其他测试才有意义。模块接口测试也是集成测试的重点，这里进行的测试主要是为后面打好基础。测试接口正确与否应该考虑下列因素：

·输入的实际参数与形式参数的个数是否相同；

·输入的实际参数与形式参数的属性是否匹配；

·输入的实际参数与形式参数的量纲是否一致；

·调用预定义函数时所用参数的个数、属性和次序是否正确；

·是否存在与当前入口点无关的参数引用。

（2）局部数据结构测试：检查局部数据结构是为了保证临时存储在模块内的数据在程序执行过程中完整、正确。局部功能是整个功能运行的基础，重点是一些函数是否正确执行，内部是否运行正确。局部数据结构往往是错误的根源，应仔细设计测试用例，力求发现下面几类错误：

- 不合适或不相容的类型说明；
- 变量无初值；
- 变量初始化或省缺值有错；
- 不正确的变量名（拼错或不正确的截断）；
- 出现上溢、下溢和地址异常。

（3）边界条件测试：边界条件测试是单元测试中最重要的一项任务。众所周知，软件经常在边界上失效，采用边界值分析技术，针对边界值及其左、右设计测试用例，很有可能发现新的错误。边界条件测试是一项基础测试，也是后面系统测试中的功能测试的重点，边界测试执行得好，可以大大提高程序的健壮性。

（4）模块中所有独立路径测试：在模块中应对每一条独立执行路径进行测试，单元测试的基本任务是保证模块中每条语句至少执行一次。测试目的主要是为了发现因错误计算、不正确的比较或不适当的控制流造成的错误。具体做法就是程序员逐条调试语句。常见的错误包括：

- 误解或用错了算符优先级；
- 混合类型运算；
- 变量初值错；
- 精度不够；
- 表达式符号错。

比较判断与控制流常常紧密相关，测试时注意下列错误：

- 不同数据类型的对象之间进行比较；
- 错误地使用逻辑运算符或优先级；
- 期望理论上相等而实际上不相等的两个量相等；
- 比较运算或变量出错；
- 循环终止条件或不可能出现；
- 迭代发散时不能退出；
- 错误地修改了循环变量。

（5）模块的各条错误处理通路测试：程序在遇到异常情况时不应该退出，好的程序应能预见各种出错条件，并预设各种出错处理通路。如果用户不按照正常操作，程序就退出或者停止工作，实际上也是一种缺陷，因此单元测试要测试各种错误处理路径。一般这种测试着重检查下列问题：

- 输出的出错信息难以理解；
- 记录的错误与实际遇到的错误不相符；
- 在程序自定义的出错处理段运行之前，系统已介入；
- 异常处理不当；
- 错误陈述中未能提供足够的定位出错信息。

一般认为单元测试应紧接在编码之后，当源程序编制完成并通过复审和编译检查，便可开始单元测试。测试用例的设计应与复审工作相结合，根据设计信息选取测试数据，将增大发现上述各类错误的可能性。在确定测试用例的同时，应给出期望结果。

如图 6-9 所示，在单元测试时应为测试模块开发一个驱动模块（driver）和（或）若干个桩模块（stub），驱动模块在大多数场合称为"主程序"，它接收测试数据并将这些数据传递到被测试模块。驱动模块和桩模块是测试使用的软件，而不是软件产品的组成部分，但它需要一定的开发费用。若驱动和桩模块比较简单，实际开销相对低些。遗憾的是，仅用简单的驱动模块和桩模块不能完成某些模块的测试任务。

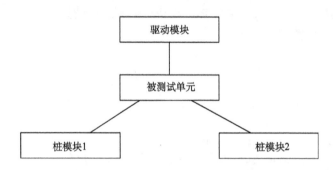

图 6-9　单元测试中驱动程序和桩程序

常见的单元测试工具有代码静态分析工具 Logiscope、McCabe QA、CodeTest 等；代码检查工具 PC-LINT、CodeChk、Logiscope 等；测试脚本工具 TCL、Python、Perl 等；覆盖率检测工具 Logiscope、PureCoverage、TrueCoverage、CodeTest 等；内存检测工具 Purify、BoundsCheck、CodeTest 等；专为单元测试设计的工具 RTRT、Cantata、AdaTest 等。

目前的最流行的单元测试工具是 xUnit 系列框架，常用的根据语言不同分为 JUnit（Java），CppUnit（C++），DUnit（Delphi），NUnit（.net），PhpUnit（Php）等。

JUnit 一个实例在控制台中简单的范例如下：

• 写个待测试的 Triangle 类，创建一个 TestCase 的子类 ExampleTest；

• 在 ExampleTest 中写一个或多个测试方法，断言期望的结果（注意：以 test 作为待测试的方法的开头，这样这些方法可以被自动找到并被测试）；

• ExampleTest 中写一个 suite()方法，它会使用反射动态的创建一个包含所有的 testXxxx 方法的测试套件；

• ExampleTest 可以写 setUp()、tearDown()方法，以便在测试时初始化或销毁测试所需的所有变量和实例（不是必须的）；

• 写一个 main()方法以文本运行器或其他 GUI 的方式方便的运行测试；

• 编译 ExampleTest，执行测试。

Eclipse 自带了一个 JUnit 的插件，不用安装就可以在项目中开始测试相关的类，并且可以调试测试用例和被测试类。

使用步骤如下：

（1）新建一个测试用例，单击 File->New->Other...菜单项，在弹出的 New 对话框中选择 Java->JUnit 下的 TestCase 或 TestSuite，就进入 New JUnit TestCase 对话框；

（2）在 New JUnit TestCase 对话框中填写相应的栏目，主要有 Name（测试用例名），Super Class（测试的超类一般是默认的 junit.framework.TestCase），Class Under Test（被测试的类），Source Folder（测试用例保存的目录），Package（测试用例包名），以及是否自动生成 main、setUp、tearDown 方法；

（3）如果单击下面的 Next> 按钮，可以直接选中你想测试的被测试类的方法，Eclipse 将自动生成与被选方法相应的测试方法，单击 Finish 按钮后创建一个测试用例；

（4）编写完成测试用例后，单击 Run 按钮可看到运行结果。

Triangle 类源代码如下：

```
public class Triangle
{
      //定义三角形的三边
      protected long lborderA = 0;
      protected long lborderB = 0;
      protected long lborderC = 0;
      //构造函数
      public Triangle(long lborderA,long lborderB,long lborderC)
      {
            this.lborderA = lborderA;
            this.lborderB = lborderB;
this.lborderC = lborderC;
      }
      /**
       * 判断是否是三角形
       * 是返回ture；不是返回false
       */
      public  boolean isTriangle(Triangle triangle)
      {
            boolean isTrue = false;
            //判断边界，大于0小于200，出界，返回false
            if((triangle.lborderA>0&&triangle.lborderA<200)
                  &&(triangle.lborderB>0&&triangle.lborderB<200)
                  &&(triangle.lborderC>0&&triangle.lborderC<200))
            {
                  //判断两边之和大于第三边

                  if((triangle.lborderA<(triangle.lborderB+triangle.lbo
                  rderC))

&&(triangle.lborderB<(triangle.lborderA+triangle.lborderC))

&&(triangle.lborderC<(triangle.lborderA+triangle.lborderB)))
```

```
                        isTrue = true;
                }
                        return isTrue;
        }
         /**
          * 判断三角形类型
          * 等腰三角形返回字符串"等腰三角形";
          * 等边三角形返回字符串"等边三角形";
          * 其他三角形返回字符串"不等边三角形";
          */
        public String isType(Triangle triangle)
        {
                String strType = "";
                // 判断是否是三角形
    if(this.isTriangle(triangle))
                {
                        //判断是否是等边三角形
if(triangle.lborderA==triangle.lborderB&&triangle.lborderB==triangle.lborderC)
                        strType = "等边三角形";
                        //判断是否是不等边三角形
                        else if((triangle.lborderA!=triangle.lborderB)&&
                                (triangle.lborderB!=triangle.lborderC)&&
                                (triangle.lborderA!=triangle.lborderC))
                        strType = "不等边三角形";
                        else
                                strType="等腰三角形";
                }
                return strType;
        }
    }
```

TestCase 的子类代码如下：

```
ExampleTest.java
import junit.framework.*;
public class ExampleTest extends TestCase {
        public Triangle triangle;
        //初始化
        protected void setUp() {
                triangle=new Triangle(10,2,9);
        }
```

```
public static Test suite() {
        return new TestSuite(ExampleTest.class);
}
//函数isTriangle()的测试用例
public void testIsTriangle() {
                assertTrue(triangle.isTriangle(triangle));
}
//函数isType()的测试用例
public void testIsType()
{
        assertEquals("这次测试",triangle.isType(triangle),"不等边三角形");
}

//执行测试
public static void main (String[] args) {
        //文本方式
        junit.textui.TestRunner.run(suite());
        //Swingui方式
        //junit.swingui.TestRunner.run(suite().getClass());
        //awtui方式
        //junit.awtui.TestRunner.run(suite().getClass());
    }

}
```

6.3.2　集成测试和系统测试

1. 集成测试

集成测试是在软件系统集成过程中所进行的测试,其主要目的是检查软件单位之间的接口是否正确。它根据集成测试计划,一边将模块或其他单元组合成越来越大的系统,一边运行该系统,以分析所组成的系统是否正确,各个组成部分是否合拍。集成测试的策略主要有自顶向下和自底向上两种。也可以理解为在软件设计单元、功能模块组装、集成为系统时,对应用系统的各个部件(软件单元、功能模块接口、链接等)进行的联合测试,以决定它们能否在一起共同工作,部件可以是代码块、独立的应用、网络上的客户端或服务器端程序。

集成测试的实施方案有很多种,如自底向上集成测试、自顶向下集成测试、Big-Bang集成测试、三明治集成测试、核心集成测试、分层集成测试、基于使用的集成测试等。

1)自顶向下法

自顶向下集成是从主控模块开始,按照软件的控制层次结构,以深度优先或广度优先的策略,逐步把各个模块集成在一起。其优点在于能尽早地对程序的主要控制和决策机制进行检验,因此较早地发现错误,缺点是在测试较高层模块时,低层处理采用桩模块替代，不能反映真实情况，重要数据不能及时回送到上层模块，因此测试并不充分，图 6-10 为自顶向下集成测试方法示意图。

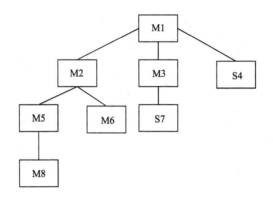

深度优先：M1 → M2 → M5 → M8 → M6 → M3 → S7 → S4

广度优先：M1 → M2 → M3 → S4 → M5 → M6 → S7 → M8

图 6-10 自顶向下集成测试方法示意图

自顶向下集成测试的具体步骤为：

（1）以主控模块作为测试驱动模块，把对主控模块进行单元测试时引入的所有桩模块用实际模块元代；

（2）依据所选的集成，每次只替代一个桩模块；

（3）每集成一个模块立即测试一遍；

（4）只有每组测试完成后才着手替换下一个桩模块；

（5）为了避免注入新错误，必须不断地进行回归测试。

自顶向下集成方法优点是能较早展示整个程序的概貌，取得用户的理解和支持；不需要测试驱动，能早期发现上层模块的接口错误。缺点是测试上层模块时要使用桩模块，很难模拟出真实模块的全部功能，可能使部分测试内容被迫推迟，只能等真实模块集成后再补充测试；因为使用桩模块较多，增加了设计测试用例的难度。

2）自底向上法

自底向上的集成是从底层模块开始，从下而上逐层将各模块组装起来。集成中采用宽度优先或深度优先的策略向上推进。因为模块是自底向上进行组装的，对于一个给定层次的模块，它的子模块（包括子模块的所有下属模块）事前已经完成组装并经过测试，所以不再需要编制桩模块（一种能模拟真实模块，给待测模块提供调用接口或数据的测试用软件模块）。自底向上集成测试示意图如图 6-11 所示。

测试步骤一般如下：

（1）按照概要设计规格说明，明确有哪些被测模块。在熟悉被测模块性质的基础上对被测模块进行分层，在同一层次上的测试可以并行进行，然后排出测试活动的先后关系，制定测试进度计划。利用集成测试图论的相关知识，可以排出各活动之间的时间序列关系，处于同一层次的测试活动可以同时进行，而不会相互影响。

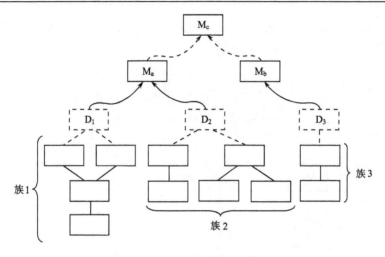

图 6-11　自底向上基础测试方法示意图

（2）在（1）的基础上，按时间线序关系，将软件单元集成为模块，并测试在集成过程中出现的问题。这里，可能需要测试人员开发一些驱动模块来驱动集成活动中形成的被测模块。对于比较大的模块，可以先将其中的某几个软件单元集成为子模块，然后再集成为一个较大的模块。

（3）将各软件模块集成为子系统（或分系统），检测各自子系统是否能正常工作。同样，可能需要测试人员开发少量的驱动模块来驱动被测子系统。

（4）将各子系统集成为最终用户系统，测试是否存在各分系统能否在最终用户系统中正常工作。

自底向上的集成测试方案是工程实践中最常用的测试方法，相关技术也较为成熟。它的优点很明显：管理方便、测试人员能较好地锁定软件故障所在位置。但它对于某些开发模式不适用，如使用 XP 开发方法，它要求测试人员在全部软件单元实现之前完成核心软件部件的集成测试。尽管如此，自底向上的集成测试方法仍不失为一个可供参考的集成测试方案。自底向上集成测试方法无需开发桩模块，但需要对未经集成测试的模块开发驱动模块。设计测试用例比较容易，但是在测试的早期不能显示出整个程序的概貌。

3）三明治集成测试

三明治集成测试是将自顶向下和自底向上集成方法结合起来的集成测试方法，综合了两种测试策略的长处，如图 6-12 所示。三明治集成测试把系统划分成三层，中间一层为目标层，目标层之上采用自顶向下集成，之下采用自底向上集成。对关键模块采用自底向上集成测试方法，把输入输出模块提前组装进程序，使设计测试用例变得容易。或者将有重要功能的模块尽早与相关模块链接，以便及早发现可能存在的问题。除关键模块和少数与之相关的模块外，其余模块，尤其是上成模块采用自顶向下的集成测试方法，以便尽早展现软件的总体概貌。

以图 6-12 为例，三明治集成测试的步骤如下：

（1）对目标层之上一层使用自顶向下集成，因此测试 A，使用桩代替 B、C、D；

（2）对目标层之下一层使用自底向上集成，因此测试 E、F，使用驱动代替 B、D；

（3）把目标层下面一层与目标层集成，因此测试（B、E）、（D，F），使用驱动代替 A；

（4）把三层集成到一起，因此测试（A，B，C，D，E，F）。

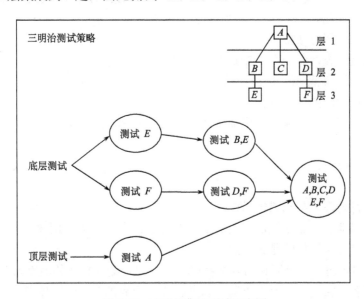

图 6-12　三明治集成测试示意图

三明治集成测试将自顶向下和自底向上的集成策略有机结合，发挥了二者的有点，但也存在一些不足：中间的目标层可能得不到充分测试；需要同时开发桩模块和驱动模块，增加工作量；一旦发现缺陷，涉及的接口数量较多，增加了缺陷定位的难度。

2. 系统测试

系统测试是基于软件需求说明书的黑盒测试，是对已经集成好的软件系统进行彻底的测试，以验证软件系统的正确性和性能等满足其规约所指定的要求，检查软件的行为和输出是否正确，并非一项简单的任务，被称为测试的"先知者问题"。因此，系统测试应该按照测试计划进行，其输入、输出和其他的动态运行行为应该与软件规约进行对比。软件系统测试的方法很多，主要有功能测试、性能测试、随机测试等。

1）功能测试

功能测试也称需求测试，主要针对系统功能展开测试，确认被测系统是否满足用户的功能使用需求，即检查软件是否完成了需求规格说明书中所指定的功能。功能测试主要采用黑盒测试技术，从系统的输入、内部处理、输出这 3 方面设计测试用例。功能测试只需考虑需要测试的各个功能，不需要考虑整个软件的内部结构及代码。一般从软件产品的界面、架构出发，按照需求编写出来的测试用例，输入数据在预期结果和实际结果之间进行评测，进而提出更能使产品达到用户使用的要求。

功能测试根据产品特性、操作描述和用户方案，测试一个产品的特性和可操作行为，以确定它们是否满足设计需求。本地化软件的功能测试，用于验证应用程序或网站对目标用户能否正确工作。使用适当的平台、浏览器和测试脚本，以保证目标用户的体验足够好，就像应用程序专门为该市场开发的一样。功能测试是为了确保程序以期望的方式运行而按功能要求对软件进行的测试，对一个系统的所有的特性和功能都进行测试，以确保符合需求和规范。

功能测试的常用方法如下：

- 页面链接检查，每一个链接是否有对应的界面；
- 相关性检查，删除/增加一项会不会对其他项产生影响，如果产生影响，是否正确；
- 检查按钮功能是否正确；
- 字符串长度检查，输入超出需求所说明的字符串长度的内容，看系统是否检查，会不会出错；
- 字符类型检查；
- 标点符号检查；
- 中文字符处理，乱码或出错检查；
- 检查带出信息的完整性，在查看信息和更新信息时，查看所填写的信息是不是全部带出，带出信息和添加的是否一致；
- 信息重复，对一些需要命名且名字唯一的信息，输入重复的名字或 ID，看系统有没有处理；重名包括是否区分大小写，以及在输入内容的前后输入空格，看系统是否处理；
- 检查删除功能，在一些可删除多个数据的地方，不选任何内容按删除按钮看系统如何处理；
- 选择一个或多个时又如何处理；
- 检查添加修改是否一致，检查添加和修改信息的要求是否一致，例如添加要求必填的项，修改也应该必填；
- 检查修改重名，修改时把不能重名的项改为已存在的内容，看会否处理、报错，同时看会否报重名的错；
- 重复提交表单，一条已成功提交的记录，返回后再提交，看系统是否进行处理；
- 检查多次处理的情况；
- search 检查，在有 search 功能的地方输入系统存在和不存在的内容，看结果是否正确；
- 如果可以输入多个 search 条件，同时可以添加合理和不合理的条件，看系统是否处理正确；
- 输入信息的位置，输入信息时，光标的位置；
- 上传和下载文件的检查，上传下载的功能是否实现，上传文件是否能打开，上传文件的格式规定，系统是否有解释信息；
- 必填项检查，必填项是否有提示信息；
- 快捷键检查，是否支持常用快捷键；
- 回车键检查，在输入结束后直接按回车键，看系统处理如何，会否报错。

2）性能测试

性能测试是针对软件的运行性能指标进行测试，判断系统集成后在实际使用环境下能否稳定、可靠地运行。软件的性能主要考虑系统的时间与空间性能。时间性能主要指系统对一个具体事务的相应时间。空间性能主要指系统运行时消耗的系统资源，该项指标影响系统的最低配置与推荐配置。性能测试主要包括常规性能测试、压力测试、可靠性测试、大数据量测试等。

当提到软件性能测试的时候，有一点是很明确的：测试关注的重点是"性能"。一般来说，性能是表明软件系统或构件对于其及时性要求的符合程度，可以用时间来进行度量。性能的及时性用响应时间或者吞吐量来衡量。响应时间是对请求作出响应所需要的时间。

软件性能测试主要包含：响应时间、用户并发数、吞吐量、性能计数器、思考时间（休眠时间）。其测试方法主要有 SEI 负载测试计划过程、RBI 方法、性能下降曲线分析法、LoadRunner 的性能测试、Segue 提供的性能测试，其中 LoadRunner 性能测试的使用较为普遍。

性能测试又可以从用户角度、管理员角度、开发人员角度来进行。从用户的角度来说，软件性能就是软件对用户操作的响应时间。

从管理员的角度来看，软件系统的性能首先表现在系统的响应时间上，这一点和用户视角是一样的。但管理员是一种特殊的用户，和一般用户相比，除了会关注一般用户的体验之外，他还会关心和系统状态相关的信息。例如，管理员已经知道，在并发用户数为 100 时，A 业务的响应时间为 8 秒，那么此时的系统状态如何呢？服务器的 CPU 使用是不是已经达到了最大值？是否还有可用的内存？应用服务器的状态如何？设置的 JVM 可用内存是否足够？数据库的状况如何？是否还需要进行一些调整？这些问题普通的用户并不关心，因为这不在他们的体验范围之内；但对管理员来说，要保证系统的稳定运行和持续的良好性能，就必须关心这些问题。

从开发人员的角度来说，对软件性能的关注就更加深入了。开发人员会关心主要的用户感受——响应时间，因为这毕竟是用户的直接体验；另外，开发人员也会关心系统的扩展性等管理员关心的内容，因为这些也是产品需要面向的用户（特殊的用户）。但对开发人员来说，其最想知道的是"如何通过调整设计和代码实现，或是如何通过调整系统设置等方法提高软件的性能表现"，和"如何发现并解决软件设计和开发过程中产生的由于多用户访问引起的缺陷"，因此，其最关注的是使性能表现不佳的因素和由于大量用户访问引发的软件故障，也就是我们通常所说的"性能瓶颈"和系统中存在的在大量用户访问时表现出来的缺陷。举例来说，对于一个没有达到预期性能规划的应用，开发人员最想知道的是，这个糟糕的性能表现究竟是由于系统架构选择的不合理的问题还是代码实现的问题引起？或由于数据库设计的问题引起？抑或是由于系统的运行环境引发？

6.3.3　自动化测试

自动化测试是相对手动测试而言，它是通过测试工具、测试脚本等手段，按照测试工程师的预订计划对系统进行自动测试，从而验证系统是否满足用户的需求。自动化测试具有良好的可重复性、可操作性和高效率等特点，是提高测试覆盖与可靠性的重要手段。

实施自动化测试之前需要对软件开发过程进行分析，以观察其是否适合使用自动化测试。通常需要同时满足以下条件：需求变动不频繁；项目周期足够长；自动化测试脚本可重复使用。

通常适合于软件测试自动化的场合如下：

• 回归测试，重复单一的数据录入或是按键等测试操作造成了不必要的时间浪费和人力浪费；

• 测试人员对程序的理解和对设计文档的验证通常也要借助于测试自动化工具；

• 采用自动化测试工具有利于测试报告文档的生成和版本的连贯性；

• 自动化工具能够确定测试用例的覆盖路径，确定测试用例集对程序逻辑流程和控制流程的覆盖。

自动化测试技术主要包括录制/回放技术和脚本技术。自动化测试技术室是对手工测试的一种补充，自动化测试不可能完全代替手工测试，数据的正确性、界面的是否美观、业务逻辑正确与否、满足程度等都离不开测试人员的人工判断。对于基本的逻辑性不强的操作可使用自动化测试工具完成，对于逻辑性强的操作，为避免测试脚本的缺陷所造成的测试结果错误，应采用手动测试。

自动化测试之前需要对软件开发过程进行分析，以观察其是否适合使用自动化测试。通常需要同时满足以下条件。

1）软件需求变动不频繁

测试脚本的稳定性决定了自动化测试的维护成本。如果软件需求变动过于频繁，测试人员需要根据变动的需求来更新测试用例以及相关的测试脚本，而脚本的维护本身就是一个代码开发的过程，需要修改、调试，必要的时候还要修改自动化测试的框架。如果这些所花费的成本不低于利用其节省的测试成本，那么自动化测试便是失败的。

项目中的某些模块相对稳定，而某些模块需求变动性很大。我们便可对相对稳定的模块进行自动化测试，而对变动较大的仍用手工测试。

2）项目周期足够长

自动化测试需求的确定、自动化测试框架的设计、测试脚本的编写与调试均需要相当长的时间来完成，这样的过程本身就是一个测试软件的开发过程，需要较长的时间来完成。如果项目的周期比较短，没有足够的时间去支持这样一个过程，那么自动化测试便无从谈起。

3）自动化测试脚本可重复使用

如果费尽心思开发了一套近乎完美的自动化测试脚本，但是脚本的重复使用率很低，致使其间所耗费的成本大于所创造的经济价值，自动化测试便成为了测试人员的练手之作，而并非是真正可产生效益的测试手段了。

另外，在手工测试无法完成、需要投入大量时间与人力时，也需要考虑引入自动化测试。比如性能测试、配置测试、大数据量输入测试等。

目前，软件测试自动化的研究领域主要集中在软件测试流程的自动化管理及动态测试的自动化（如单元测试、功能测试以及性能测试）方面。在这两个领域，与手工测试相比，测试自动化的优势是明显的。首先自动化测试可以提高测试效率，使测试人员更加专注于新的测试模块的建立和开发，从而提高测试覆盖率；其次，自动化测试更便于测试资产的数字化管理，使得测试资产在整个测试生命周期内可以得到复用，这个特点在功能测试和回归测试中尤其具有意义；此外，测试流程自动化管理可以使机构的测试活动开展得更加过程化，这很符合 CMMI 过程改进的思想。

自动化测试的优点如下：

· 对程序的回归测试更方便，可以极大提高测试效率，缩短回归测试时间；
· 可以运行更多更繁琐的测试，可在较少的时间内运行更多的测试；
· 可以执行一些手工测试困难或不可能进行的测试；
· 可更好地利用资源，将繁琐的任务自动化，提高手工测试的效率；
· 测试具有复用性，由于自动测试通常采用脚本技术，可以在不同的测试中使用相同的用例。

自动化测试的缺点如下：

· 手工测试比自动测试发现的缺陷更多；
· 对测试质量的依赖性极大；
· 测试自动化不能提高有效性；
· 测试自动化可能会制约软件开发；
· 测试工具本身并无想象力，无法像人们的大脑一样延伸。

综上所述，可以归结如下自动化完成不了的，手工测试都能弥补；两者有效结合是测试质量保证的关键。

QTP 测试工具是常用的自动化测试软件，QTP 全名为 HP QuickTest Professional software，是一种自动测试工具。使用 QTP 的目的是用它来执行重复的手动测试，主要是用于回归测试和测试同一软件的新版本。因此在测试前要考虑好如何对应用程序进行测试，例如要测试那些功能、操作步骤、输入数据和期望的输出数据等。

QTP 进行功能测试的测试流程如下：

[制定测试计划]→[创建测试脚本]→[增强测试脚本功能]→[运行测试]→[分析测试结果]

（1）制定测试计划。自动测试的测试计划是根据被测项目的具体需求，以及所使用的测试工具而制定的，完全用于指导测试全过程。

（2）创建测试脚本。当测试人员浏览站点或在应用程序上操作的时候，QTP 的自动录制机制能够将测试人员的每一个操作步骤及被操作的对象记录下来，自动生成测试脚本语句增强测试脚本的功能。

（3）录制脚本。为了实现创建或者设计脚本的第一步，基本的脚本录制完毕后，测试人员可以根据需要增加一些扩展功能，QTP 允许测试人员通过在脚本中增加或更改测试步骤来修正或自定义测试流程。

（4）运行测试。QTP 从脚本的第一行开始执行语句，运行过程中会对设置的检查点进行验证，用实际数据代替参数值，并给出相应的输出结构信息。测试过程中，测试人员还可以调试自己的脚本，直到脚本完全符合要求。

（5）分析测试结果。运行结束后系统会自动生成一份详细完整的测试结果报告。

6.3.4　验收测试

验收测试是部署软件之前的最后一个测试操作。在软件产品完成了单元测试、集成测试和系统测试之后，产品发布之前所进行的软件测试活动是技术测试的最后一个阶段，也称为交付测试。验收测试的目的是确保软件准备就绪，并且可以让最终用户将其用于执行软件的既定功能和任务。验收测试是向未来的用户表明系统能够像预定要求那样工作。经集成测试后，已经按照设计把所有的模块组装成一个完整的软件系统，接口错误也已经基本排除了，接着就应该进一步验证软件的有效性，这就是验收测试的任务，即软件的功能和性能如同用户所合理期待的那样。

软件验收测试的目的是让系统用户决定是否接收系统，是一项确定产品是否能够满足合同或用户所规定需求的测试，这是管理性和防御性控制的重要步骤。软件验收测试前提是，软件系统已通过了系统测试。

软件验收测试完成标准：无论是计划还是过程，都应该着重考虑软件是否满足合同规定的所有功能和性能，文档资料是否完整、准确，人机界面和其他方面（例如，可移植性、兼容性、错误恢复能力和可维护性等）是否令用户满意。软件验收测试的结果可能有两种，一种是功能和性能指标满足软件需求说明的要求，用户可以接受；另一种是软件不满足软件需求说明的要求，用户无法接受。若项目进行到这个阶段才发现严重错误和偏差，一般很难在预定的工期内改正，因此必须与用户协商，寻求一个妥善解决问题的方法。具体标准如下：

- 完全执行了软件验收测试计划中的每个测试用例。
- 在软件验收测试中发现的错误已经得到修改并且通过了测试，或者经过评估留待下一版本中修改。
- 完成软件验收测试报告。

验收注意事项如下：

- 必须编写正式的、单独的验收测试报告；
- 验收测试必须在实际用户运行环境中进行；
- 由用户和测试部门共同执行，如为公司自行开发产品，应由测试人员、产品设计部门、市场部门等共同进行。

实施验收测试的常用策略有 3 种，正式验收，非正式验收（或 Alpha 测试），Beta 测试。

正式验收测试是一项管理严格的过程，它通常是系统测试的延续。

在非正式验收测试中，执行测试过程的限定不像在正式验收测试中那样严格。在此测试中，确定并记录要研究的功能和业务任务，但没有可以遵循的特定测试用例。测试内容由各测试员决定。这种验收测试方法不像正式验收测试那样组织有序，而且更为主观。大多数情况下，非正式验收测试是由最终用户组织执行的。

在以上两种验收测试策略中，Beta 测试需要的控制是最少的。在 Beta 测试中，采用的细节多少、数据和方法完全由各测试员决定。各测试员负责创建自己的环境、选择数据，并决定要研究的功能、特性或任务。各测试员负责确定自己对于系统当前状态的接受标准。

Beta 测试由最终用户实施，通常开发（或其他非最终用户）组织对其的管理很少或不进行管理。Beta 测试是所有验收测试策略中最主观的。

验收测试是软件开发结束后对软件的投入实际应用以前进行的最后一次质量检验活动。这就需要严格的评测标准，详细地评测方案及评测步骤，并利用先进测试技术和测试工具对待被测软件进行全面的质量检验。测试结果则是通过具体的测试内容反映出来的。因此，只有把握住测试内容这一关键，才能圆满地完成测试任务。

6.4　软件测试质量分析报告

6.4.1　软件项目的质量度量

软件度量为软件过程的不断改进和量化管理奠定了基础，也为管理层了解项目状态提供了帮助，但国内在这方面似乎经验不足。近来，软件项目总是由于超进度和超预算而名声不佳，而且还存在质量的问题，究其原因，主要是没有对进度、成本和质量等进行准确的预计，没有有效的度量。

规划项目时，需要估计项目规模和进度；跟踪项目时，需要明确实际的工作量和时间与计划的对比情况；判断软件产品的稳定性时，需要明确发现和纠正缺陷的比率，如图 6-13 所示；定量了解项目的进展，需要对当前项目的绩效进行测量，并与基线进行比较。这些都需要有准确的度量，度量可以帮助项目经理更好地规划和控制项目，更多地了解项目的情况。一个有效的项目管理是离不开度量的。

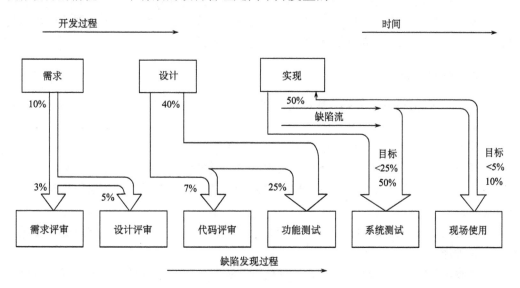

图 6-13　阶段缺陷度量结果

软件度量是软件项目很重要的一项任务,只是目前还没有受到应有的重视。从图6-13可见,只有经过度量才能知道,项目缺陷10%来自需求阶段,40%来自设计阶段,50%来自实现阶段。也只有经过度量才能知道:缺陷的发现有3%通过需求评审实现,5%通过设计评审实现,7%通过代码评审实现,25%通过功能测试实现,50%通过系统测试实现,还有10%的缺陷留给后来用户发现或者投诉。当然,也可以通过度量知道解决缺陷的成本组成,如图6-14所示。

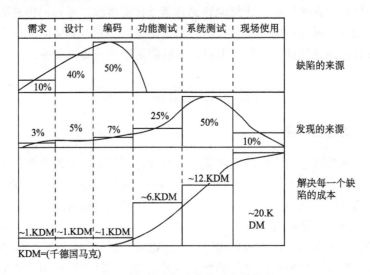

图6-14　缺陷与成本关系度量结果

软件度量中最棘手也是最关键的一个方面是做出如何将它引入到组织内的决策,度量方案需要高层经理的支持,并且较难维护。尽管软件度量对软件项目具有非常重要的作用,但是软件度量较难在软件组织内真正展开。一般来说,度量工作开展比较困难的原因主要是开发人员不认为度量是软件工程的必备要素。

6.4.2　软件缺陷描述

软件缺陷(Software Defect)是对软件产品预期属性的偏离现象。它包括检测缺陷和残留缺陷。

缺陷的优先性,分为5级,参考下面的方法确定。

·最高优先级(Blocker),例如,软件的主要功能错误或者造成软件崩溃,数据丢失的缺陷,或用户重点关注的问题,缺陷导致系统几乎不能使用或者测试不能继续,需立即修复。

·较高优先级(Critical),例如,影响软件功能和性能的一般缺陷,严重影响测试,需要优先考虑。

·一般优先级(Major),例如,本地化软件的某些字符没有翻译或者翻译不准确的缺陷,需要正常排队等待修复。

·低优先级(Minor),例如,对软件的质量影响非常轻微或出现几率很低的缺陷,可以在开发人员有时间的时候再被纠正。

• 最低优先级（Trival），例如，属于优化但可以不做修改的问题，或暂时无法修复但影响不大的问题。

软件缺陷的描述是软件缺陷报告的基础部分，也是测试人员就一个软件问题与开发工程师交流的最好机会。一个好的描述，需要使用简单的、准确的、专业的语言来抓住缺陷的本质。否则，它就会使信息含糊不清，可能会误导开发人员。因此，正确评估缺陷的严重程度和优先级，是项目组全体人员交流的基础。

缺陷描述要遵循一定的原则，有效的缺陷描述有以下几个原则。

• 可以重现：在缺陷的详细描述中提供精确的操作步骤，可以让开发人员容易看懂。

• 定位准确：缺陷描述准确，不会引起误解和歧义。

• 描述清晰：对操作步骤的描述清晰，易于理解，应用客观的书面语，避免使用口语。

• 完整统一：提供完整、前后统一的软件缺陷的步骤和信息，按照一致的格式书写全部缺陷报告。

• 短小简练：通过使用关键词，可以使问题摘要的描述短小简练，又能准确解释产生缺陷的现象。如"在新建任务窗口中，选择直接下达，负责人收不到即时消息"中"新建任务窗口""直接下达""即时消息"等是关键词。

• 特定条件：许多软件功能在通常情况下没有问题，而是在某种特定条件下会存在缺陷，所以软件缺陷描述不要忽视这些看似细节的但又必要的特定条件（如特定的操作系统、浏览器或某种设置等），它们能够提供帮助开发人员找到原因的线索。如"网站在 IE7.0 和 IE8.0 的兼容问题"。

• 不做评价：在软件缺陷描述不要带着个人观点对开发软件进行评价。软件缺陷报告是针对产品、针对问题本身，将事实或现象客观地描述出来就可以，不需要任何评价或议论。

提交一条缺陷后，最好能够再检查一遍缺陷格式是否有问题。常见的缺陷格式问题如下：

• 问题摘要中不能有句号；

• 问题摘要后不要有空格，直接填写内容；

• 问题摘要比较长时，可以用"，"分隔；

• 详细描述中序号后面"."一定是半角的宋体，不是全角符号，并且后面不再有空格；

• 详细描述中分号一定要使用全角的分号；

• 详细描述中的"→"应统一，应在英文输入法的半角状态下输入箭头；

• 注意缺陷中不要出现错别字，例如"登陆"应写为"登录"。

缺陷描述常见的问题如下：

• 问题摘要过长，不够简练、准确；

• 问题摘要与详细描述的内容不一致；

• 详细描述不清楚，无法复现；

- 详细描述冗长，不宜于理解；
- 缺陷定位不正确；
- 缺陷等级定位错误；
- 缺陷的类型定位不正确；
- 不是缺陷。

6.4.3　软件缺陷处理

软件缺陷在软件开发过程中的处理流程如图 6-15 所示。缺陷跟踪应该做到以下两点：

- 缺陷的提交人应实时跟踪缺陷状态，及时回复开发人员提出的疑问；
- 及时更新缺陷状态。

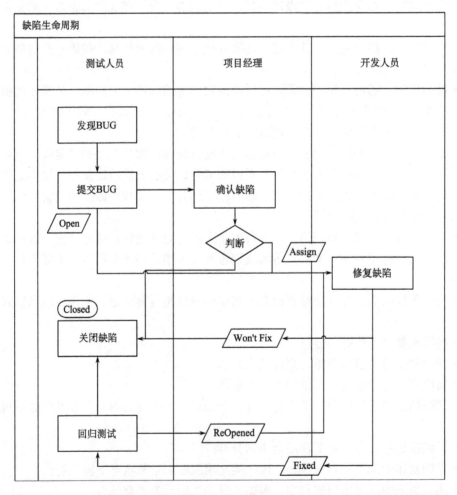

图 6-15　处理流程图

一般地，严重程度高的软件缺陷具有较高的优先级，但是严重程度和优先级并不总是一一对应的。有时候严重程度高的软件缺陷，优先级不一定高，甚至不需要处理，而一些严重程度低的缺陷却需要及时处理，反而具有较高的优先级。例如，公司名字和软件产品徽标是重要的，一旦它们误用了，这种缺陷是用户界面的产品缺陷，并不影响用户使用。但是它影响公司形象和产品形象，因此这也是优先级高的软件缺陷。通常功能性的缺陷较为严重，具有较高的优先级，而软件界面类缺陷的严重性一般较低，优先级也较低。但实际上，优先级和严重程度有联系也有区别。严重程度高的，必然优先级也要高，但优先级高的，严重程度却并非也一定高。

6.5　软件测试规范

文档是测试团队的日常工作规范，主要侧重测试工作流程的控制，明确软件工程的各阶段测试团队应完成的工作。测试技术和策略等问题不在本章范围内。版本记录如下：

文件状态： [√] 草稿 [ ] 正式发布 [ ] 正在修改	当前版本：	1.1
	作　者：	***
	完成日期：	2015-9-15
	签收人：	***
	签收日期：	2015-9-19

测试是软件开发过程中的重要组成部分，其责任如下：

•在项目的前景、需求文档确立基线前对文档进行测试，从用户体验和测试的角度提出自己的看法。

•编写合理的测试计划，并与项目整体计划有机地整合在一起。

•编写覆盖率高的测试用例。

•针对测试需求进行相关测试技术的研究。

•认真仔细地实施测试工作，并提交测试报告供项目组参考。

•进行缺陷跟踪与分析。

在人力资源有限的情况下，一个团队成员可能会同时承担多个角色，一般的角色与责任分工如下：

角色名称	相关主要责任
测试经理	• 　组建测试组 • 　协调测试组内部的沟通 • 　代表测试组与其他角色组进行沟通 • 　编写测试计划 • 　测试报告分析
测试用例设计工程师	• 　编写测试用例（可以由测试经理兼任）
测试实施工程师	• 　实施测试用例，执行测试
技术支持工程师	• 　为测试工作提供技术支持

在项目组成立的同时，测试组也将同时成立，团队成立的工作与责任如下：

过程要点	详细说明
输入条件	项目组成立（参与《项目计划书》的评审）
工作内容	为测试组任命一名测试经理，同时确定测试组的构成人选
退出标准	测试组成立
责任人	测试经理

需求分析文档确立后，测试组需要编写测试计划文档，为后续的测试工作提供直接的指导，具体如下：

过程要点	详细说明
输入条件	项目需求文档建立
工作内容	根据项目的需求文档，按照测试计划文档模板编写测试计划。测试计划中应该至少包括以下关键内容： • 测试需求——需要测试组测试的范围，估算出测试所花费的人力资源和各个测试需求的测试优先级 • 测试方案——整体测试的测试方法和每个测试需求的测试方法 • 测试资源——本次测试所需要用到的人力、硬件、软件、技术的资源 • 测试组角色——明确测试组内各个成员的角色和相关责任 • 里程碑——明确标准项目过程中测试组应该关注的里程碑 • 可交付工件——在测试组的工作中必须向项目组提交的产物，包括测试计划、测试报告等 • 风险管理——列举出测试工作中可能出现的风险 测试计划编写完毕后，必须提交给项目组全体成员，并由项目组中各个角色组联合评审
退出标准	• 测试计划由项目组评审通过 • 在项目开发过程中，要适时对测试计划进行跟踪，以评估此计划的完整性、可行性，在项目结束时还要最后评估一下测试计划的质量
责任人	测试经理

在需求分析文档确立基线以后，测试组需要针对项目的测试需求编写测试用例。在实际的测试中，测试用例将是唯一实施标准。在用例的编写过程中，具体的任务和责任人如下：

过程要点	详细说明
输入条件	测试需求明确，测试计划明确
工作内容	根据每一步测试计划编写全部的测试用例
退出标准	测试用例需要覆盖所有的测试需求
责任人	测试用例设计工程师（可由测试实施工程师或测试经理兼任）

在测试结束之后，测试经理编写测试总结报告，对测试进行总结，并且提交给项目

组，为产品的后续工作提供重要的信息支持。具体如下：

过程要点	详细描述
输入条件	测试组完成了所有的测试实施工作
工作内容	测试经理根据测试的结果，按照测试报告的文档模板编写测试报告，测试报告必须包含以下重要内容： • 测试资源概述——多少人、多长时间 • 测试结果摘要——分别描述各个测试需求的测试结果，产品实现了哪些功能点，哪些还没有实现 • 缺陷分析——按照缺陷的属性分类进行分析 • 测试需求覆盖率——原先列举的测试需求的测试覆盖率，可能一部测试需求因为资源和优先级的因素没有进行测试，那么在这里要进行说明 • 测试评估——从总体角度对项目质量进行评估 • 测试组建议——从测试组的角度为项目组提出工作建议
退出标准	测试经理完成了符合标准的测试报告，发送给项目组
责任人	测试经理

测试验收工作是在以上工作全部结束后，对测试的过程、效果进行验收，宣布测试结束。具体如下：

过程要点	详细描述
输入条件	测试组完成了所有的测试实施工作，测试经理完成符合标准的测试总结文档
工作内容	由测启会上约定的验收组成员，对本测试收进行验收，验收内容包括： • 测试效果验收——测试是否达到预期目的 • 测试文档验收——测试过程文档是否齐全，可信，符合标准 • 测试评估——从总体对测试的质量进行评估 • 测试建议——对本次测试工作指出不足及需要在以后工作中改进的地方 • 宣布测试结束——测试验收组成员签字并宣布本次测试结束
退出标准	签发测试验收报告
责任人	产品经理

测试归档是在测试验收结束宣布测试有效，结束测试后，对测试过程中涉及的各种标准文档进行归类、存档。具体如下：

过程要点	详细描述
输入条件	测试验收通过
工作内容	归类，存档测试过程涉及的文档主要如下（必需） • 测试任务书 • 测试计划书 • 测试用例书 • 测试报告书 • 测试总结书 • 测试验收书
退出标准	全部文档归类完毕，版本号封存
责任人	测试经理

6.6　案　例　训　练

6.6.1　案例训练目的

（1）掌握软件测试的相关方法和技术。

（2）掌握对一般软件项目进行软件测试的能力。

6.6.2　案例项目——客户关系管理系统

（1）基于团队合作，完成具有销售部门、营销部门、人事部门的企业客户关系管理系统，并设计测试计划和测试大纲。

（2）设计软件测试方案。

（3）选定测试用例并对测试结果进行分析。

（4）生成软件测试质量报告。

第7章 软 件 维 护

7.1 软件维护概述与案例

软件生命周期涵盖了两个重要阶段：开发期和运行期。运行期是系统有效发展的阶段，在系统开发时，由于花了很多大量人力和物力资源，所以，大家总是希望能看到可以尽可能地延长系统的运行周期，使软件发挥更大的性能，与其他相对比，软件成本也较低。事实上，该软件运行时，是不可能不修改它的。开发是一项大投资，可以提高生产效率，降低成本，并保证软件的品质，人们总是希望使用现有的软件，对其扩张或移植。所以，在操作过程中，软件人员的任务是继续进行修改软件，这项工作就是所说的系统维护。

软件维护是指在软件产品发布后，因修正错误、提升性能或其他属性而进行的软件修改。通常是在软件已经交付使用之后，为了改正错误或满足新的需要而修改软件的过程，是软件生命周期中最长的一个阶段，也是软件生存期中资源消耗最多的一个阶段。当前，软件的可维护性越来越受到业界的重视，已经成为衡量一个软件产品是否成功的标准。

与软件维护有关的绝大多数问题的根源在于计划阶段和开发阶段的工作有缺点。

案例：做过软件维护工作的工程师常常在没有文档说明、没有代码注释的一大堆乱如麻的程序中转了一圈后晕头转向、郁闷不已。更郁闷的事情是在 Goto 语句之间跳来跳去，最后摸不着北。还有利害的程序员可以把几千行的代码全部写在一张页面当中，仿佛想让你见识一下他高超的编程水平。

典型问题分析：深刻理解原开发人员的编程思想通常相当困难；软件人员的流动性，使得软件维护时很难与原开发人员沟通；没有文档或文档严重不足；软件设计时，欠考虑软件的可修改性、可扩展性；软件频繁升级，要追踪软件的演化变得很困难，使软件难以修改。

我们来分析一下引起软件维护工作的原因到底是什么。引起软件维护工作的原因主要来自两方面：一个是自身的原因，另一个是外部环境。因自身的原因而引起的维护工作有：预防性维护，正确性维护（一个软件能否正确运行这是最起码的要求），完善性维护；由外部环境所引起的工作包括适应性维护（客户的满意度是公司能够持续发展一个重要方面，只有在有条件的情况下不断满足客户的要求，才能提高我们的生存空间）。

问题不只是这么简单，要做好它更是一件非常困难的事情。

7.1.1 软件维护的目的

软件维护就是保障软件交付使用后，软件能正常运行或对软件产品进行必要的调整和修改，从而提高软件质量，延长软件生命周期。简单来说，软件维护的目的是要保证软件正常而可靠地运行，并能使软件系统不断得到改善和提高，以充分发挥作用。因此，软件维护的任务就是要有计划、有组织地对软件进行必要的改动，以保证软件随着环境的变化始终处于最新的、正确的工作状态。软件进行维护的主要原因可归纳如下：

- 修改软件的错误，包括修改软件运行中已经出现的错误和发现的潜在错误；
- 在软件原有功能的和性能的基础上进行提升；
- 扩展软件的应用范围；
- 延迟软件寿命，这是软件维护的总目标。

软件维护工作在整个软件生命周期中常常被忽视，随着软件应用以及使用寿命延长的需求，软件维护的工作量会越来越大。软件维护的费用往往占整个系统生命周期总费用的一半以上，因此有人曾以浮在海面上的冰山来比喻系统开发与维护的关系，系统维护工作如同冰山浸在水下部分，体积远比露出水面的部分大得多，但由于不易被人看到而常被忽视。从另一方面来看，相对具有"开创性"的软件开发来讲，软件维护工作属于"继承性"工作，挑战性不强，成绩不显著，使很多技术人员不安心于软件维护工作，这也是造成人们重视开发而轻视维护的原因。但软件维护是信息系统可靠运行的重要技术保障，必须给予足够的重视。

7.1.2　软件维护的特点

软件在运行过程中也是开发后的维修过程，维护软件的价值不用多说。根据调查表明，软件维护成本已占到整个软件生命周期成本的 70%以上，软件的可维护性居于首位。但软件维护的难度越来越大，并已成为目前所面临的最大问题。软件产品受其自身特性的影响，软件维护工作具有以下特点。

（1）维护工作依据结构化维护与非结构化维护进行。

如图 7-1 所示，软件依据开发工作的特点分为结构化维护和非结构化维护。如果软件开发采用非结构化分析与设计方法，则相应的维护也只能是非结构化维护。由于没有完整、规范的设计开发文档，无程序内部文档，对于软件结构、数据结构、系统接口以及设计中的各种技巧很难弄清，如果编码风格再差一些，则软件维护工作十分艰难。因此，有许多软件人员宁可重新编码，也不愿维护这种系统。另一方面，由于无测试文档，不能进行回归测试，对于维护后的结果难以评价。

如果软件开发采用了结构化方法，则系统交付时有完整的软件配置文档，维护系统接口等特点，在考虑到修改可能带来影响的情况下，设计修正错误的途径。然后修改设计，在与设计相对应的源程序上进行的修改，使用测试说明书中包含的测试方案进行回归测试。可见经过结构化开发的系统，将大大减少维护的工作量，提高软件质量。

（2）软件维护工作量大、任务重、成本较高。

软件维护工作可分为两部分，一部分为非生产性活动，主要是理解源程序代码的功能，解释数据结构、接口特点和性质限度等。这部分工作量和费用与系统的复杂程度（非结构化设计和缺少文档都会增加系统的复杂程度）、维护人员的经验水平以及对系统的熟悉程度密切相关；另一部分为生产性活动，主要是分析评价、修改设计和编写程序代码等。其工作量与软件开发的方式、方法、采用的开发环境有直接的关系。因此，如果软件开发途径不好，且原来的开发人员不能参加维护工作，则维护工作量和费用将呈指数上升。

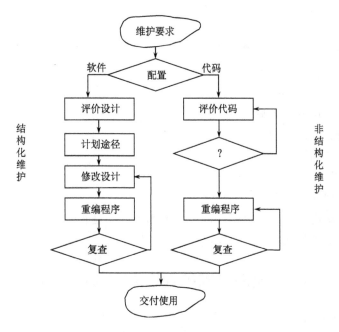

图 7-1 基于结构化维护和非结构化维护示意图

另外，许多无形的代价来自维护所产生的效果和影响上。由于开发人员和其他开发资源越来越多地被束缚在系统维护工作中，导致开发人员完全没有时间和精力从事新系统的开发。此外，合理的维护要求不能及时满足，将引起用户的不满；维护过程中引入新的错误，使系统可靠性下降等问题将带来很高的维护代价。

（3）软件维护工作对维护人员要求较全面。

因为软件维护所要解决的问题可能来自系统整个开发周期的各个阶段，因此承担维护工作的人员应对开发阶段的整个过程、每个层次的工作都有所了解，从需求、分析、设计一直到编码、测试等，并且应具有较强的程序调试和排错能力。这些对维护人员的知识结构、素质和专业水平有较高的要求。

（4）软件维护工作的对象是整个系统的配置。

由于问题可能来源于系统的各个组成部分，产生于系统开发的各个阶段，因此系统维护工作并不仅仅是针对源程序代码，而且包括系统开发过程中的全部开发文档。

（5）软件维护经常遇到的突发问题。

软件维护往往会出现突发状况，同时，软件维护工作相对开发工作来讲，不具挑战性，难以保障队伍稳定。

7.1.3 软件维护考虑的因素

软件维护不仅范围广，而且影响因素很多。通常，在进行某项软件系统的维护工作之前，需要考虑下列 3 方面的因素：

　1）维护的背景

　· 系统的当前情况

　· 维护对象

　· 维护工作的复杂性与规模

　2）维护工作的影响

　· 对新系统目标的影响

　· 对当前工作进度的影响

　· 对本系统其他部分的影响

　· 对其他系统的影响

　3）资源要求

　· 对维护提出的时间要求

　· 维护所需费用（与不进行维护所造成的损失相比是否合算）

　· 维护所需的工作人员

7.2 软件可维护性因素与维护类型

7.2.1 软件维护的因素

维护就是在软件交付使用后进行的修改，修改之后应该进行必要的测试，以保证所做的修改是正确的。如果是改正性维护，还必须预先进行调试以确定错误的具体位置。决定软件可维护性的因素主要有以下 5 个。

1. 可理解性

软件可理解性表现为外来读者理解软件的结构、功能、接口和内部处理过程的难易程度。模块化（模块结构良好，高内聚，松耦合）、详细的设计文档、结构化设计、程序内部的文档和良好的高级程序设计语言等，都对提高软件的可理解性有重要贡献。

2. 可测试性

诊断和测试的容易程度取决于软件容易理解的程度。良好的文档对诊断和测试是至关重要的，此外，软件结构、可用的测试工具和调试工具，以及以前设计的测试过程也都是非常重要的。维护人员应该能够得到在开发阶段用过的测试方案，以便进行回归测试。在设计阶段应该尽力把软件设计成容易测试和容易诊断的。对于程序模块来说，可以用程序复杂度来度量它的可测试性。模块的环形复杂度越大，可执行的路径就越多，因此，全面测试它的难度就越高。

3. 可修改性

软件容易修改的程度和之前讲过的设计原理和启发规则直接有关。耦合、内聚、信息隐藏、局部化、控制域与作用域的关系等，都影响软件的可修改性。

4. 可移植性

软件可移植性指的是把程序从一种计算环境（硬件配置和操作系统）转移到另一种计算环境的难易程度。把与硬件、操作系统以及其他外部设备有关的程序代码集中放到特定的程序模块中，可以把因环境变化而必须修改的程序局限在少数程序模块中，从而降低修改的难度。

5. 可重用性

重用是指同一事物不做修改或稍加改动就在不同环境中多次重复使用。应大量使用可重用的软件构件来开发软件，通常可重用的软件构件在开发时经过很严格的测试，可靠性比较高，且在每次重用过程中都会发现并清除一些错误，随着时间推移，这样的构件将变成实质上无错误的。因此，软件中使用的可重用构件越多，软件的可靠性越高，改正性维护需求就越少，也就很容易修改可重用的软件构件，使之再次应用在新环境中。因此，软件中使用的可重用构件越多，适应性和完善性维护也就越容易。

7.2.2 软件维护的类型

软件维护的重点是软件系统的升级或应用软件的维护，按照软件维护的不同性质将其划分为以下 4 种类型。

1. 纠错性维护

由于软件测试不可能揭露系统存在的所有错误，因此在系统投入运行后频繁的实际应用过程中，就有可能暴露出系统内隐藏的错误。诊断和修正系统中遗留的错误，就是纠错性维护。纠错性维护是在系统运行中发生异常或故障时进行的，这种错误往往是遇到了从未用过的输入数据组合或在与其他部分接口处产生的，因此只是在某些特定的情况下才发生。有些系统运行多年以后才暴露出在系统开发中遗留的问题，这是不足为奇的。

2. 适应性维护

适应性维护是为了使系统适应环境的变化而进行的维护工作。一方面，计算机科学技术迅速发展，硬件的更新周期越来越短，新的操作系统和原来操作系统的新版本不断推出，外部设备和其他系统部件经常有所增加和修改，这就必然要求信息系统能够适应新的软硬件环境，以提高系统的性能和运行效率；另一方面，信息系统的使用寿命在延长，超过了最初开发这个系统时应用环境的寿命，即应用对象也在不断发生变化，机构的调整、管理体制的改变、数据与信息需求的变更等都将导致系统不能适应新的应用环境。如代码改变、数据结构变化、数据格式以及输入/输出方式的变化、数据存储介质的变化等，都将直接影响系统的正常工作。因此有必要对系统进行调整，使之适应应用对象的变化，满足用户的需求。

3. 完善性维护

在系统的使用过程中，用户往往要求扩充原有系统的功能，增加一些在软件需求规范书中没有规定的功能与性能特征，以及对处理效率和编写程序的改进。例如，有时可将几个小程序合并成一个单一的、运行良好的程序，从而提高处理效率；增加数据输出的图形方式；增加联机在线帮助功能；调整用户界面等。尽管这些要求在原来系统开发的需求规格说明书中并没有，但用户要求在原有系统基础上进一步改善和提高；并且随着用户对系统的使用和熟悉，这种要求可能不断被提出。为了满足这些要求而进行的系统维护工作就是完善性维护。

4. 预防性维护

系统维护工作不应总是被动地等待用户提出要求后才进行，应进行主动的预防性维护，即选择那些还有较长使用寿命，目前尚能正常运行，但可能将要发生变化或调整的系统进行维护，目的是通过预防性维护为未来的修改与调整奠定更好的基础。例如，将目前能应用的报表功能改成通用报表生成功能，以应付今后报表内容和格式可能的变化。

根据对各种维护工作分布情况的统计结果，一般纠错性维护占21%，适应性维护工作占25%，完善性维护达到50%，而预防性维护以及其他类型的维护仅占4%。可见，在系统维护工作中，一半以上的工作室完善性维护。

7.3　软件维护的过程与成本

7.3.1　软件维护技术

软件维护的技术主要从提升软件工具模块化和质量技术、创建精密的软件品质目标和优先级、选用可维护的程序设计语言等主要方面进行考虑和选择。

1. 提升软件工具模块化和质量技术

在软件开发过程中，有效方法之一是提高软件质量和降低成本，其有效技术也是提高可维护性。它的优点是，如果需要改变一个功能模块，只需要改变这个模块，不会影响其他模块；如果程序需要添加一些功能，只需完成这些功能，增加一个新的模块或模块层；程序测试和重复测量更容易，序列错误很容易发现和改正，以提高程序的运行效率。采用结构化程序设计技术，以提高现有系统的可维护性。这种办法需要掌握更换模块的外部特征，不需要把握其内部运作的状态。它可以帮助其减少新的错误，并有机会提供一个结构化的模块，并逐步取代非结构化的模块，运用自动重建结构和重新格式化的工具。

2. 创建精密的软件品质目标和优先级

程序的维护性应该是可以理解的、可靠的、可修改和测试的、可移植的、可以使用和效率高的。为了实现这些目标，要求付出的代价很大，也未必是可行的。一些质量特性之间存在互补性，如可理解性和可测试性、可理解性和可修改性等。然而，其他一些质量特性却互相矛盾，如效率和可移植性、效率和可变性。因此，各品质特性的维护性要求可以得到满足，但它们相对重要性应根据程序使用作用和计算环境变化而变化。

3. 选用可维护的程序设计语言

根据程序可维护性选择程序设计语言，其影响是极大的。低层次的语言就是机器语言和汇编语言，它们非常难以理解和掌握，也更难以对其进行维护。高级语言更容易理解，具有更好的可维护性，而低层次语言相对要差，但作为高层次语言，难易程度不一样也是可以理解的。一些第四代语言是过程化语言，而有些是非程序语言。不管是什么语言，程序编制出来都很容易理解和修改，但指令数量可能会少一个数量级，而语言编制要多一个数量级，其开发速度会快很多倍。使用合理的维护技术可有效提高工作效率，保障软件质量，主要包括以下几个方面。

- 有效信息的采集：收集软件在运行过程中出现的问题或可能出现的问题；
- 错误原因的分析及反馈：分析问题出现的原因；
- 软件分析与理解：对软件进行认真分析，确保软件维护工作正确；
- 维护等级分类：主要分为一般性维护、重要性维护、紧急性维护；
- 选择维护方案：根据方案提供远程维护服务、现场维护服务及定期维护服务；
- 评价维护结果：基于客户和维护人员对软件维护方案及效果进行评价。

软件维护工作并不仅仅是技术性工作，为了保证软件维护工作的质量，需要付出大量的管理工作。软件投入运行后，事实上在一项具体的维护要求提出之前，软件维护工作就已经开始了。

首先应建立相应的组织，确定进行维护工作所应遵守的原则和规范化的过程，其次还应建立一套适用于具体系统维护过程的文档及管理措施，以及进行复审的标准。软件系统投入运行后，应设维护管理员，专门负责整个软件系统维护的管理工作；针对每个子系统或功能模块，应配备系统管理人员，他们的任务是熟悉并仔细研究所负责部分系统的功能实现过程，甚至对程序细节都有清楚的了解，以便于完成具体维护工作。系统变更与维护的要求常常来自于系统的一个局部，而这种维护要求对整个系统来说是否合理，应该满足到何种程度，还应从全局的观点进行权衡。因此，为了从全局上协调和审定维护工作的内容，每个维护要求都必须通过一个维护控制部门的审查批准后，才能予以实施。维护控制部门应该由业务部门和系统管理部门共同组成，以便从业务功能和技术实现两个角度控制维护内容的合理性和可行性。软件维护的组织管理如图 7-2 所示。

软件维护之所以要按照严格的步骤进行，目的是防止未经允许的擅自修改系统，如出现不及时更新文档造成程序与文档不一致，多个人修改的结果不一致，以及缺乏全局考虑的局部修改等。当然维护审批过程的环节多也可能带来反应速度慢，因此当系统发生恶性或紧急故障时，即出现所谓"救火"的维护要求时，需立即动用资源解决问题，以保证业务工作的连续进行。

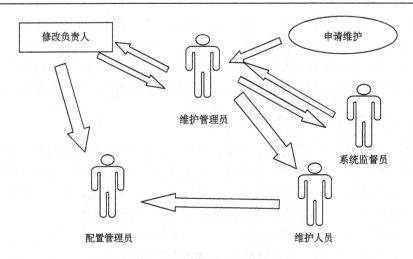

图 7-2 　软件维护组织机构图

　　为了评价维护的有效性，确定系统的质量，记载系统所经历过的维护内容，应将维护工作的全部内容以文档的规范化形式记录下来，主要包括维护对象、规模、语言、运行和错误发生的情况，维护所进行的修改情况，以及维护所付出的代价等，作为系统开发文档的一部分，形成历史资料，以便于日后备查。

　　维护意味着对系统进行修改，修改对于系统来讲有一些副作用，即由于修改而出现错误或其他不合要求的行为。这种副作用主要来自 3 个方面：第一，对源代码的修改可能会引入新的错误，一般可以通过回归测试发现这类副作用；第二，对数据结构进行修改，如局部或全局变量的重新定义、文件格式的修改等，可能会带来数据的不匹配等错误，在修改时必须参照系统文件中关于数据结构的详细描述和模块间的数据交叉引用表，以防局部的修改影响全局的整体作用；第三，任何对源程序的修改，如不能对相应的文档进行更新，则会造成源程序与文档的不一致，必将给今后的应用和维护工作造成混乱。在系统维护中，应该注意以上 3 个问题，以避免修改带来的副作用。

　　另外，在安排软件维护人员工作时应注意，不仅要使每个人员的维护职责明确，而且对每一个子系统或模块至少应安排两个人进行维护工作，这样可以避免软件维护工作对某个人的过分依赖，防止由于工作调动等原因，使维护工作受到影响。应尽量保持维护人员队伍的稳定性，在系统运行尚未暴露出问题时，维护人员应着重于熟悉掌握系统的有关文档，了解功能的程序实现过程，一旦维护要求提出后，他们应能快速、高质量地完成维护工作。

　　最后，应注意软件维护的限度问题。软件维护是在原有系统的基础上进行修改、调整和完善，使系统能够不断适应新环境、新需要。但一个系统终会有生命周期结束的时候，当对系统的修改不再奏效，或修改的困难很多且工作量很大、花费过大，以及改进、完善的内容远远超出原系统的设计要求时，就应提出研制新系统的要求，从而开始一个新的系统生命周期。

7.3.2　软件维护过程

维护过程本质上是修改和压缩了的软件定义和开发过程，而且事实上远在提出一项维护要求之前，与软件维护有关的工作已经开始了。如图 7-3 所示是软件工程的维护工作流，软件维护的一般过程是：维护申请——维护计划制定——维护活动执行——维护档案建立——维护结果评价。

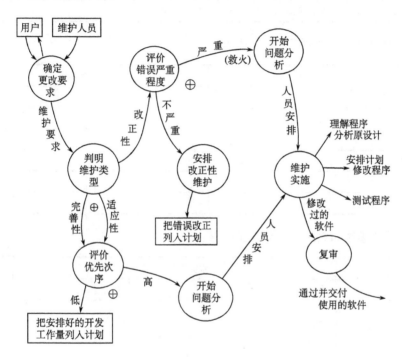

图 7-3　软件维护工作流程图

软件维护始于维护申请，通常由用户（或和维护人员共同）提出维护申请报告，并完整清楚地描述维护内容。一个典型的软件维护过程如下所示：

- 维护申请受理；
- 对维护内容进行分析，同时考虑对原设计的影响程度，并对效益进行分析；
- 同意或否决维护申请；
- 为维护申请确定优先级，制定维护方案，安排维护人员；
- 如有新增功能，则需进行需求分析；
- 编码和单元测试；
- 评审编码情况；
- 系统测试；
- 更新文档；
- 用户验收；
- 对维护结果以及过程进行评审。

软件维修过后需要进行文档存案，文档是影响软件可维护性的决定因素。由于长期使用的大型软件系统在使用过程中必然会经受多次修改，所以文档比程序代码更重要。一个典型的维护报告如表 7-1 所示。

表 7-1　软件维护报告表

维护的项目（产品）名称及版本号：

维护类型：　□安装　□配置　□培训　□答疑　□BUG　□需求变更　□日常维护

需要维护的原因和维护后产生的影响：

项目	维护原因	影响
需求定义		
设计		
软件环境		
硬件环境		
优化		
其他		

所有维护的模块和系统的结果及工作量：

维护的模块	维护结果及建议	人/小时

维护工作注释：

维护人：　　　　　　　　　　　　　　　维护日期：

如果对维护不保存记录或保存不充分，那么就无法对软件使用的完好程度进行评价，也无法对维护技术的有效性进行评价。Swanson 提出了下述内容：

程序标识；　　　　　　　　　　　　　源程序语句数；

机器代码指令数；　　　　　　　　　　使用的程序设计语言；

程序交付日期；　　　　　　　　　　　程序交付以来的运行次数；

交付以来程序失效的次数；　　　　　程序变动的层次和标识；

程序变动而增加的语句数；　　　　　因程序变动而删除的语句数；

每项修改耗费的人时数；　　　　　　程序修改日期；

软件工程师名字；　　　　　　　　　维护请求表的标识；

维护类型；　　　　　　　　　　　　维护开始与结束日期；

累计用于维护的人时数；　　　　　　与完成的维护相联系的效益。

将上述所列出的数据作为维护数据库的基础，可以从以下几个方面度量维护工作：

- 程序运行失败的平均数；
- 用于每类维护活动的总人时数；
- 平均每个程序、每种语言、每种维护类型所做的程序变动数；
- 维护过程中增加或删除一个源程序语句平均花费的人时数；
- 维护每种语言所花费的工作量（平均人时数）；
- 一张维护申请表的平均周转时间；
- 不同维护类型所占百分比。

7.3.3　软件维护成本

软件维护活动所花费的工作量占软件整个生存期工作量的 70%以上。影响软件维护工作量的因素有很多，就软件系本身而言，有以下 5 个方面。

1. 系统的大小

系统的大小可用源程序语句数、模块数、输入/输出文件数、数据库所占字节数及预定义的用户报表数等来度量。系统越大，功能就越复杂，理解并掌握起来就越困难。因此维护工作量也就越大。

2. 程序设计语言

语言的功能越强，生成程序所需的指令或语句数就越少，并且程序的可读性也越好。一般地，语言越高级越容易被人们所理解和掌握。因此，程序设计语言越高级，相应的维护工作量也就越少。

3. 系统年龄

系统越老，修改维护经历的次数就越多，从而结构也就越来越乱。而且老系统会存在没有文档或文档较少或文档与程序代码不一致等现象。同时，有可能老系统的开发人员已经离开，维护人员又经常更换等。这些使得老系统比新系统需要更多的维护工作量。

4. 数据库技术的应用

使用数据库，可以简单而有效地管理和存储用户程序中的数据，还可减少生成用户报表应用软件的维护工作量。

5. 软件开发新技术的运用

在软件开发时,使用能使软件结构比较稳定的分析与设计技术,以及程序设计技术,如面向对象技术、构件技术、可视化程序设计技术等,可以减少大量的工作量。

除此之外,应用的类型、任务的难度等对维护工作量都有影响。

7.4　预防性维护

预防性维护方法是由 Miller 提出来的,他把这种方法定义为:"把今天的方法学应用到昨天的系统上,以支持明天的需求"。几乎所有历史比较悠久的软件开发组织,都有一些十几年前开发出的"老"程序。这些老程序仍然在为用户服务,但是,当初开发这些程序时并没有使用软件工程方法学来指导,因此,这些程序的体系结构和数据结构都很差,文档不全甚至完全没有文档,对曾经做过的修改也没有完整的记录。怎样满足用户对上述这类老程序的维护要求呢?为了修改这类程序以适应用户新的或变更的需求,有以下几种做法可供选择:

· 反复多次地做修改程序的尝试,与不可见的设计及源代码"顽强战斗",以实现所要求的修改;

· 通过仔细分析程序,尽可能多地掌握程序的内部工作细节,以便更有效地修改它;

· 在深入理解原有设计的基础上,用软件工程方法重新设计、重新编码和测试那些需要变更的软件部分;

· 以软件工程方法学为指导,对程序全部重新设计、重新编码和测试,为此可以使用 CASE 工具(逆向工程和再工程工具)来帮助理解原有的设计。

第一种方法是盲目的寻求或解决可能存在的缺陷,通常采用后面 3 种做法。

在软件维护过程,经常遇到一些问题,如频繁的员工流失率,已离开的原有开发商;缺乏文档资料,很难了解其他人的开发体系;不符合程序或文档的文件不适当,并很难理解;软件结构不合理,难以修改或修改后容易出现错误。该软件易于开发,但其难以维持,通用性较差,这是以前设计软件比较常见的通病问题,也是在同一个系统或重复开发的原因。重复开发会加强其系统功能,但单位人力、物力和财力资源会被浪费,而且还影响系统的正常使用。在软件开发过程中,应充分和适当地思索其系统通用性和自我维护能力,以避免系统开发重复,而且软件开发过程是需要重点留意的地方。

如果要设计多功能易于维护的软件,就必须有以灵活、通用和易维护为主旨的设计方法和思路。体系共性和个性方法分析,实现了对系统自维护功能的具体保证。在系统自维护功能概念基础上,调整其参数,其实可以做一个小的开发工具,进而可以开发类似的系统管理。这至少表明,引入系统自维护功能定义,为系统使用和维护管理带来了极大方便。在软件开发各个阶段,软件的可维护性是在这一阶段形成的,因此,必须在整个软件开发的各个方面以提高软件的可维护性进行贯穿。

7.5 软件项目售后服务的保障

项目成功的根本标志是客户满意,它贯穿软件项目的售前、售中和售后全过程。软件为客户所满意是一个实在的可以度量的目标,确保外包软件项目达到客户满意,尤其确保软件项目交付后长期的售后服务过程中的客户满意,使售后服务与项目承诺不脱节,必须有 3 个基础环节作为组织级支撑和保障,即组织级基础设施的保证;规范化的过程流程的保证和具体项目实施过程中监控与反馈机制的保证。如图 7-4 所示为软件项目服务的保障机制。

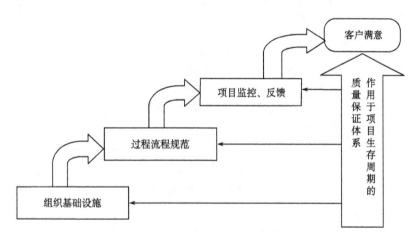

图 7-4 软件项目服务的保障机制

7.5.1 软件项目售后服务流程规范

软件售后(技术)服务支撑体系由以项目管理中心(内设专门的项目售后服务部门)为核心的日常组织机构;以项目为核心的技术管理环境;以专业的客户呼叫中心为核心的信息反馈通道组成。

来自各种不同渠道的客户信息通过软件项目管理中心集中汇总并协调管理;定制客户服务流程并支持客户服务部门提供售后服务方案和售后服务管理。专业的客户服务呼叫中心可以为用户提供直接的售后服务支持。

软件的售后服务体系是公司内部统一规划运营的,为客户提供快捷的售后服务响应,一直作为公司内部的优先工作。

软件维护是软件项目售后服务的重要内容。软件维护包括:纠错性维护、适应性维护和完善性维护三类活动。公司管理体系要求并约束软件项目维护活动过程的体现如表7-2 所示。

表 7-2　软件项目维护活动过程

活动流程	过程说明	责任人	产生记录
维护申请	收集维护信息并对信息进行管理。客户服务部门、项目维护组接收用户提出的维护申请,填写《客户咨询/反馈登记表》	客户服务部门、项目维护组	《客户咨询/反馈登记表》
即时处理/维护方案　维护申请审核	客户服务部、项目维护组技术人员对维护申请进行处理:根据问题实际进行即时处理;对于需要深度维护的问题制定维护方案,并与用户进行协商以确定维护的模式,维护活动的实施细节,是有偿维护还是无偿维护等。在《用户问题反馈及落实情况表》上做出问题审核处理意见。对于不需要进行维护的,发送《客户回执》给用户,并将《用户问题反馈及落实情况表》进行归档	客户服务部门、项目维护组(技术人员)	《用户问题反馈及落实情况表》《客户回执》
实施维护方案	维护人员实施维护。实施时根据维护的类型参见《软件维护规范》和《系统维护规范》。维护实施完毕后,请客户填写意见	维护人员	《维护任务单》《用户意见反馈表》
维护复查、评审、验收	维护完成后,必须进行维护验收,验证修改是否正确,并重新确认整个软件	维护小组负责人、维护实施人员	《维护验收表》
维护归档	维护人员将维护过程中产生的记录和客户意见提交给客户服务部或项目维护小组,对本次维护进行确认,如果合格,则本次维护结束。所有过程质量记录交给文档管理员进行归档	客户服务部门、项目维护、文档管理人员	《归档记录》

7.5.2　软件项目服务承诺

　　软件交付后应保证在合同有效期内及协议终止后一定时间内向合作方的相关技术人员免费提供原理和技术上的指导和咨询,使合作方人员能正确熟练地使用本协议的软件开发及测试成果。

　　软件项目的售后服务体系一般包含服务规范、服务保障、服务流程。在服务合同内对技术支持响应时间与售后服务响应时间做出明确承诺,一般承诺格式如表 7-3 所示。

表 7-3　技术支持响应时间承诺

故障类型	支持方式	响应要求
*****系统出现问题	立刻由专人应答及处理	2 小时内现场
系统严重故障、部分服务不正常	2 小时内答复	4 小时内现场
系统个别服务不正常	2 小时内答复	4 小时内现场

售后服务响应时间一般承诺如下：

· 开发方提供 7×24 小时的故障服务受理；

· 开发方对重大故障提供 7×24 小时的现场支援，一般故障提供 5×8 小时的现场支援；

· 开发方故障服务的现场响应时间小于 4 小时。

软件项目在验收后一般还承诺对工程项目的使用和用户进行培训，培训根据项目内容的可分批、分阶段进行，根据用户的要求和实际需要提供培训资料和课程，在合同签订并征得用户同意后予以实施。培训一般包括理论知识培训和现场实践培训，其中，理论知识培训在项目准备与实施阶段进行，现场实践技能在到货后、集成实施前进行，以便快速推进系统的应用。

7.6　案 例 训 练

7.6.1　案例训练目的

（1）掌握软件交付与维护的相关理论知识。

（2）锻炼软件项目维护的相关能力。

7.6.2　案例项目——客户关系管理系统

（1）基于团队合作，建立具有销售部门、营销部门、人事部门的企业客户关系管理系统。

（2）分析软件开发文档中哪些文档对于软件维护最重要。

（3）分析影响客户关系管理系统可维护的主要因素。

（4）基于客户关系管理系统，编写用于控制软件维护工作流程，包括维护申请、审批、检查计划、填写维修记录和源程序修改记录等内容。

第 8 章　软件项目管理

8.1　软件项目管理概述与案例

软件项目管理的对象是软件工程项目。它所涉及的范围覆盖了整个软件工程过程。为使软件项目开发获得成功，关键问题是必须对软件项目的工作范围、可能风险、需要资源（人、硬件/软件）、要实现的任务、经历的里程碑、花费工作量（成本）、进度安排等做到心中有数。这种管理在技术工作开始之前就应开始，在软件从概念到实现的过程中继续进行，当软件工程过程最后结束时才终止。

一个好的科学的软件项目管理应能够使软件开发按照预期的计划进行。但是一个不规范的软件项目管理，可能会导致下面的后果：软件未能在既定的时间内完成、软件开发的之处大大超出预算等。这些后果说起来轻描淡写，但是当把这样的后果放在一个大型的项目中时，它的损失将是巨大的。

在 20 世纪 70 年代中期美国提出软件项目管理，当时美国国防部专门研究了软件开发不能按时提交、预算超支和质量达不到用户要求的原因，结果发现，70%的项目是因为管理不善引起的，而非技术原因。于是软件开发者开始逐渐重视软件开发中的各项管理。到了 20 世纪 90 年代中期，软件研发项目管理不善的问题仍然存在。据美国软件工程实施现状的调查，软件研发的情况仍然很难预测，大约只有 10%的项目能够在预定的费用和进度下交付。据统计，1995 年，美国共取消了 810 亿美元的商业软件项目，其中 31%的项目未做完就被取消，53%的软件项目进度通常要延长 50%的时间，只有 9%的软件项目能够及时交付并且费用也控制在预算之内。

软件项目管理和其他的项目管理相比有相当的特殊性。首先，软件是纯知识产品，其开发进度和质量很难估计和度量，生产效率也难以预测和保证。其次，软件系统的复杂性也导致了开发过程中各种风险的难以预见和控制。Windows 这样的操作系统有 1500 万行以上的代码，同时有数千个程序员在进行开发，项目经理都有上百个。这样庞大的系统，如果没有很好的管理，其软件质量是难以想象的。

项目管理是基于现代管理学基础之上的一种新兴的管理学科，它把企业管理中的财务控制、人才资源管理、风险控制、质量管理、信息技术管理（沟通管理）、采购管理等有效的进行整合，以达到高效、高质、低成本的完成企业内部各项工作或项目的目的。软件项目管理的内容主要包括如下几个方面：人员的组织与管理，软件度量，软件项目计划，风险管理，软件质量保证，软件过程能力评估，软件配置管理。

阅读以下关于信息系统项目管理过程中项目范围管理方面问题的叙述，回答问题 1 至问题 3。

案例场景

希赛信息技术有限公司（CSAI ）刚刚和 M 签订了一份新的合同，合同的主要内容是处理公司以前为 M 公司开发的信息系统的升级工作。升级后的系统可以满足 M 公司新的业务流程和范围。由于是一个现有系统的升级，项目经理张工特意请来了原系统的需求调研人员李工担任该项目的需求调研负责人。在李工的帮助下，很快地完成了需求开发的工作，并进入设计与编码阶段。由于 M 公司的业务非常繁忙，M 公司的业务代表没有足够的时间投入到项目中，确认需求的工作一拖再拖。张工认为，双方已经建立了密切的合作关系，李工也参加了原系统的需求开发，对业务的系统比较熟悉，因此定义的需求是清晰的。故张工并没有催促业务代表在需求说明书中签字。

进入编码阶段后，李工因故移民加拿大，需要离开项目组。张工考虑到系统需求已经定义，项目已经进入编码期，李工的离职虽然会对项目造成一定的影响，但影响较小，因此很快办理好了李工的离职手续。

在系统交付的时候，M 公司的业务代表认为提出的需求很多没有实现，实现的需求也有很多不能满足业务的要求，必须全部实现这些需求后才能验收。此时李工已经不在项目组，没有人能够清晰地解释需求说明书。最终系统需求发生重大变更，项目延期超过 50%, M 的业务代表也对系统的延期表示了强烈的不满。

【问题1】请用 400 字对张工在项目管理工作中的行为进行点评。

【问题2】请从项目范围管理的角度找出该项目实施过程中的问题，以 500 字内回答。

【问题3】请结合你本人项目经验，谈谈应如何避免类似的问题，以 500 字内回答。

案例分析

这是一个失败的软件项目，与很多失败的软件项目一样，在系统需求上栽了跟头。开发与定义软件系统的需求在整个软件开发过程中是最重要的一环，这是每个从事信息系统建设的项目经理都清楚的事情，但往往会因为一时的疏忽而造成需求的重大缺陷，最终导致项目的失败。案例中的项目经理张工就是既重视需求又没有控制好需求的一个例子。

在案例中，张工接手了一个系统升级的软件项目。对于这样的项目，首先需要熟悉原有的系统，然后才能谈升级的问题。因此张工专门找到了原系统的需求调研人员李工来解决新系统的需求问题。这无疑是一个很好的办法，可以快速准确地把握新系统的需求。从这一点上来说，张工是成功的，找到了合适的资源进行需求的开发与定义。李工也没有让张工失望，很快就整理出了新系统的需求，并进入了设计和编码阶段。除了客户太忙没有时间确认需求外，一切尽在张工的掌握之中。这是一个不错的开端，如果一切顺利的话，项目的成功也就是早晚的事情。就如同大多数经典的悲剧故事一样，故事的序幕是美好的。晴朗的天空飘来一块乌云，李工要移民加拿大。不过仅仅是一片乌云而已，并没有下起雨来。

开发出的需求都已经过设计，一些编码工作也已经开始,李工的工作已近圆满完成，毕竟，一些细枝末节的问题还可以同客户直接沟通。

经过项目组努力，项目终于完成开发，准备发布了。这时，乌云开始下雨，问题爆发了。客户不认可项目组的工作，认为很多需求没有实现，实现的功能也与需求不符。

谁是这个项目组的罪人呢？李工？还是张工？换一个思路考虑一下，如果李工没有离开项目组，结果又会是什么样呢？客户会因为李工还在项目组就认可这个系统吗？很显然，不会。至多可以在双方的协商下少一些变更，项目延期不是 50%，而是 30% 而已。如果非要区分 50% 和 30% 的区别，也不过是五十步笑百步。

从项目管理的角度来说，项目范围直接决定了工作量和工作目标，所以项目经理必须管理项目的范围。在范围管理中，范围定义、范围确认和范围控制又是最核心的 3 项活动，缺一不可。范围定义是基础的活动，不进行范围定义就不能进行范围确认和范围控制。范围确认则是基线化已定义的范围，是范围控制的依据。范围控制的作用在于减少变更，保持项目范围的稳定性。

在案例中，由于张工没有进行范围确认，最后的范围控制也就变成了无本之木，控制过程肯定变成了讨价还价，失去本身的意义。

在软件系统的开发中，系统需求就是项目的范围。从软件诞生至今的几十年中，人们探索出了很多获取系统需求的方法，但是熟悉软件开发的人都知道，无论哪种方法都不可能定义出完美无误的需求，需求中的缺陷必然存在，无法完全避免。因此需求确认或者说范围确认就显得更为重要。

有人可能会说，很难说服客户在需求上签字，很难让客户为需求的缺陷负责。以现在软件行业的情况，这种说法是不无道理的。让客户在需求上签字很困难，但并不等于就不需要进行范围确认，而且范围确认的方法也不仅仅只有需求签字这一种方法。召集客户的业务代表对需求进行评审、详细记录最原始的调研材料、让客户确认调研报告、采用迭代开发逐步确认系统需求，都是可以采用的方法。这些方法虽然没有直接确认需求分析报告，但至少可以让现有需求在项目组和客户之间达成一致，提供范围控制的基准，一样可以达到范围确认的目的。

再回到这个案例，项目经理张工乐观地认为李工开发的需求没有什么问题，也误认为双方已经有良好的合作，再紧逼要求客户代表签字显得不近人情，于是就抱着侥幸的心理进入了开发。然而最终的结果是，项目延期严重，业务代表反而更不满意，张工也要承担项目延期造成的成本增加的责任。

有了上面的分析，后面问题的答案就不难得出。首先看第一个问题。前面已经提到，张工注意到了需求的问题，专门找到了原系统需求负责人李工进行需求开发，这是对项目有利的一面。但由于缺少需求评审和确认的过程，造成需求中的缺陷没有被及时发现，系统需求没有与客户确认，造成缺少需求控制的基准，最终导致需求的重大变更。

对于第二题，联系范围管理的知识，我们不难发现，张工在范围确认和范围控制中都有重大的缺陷，在范围定义中也由于缺乏评审造成需求的质量问题。

在完成第二题后，第三题就水到渠成了，第三题的要点见参考答案，此处不赘述。

参考答案

【问题1】

张工为了更明确地把握系统需求，聘请了原系统的需求调研人员李工，提高了需求定义的效率和质量。

张工没有对李工开发的系统需求进行评审和复查，从而使得需求的缺陷没有被及时发现。

张工没有要求用户对已经定义的需求进行确认，从而导致需求理解的偏差。

张工对需求不能进行有效控制，最终造成项目延期50%。

【问题2】

该项目实施过程中的主要问题包括：

在范围定义中，张工没有对李工定义的需求进行评审，造成需求中的质量缺陷没有被及时发现。

在范围确认中，张工没有主动地要求用户对需求进行确认。

在范围控制中，张工无法进行有效的范围控制，最终造成了重大的需求变更。

【问题3】

对于本案例，项目经理需要对需求定义的结果进行质量控制，采取评审等方式减少需求中的问题。对已经定义的需求需要与用户进行确认，保证双方理解的一致。在发生需求变更时，也应该采取灵活的手段，在满足用户需求的前提下，尽量减少需求变更的范围。

软件项目管理的根本目的是为了让软件项目尤其是大型项目的整个软件（即从分析、设计、编码、测试，到维护全过程）都能在管理者的控制之下，以预定成本按期、按质完成软件，交付用户使用。而研究软件项目管理是为了从已有的成功或失败的案例中总结出能够指导今后开发的通用方法，同时避免前人的失误。软件项目管理贯穿、交织于整个软件开发过程中的，其中人员的组织与管理把注意力集中在项目组人员的构成、优化；软件度量用量化的方法评测软件开发中的费用、生产率、进度和产品质量等要素是否符合期望值，包括过程度量和产品度量两个方面；软件项目计划主要包括工作量、成本、开发时间的估计，并根据估计值制定和调整项目组的工作；风险管理预测未来可能出现的各种危害到软件产品质量的潜在因素并由此采取措施进行预防；质量保证是保证产品和服务充分满足消费者要求的质量而进行的有计划、有组织的活动；软件过程能力评估是对软件开发能力的高低进行衡量；软件配置管理针对开发过程中人员、工具的配置、使用提出管理策略。

如图8-1所示，软件项目管理作为一种管理手段，就是为了使软件项目能够按计划进行，并保证质量的情况下而对成本、人员、进度、质量、风险等等进行分析和管理的一系列活动。软件开发有不可预知的特点，所以它是极具挑战性和创造性的行业。管理上没有成熟的经验可以供借鉴，而软件项目管理对于软件企业，尤其是以应用开发与系统集成为主的软件行业，是行之有效的一个方法。因此，决定一个软件项目的成功与否，软件项目管理起到举足轻重的作用。目前，软件项目管理已经是公认的软件开发企业的核心竞争力之一。

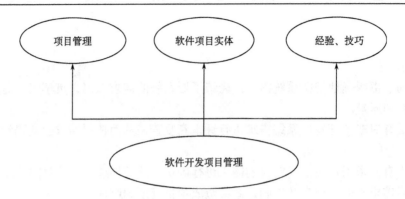

图 8-1　软件开发项目管理组成示意图

8.2　软件项目范围管理

　　项目管理中最重要的也是最难的问题之一就是定义项目的范围。在项目经过可行性论证开始启动时，项目的相关利益人还必须确定项目应该包括什么和不应该包括什么，项目团队应该做什么和不应该做什么，以及确定项目的目标和项目可交付成果，也就是确定该项目的范围。项目范围的明确化，能保证项目的有效进展和正常的收尾。项目范围管理：确保项目包括成功完成项目所需的全部工作，但又只包括成功完成项目所必需的工作过程。它主要关心的是确定与控制哪些应该与哪些不应该包括在项目之内，其主要过程是：需求定义（collecting requirements）——范围定义（scope definition）——制作工作分解结构（creating the WBS）——范围核实（scope verification）——范围控制（scope control）。图 8-2 总结了这些阶段及其输出情况，并说明了在特定项目中各阶段可能发生的时间。

　　规划
　　过程：需求定义
　　输出：需求文件、需求管理计划、需求跟踪矩阵
　　过程：范围定义
　　输出：项目范围说明书、项目文件的更新
　　过程：创建 WBS
　　输出：WBS、WBS词典，范围基线和项目文件的更新

　　　　监控
　　　　过程：范围核实
　　　　输出：接受的可交付成果、变更请求、项目文件更新
　　　　过程：范围控制
　　　　输出：工作绩效测量、组织过程资产的更新、变更请求，项目管理计划的更新

项目开始　　　　　　　　　　　　　　　　　　　　　　　　项目结束

图 8-2　项目范围管理概要

　　项目范围定义是一项非常严密的分析和推导工作，因此需要采用一系列的逻辑推理和分析识别的方法和技术。项目工作分解结构 WBS 是面向可交付物的项目元素的层次分解，它组织并定义了整个项目的范围，WBS 是组织管理工作的主要依据，是项目管理工作的基础。WBS 详细描述了项目所要完成的全部工作，它的组成元素有助于项目干系人检查项目的最终产品。WBS 的最底层元素是能够评估的、安排进度的和被跟踪的。

　　在很多专业应用领域中均有标准或半标准的项目工作分解结构，可用作新项目的工作分解结构模板。例如，美国国防部曾为国防装备项目制定了标准的工作分解结构。如图 8-3 所示就是其中的一个实例。

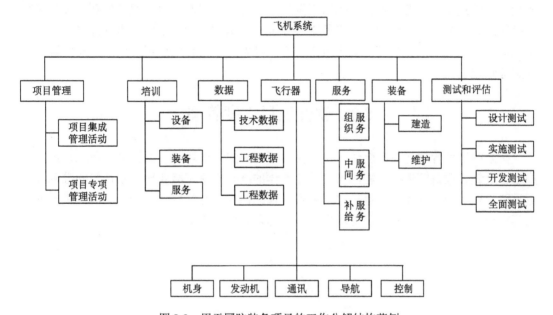

图 8-3　用于国防装备项目的工作分解结构范例

基于 WBS 对开发任务进行分解时应遵循以下几个原则：
- WBS 分解的规模和数量因项目而异、因项目经理而异；
- 收集与项目相关的所有信息；
- 参看一下类似的项目的 WBS，与相关人员讨论；
- 可以参照模板；
- 最低层是可控的和可管理的，但是避免不必要的过细，最好不要超过 7 层；
- 软件项目推荐分解到 40 小时的任务；
- 每个 Work package 必须有一个提交物；
- 定义任务完成的标准；
- 每个 WBS 必须有利于责任分配；
- 可以准备 WBS 的字典；
- 与相关人员进行评审。
变更是项目干系人由于项目环境或其他各种原因影响，而需要对项目的范围计划进行修改，甚至是重新规划，而这一类修改后的规划就叫变更。项目范围变化，在实际项目中经常发生，因而对项目范围的变更控制和管理，就成了当前项目管理控制中的重点工作之一。范围控制涉及以下工作：

- 影响范围变更的因素；
- 确保所有被请求的变更，按照项目综合变更控制处理；
- 范围变更发生时，管理实际的变更；
- 未控制的变更经常被看做范围溢出。

产生变更主要是由于项目外部环境发生了变化、项目的范围计划编制不周密详细、出现了新的技术或方案、项目实施组织发生了变化、客户对项目或服务的要求发生了变化等原因。范围变更控制的焦点问题主要体现在对造成范围变更的因素施加影响，以确保这些变更得到一致的认可，确定范围变更已经发生，当范围变更发生时，对实际的变更进行管理。

8.3　软件项目进度管理

有效的进度管理是保证软件开发项目如期完成的重要环节。如图 8-4 所示，进度、成本、质量在项目管理中互相影响，进度安排的准确程序可能要比成本估算的准确程序更重要，软件产品可以依靠重新定价或者大量的销售来弥补成本的增加，但是进度安排的落空会导致丧失市场机会，使用户不满，而且会导致成本的增加。

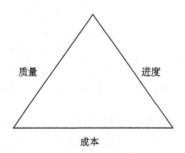

图 8-4　软件项目管理三角形

8.3.1　软件项目进度控制目的

软件项目进度管理是指项目管理者围绕项目要求编制计划、付诸实施，且在此过程中经常检查计划的实际执行情况，分析进度偏差原因，并在此基础上，不断调整、修改计划，直至项目交付使用。通过对进度影响因素实施控制及各种关系协调，综合运用各种可行方法、措施，将项目的计划控制在事先确定的目标范围之内，在兼顾成本、质量控制目标的同时，努力缩短时间。

项目进度控制和监督的目的是增强项目进度的透明度，以便当项目进展与项目计划出现严重偏差时可以采取适当的纠正或预防措施。已经归档和发布的项目计划是项目控制和监督中活动、沟通、采取纠正和预防措施的基础。项目控制的另外一个目的是管理纠正和预防措施，即当项目进度或者结果已经或即将与计划有严重偏差时，对需要采取的纠正或预防措施进行管理。为此应当收集并且分析项目进行中可能存在的问题，并以此确定解决这些问题的纠正或预防措施；对已经确定的问题采取纠正和预防措施；监控要实施的纠正和预防措施，分析措施采取以后的结果，判断这些措施的有效性，确定和记录纠正与计划结果存在偏差的问题而采取的必要且合适的措施。

　　软件开发项目实施中进度控制是项目管理的关键，若某个分项或阶段实施的进度没有把握好，则会影响整个项目的进度，因此应当尽可能地排除或减少干扰因素对进度的影响，确保项目实施的进度。

8.3.2　软件项目进度管理

　　软件项目进度管理是指在项目实施过程中，对各阶段的进展程度和项目最终完成的期限所进行的管理，在规定的时间内，拟定出合理且经济的进度计划（包括多级管理的子计划）。在执行该计划的过程中，经常要检查实际进度是否按计划要求进行，若出现偏差，要及时找出原因，采取必要的补救措施，或调整、修改原计划，直至项目完成。其目的是保证项目能在满足其时间约束条件的前提下实现其总体目标。

　　项目进度管理可以通过以下方式完成：制定项目里程碑管理运行表，定期举行项目状态会议，由软件开发方报告进度和问题，用户方提出意见，比较各项任务的实际开始日期与计划开始日期是否吻合，确定正式的项目里程碑是否能如期完成。

　　用于软件项目进度管理的图示有很多，例如甘特图、网络图、里程碑图、资源图等，其中甘特图和网络图是两种常用的图示方法。

　　如图 8-5 所示，甘特图通过活动列表和时间刻度，形象地表示出任何特定项目的活动顺序与持续时间，横轴表示时间，纵轴表示活动（项目），线条表示在整个期间上计划和实际的活动完成情况。任务甘特图直观地表明任务计划在什么时候进行，以及实际

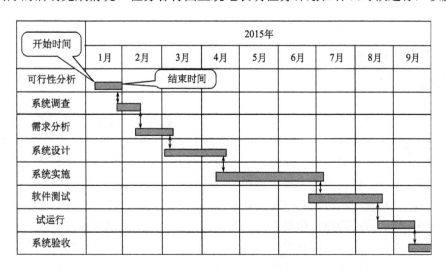

图 8-5　甘特图

进展与计划要求的对比。管理者由此便可弄清一项任务（项目）还剩下哪些工作要做，并可评估工作进度。其优点是图形化概要，通用技术，易于理解；中小型项目一般不超过 30 项活动；有专业软件支持，无须担心复杂计算和分析。其缺点是甘它仅仅部分地反映了项目管理的三重约束（时间、成本和范围），主要关注进程管理（时间），如果关系过多，纷繁复杂的线图必将增加甘特图的阅读难度。

常用的网络图有节点法（单代号）网络图和箭线法（双代号）网络图。在如图 8-6 所示的节点法网络图中，箭头表示逻辑关系。在图 8-7 中，箭线表示任务，节点表示前一个任务的结束也代表后一个任务的开始，两个代号确定一个任务。

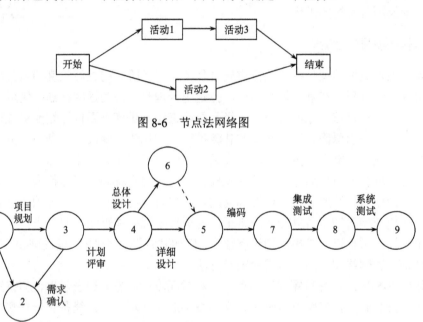

图 8-6 节点法网络图

图 8-7 箭线法网络图

8.3.3 项目常用进度控制措施

1. 项目进度控制的前提

项目进度控制的前提是有效地项目计划和充分掌握第一手实际信息，在此前提下，通过将实际值与计划值进行比较，检查、分析、评价项目进度。通过沟通、肯定、批评、奖励、惩罚、经济等不同手段，对项目进度进行监督、督促、影响、制约。及时发现偏差，及时予以纠正；提前预测偏差，提前予以预防。

在进行项目进度控制时，必须落实项目团队之内或之外进度控制人员的组成，明确具体的控制任务和管理职责。要制定进度控制的方法，要选择适用的进度预测分析和进度统计技术或工具。要明确项目进度信息的报告、沟通、反馈，以及信息管理制度。

项目进度控制应该由部门经理和项目监控人员共同进行，之所以需要部门经理参与，是因为部门经理负责项目一般要负责一定人事行政的责任，如成员的考核、升迁、发展等。他们只有通过软件开发项目才能更好地了解项目成员，项目也只用通过对他们有切身利益的管理者参与管理才会更加有效。

2. 项目进度控制主要手段

（1）项目计划书：作为项目进度控制的基准和依据，项目负责人负责制作项目计划书。项目进度监控人员根据项目计划书对项目的阶段成果完成情况进行监控，如果由于某些原因阶段成果提前或延后完成，项目负责人应提前申请并做好开发计划的变更。对于项目进度延后的，应当分析产生进度延后的原因、确定纠正偏差的对策、采取纠正偏差的措施，在确定的期限内消除项目进度与项目计划之间的偏差。项目计划书应当根据项目的进展情况进行调整，以保证基准和依据的新鲜性、有效性。

（2）项目阶段情况汇报与计划：项目负责人按照预定的每个阶段点（根据项目的实际情况可以是每周、每双周、每月、每双月、每季、每旬等）定期与项目成员和其他相关人员充分沟通，然后向相关管理人员和管理部门提交一份书面项目阶段工作汇报与计划，内容包括：

- 对上一阶段计划执行情况的描述；
- 下一阶段的工作计划安排；
- 已经解决的问题和遗留的问题；
- 资源申请、需要协调的事情及其人员；
- 其他需要处理的问题。

在计划制定时就要确定项目总进度目标与分进度目标；在项目进展的全过程中，要进行计划进度与实际进度的比较，及时发现偏离，及时采取措施纠正或者预防；协调项目参与人员之间的进度关系。

在项目计划执行中，做好这样几个方面的工作：

（1）检查并掌握项目实际进度信息。对反映实际进度的各种数据进行记载并作为检查和调整项目计划的依据，积累资料，总结分析，不断提高计划编制、项目管理、进度控制水平。

（2）做好项目计划执行中的检查与分析。通过检查，分析计划提前或拖后的主要原因。项目计划的定期检查是监督计划执行的最有效的方法。

（3）及时制定实施调整与补救措施。调整的目的是根据实际进度情况，对项目计划作必要的修正，使之符合变化的实际情况，以保证项目目标顺利实现。由于初期编制项目计划时考虑不周或因其他原因需要增加某些工作时，就需要重新调整项目计划中的网络逻辑，计算调整后的各时间参数、关键线路和工期。

从内容上看，软件开发项目进度控制主要表现在组织管理、技术管理和信息管理等这几个方面。组织管理包括这样几个内容：

- 项目经理监督并控制项目进展情况；
- 进行项目分解（如按项目结构分，按项目进展阶段分，按合同结构分），并建立编码体系；
- 制订进度协调制度，确定协调会议时间、参加人员等；

・对影响进度的干扰因素和潜在风险进行分析。

技术管理与人员管理有非常密切的关系。软件开发项目的技术难度需要引起重视，有些技术问题可能需要特殊的人员，可能需要花时间攻克一些技术问题。技术措施就是预测技术问题并制订相应的应对措施，控制的好坏直接影响项目实施进度。在软件开发项目中，合同措施通常不由项目团队负责，企业有专门的合同管理部门负责项目的转包、合同期与进度计划的协调等。项目经理应该及时掌握这些工作转包的情况，按计划通过计划进度与实际进度的动态比较，定期向客户提供比较可靠的报告等。

软件开发项目进度控制的信息管理主要体现在编制、调整项目进度控制计划时对项目信息的掌握上。这些信息主要是：预测信息，即对分项和分阶段工作的技术难度、风险、工作量、逻辑关系等进行预测；决策信息，即对实施中出现的计划之外的新情况进行应对并做出决策，参与软件开发项目决策的有项目经理、企业项目主管及客户的相关负责人；统计信息，软件开发项目中统计工作主要由参与项目实施的人员自己做，再由项目经理或指定人员检查核实。通过收集、整理和分析，写出项目进展分析报告。根据实际情况，可以按日、周、月等时间要求对进度进行统计和审核，这是进度控制所必需的。

从项目进度控制的阶段上看，软件开发项目进度控制主要有：项目准备阶段进度控制，需求分析和设计阶段进度控制，实施阶段进度控制。

准备阶段进度控制任务是：向业主提供有关项目信息，协助业主确定工期总目标；编制阶段计划和项目总进度计划；控制该计划的执行。

需求分析和设计阶段控制的任务是：编制与用户的沟通计划、需求分析工作进度计划、设计工作进度计划，控制相关计划的执行等。

实施阶段进度控制的任务是：编制实施总进度计划并控制其执行；编制实施计划并控制其执行等。由甲乙双方协调进度计划的编制、调整并采取措施确保进度目标的实施。

为了及时地发现和处理计划执行中发生的各种问题，必须加强项目的协同工作。协同工作是组织项目计划实现的重要环节，它要为项目计划顺利执行创造各种必要的条件，以适应项目实施情况的变化。

3. 软件项目进度影响因素

在软件项目管理工作中，对软件项目的进度安排有时比对软件成本的估算要求更高。成本的增加可以通过提高产品定价或通过大批量销售得到补偿，而项目进度安排不当会引起顾客不满，影响市场销售。要有效地进行进度控制，必须对影响进度的因素进行分析，事先或及时采取必要的措施，尽量缩小计划进度与实际进度的偏差，实现对项目的主动控制。软件开发项目中影响进度的因素很多，如人为因素、技术因素、资金因素、环境因素等。在软件开项目的实施中，人的因素是最重要的因素，技术的因素归根到底也是人的因素。软件开发项目进度控制常见问题主要是体现在对一些因素的考虑上，常见的问题如下：

・80-20 原则与过于乐观的进度控制；

・范围、质量因素对进度的影响；

- 资源、预算变更对进度的影响；
- 低估了软件开发项目实现的条件；
- 项目状态信息收集的情况；
- 执行计划的严格程度；
- 计划变更调整的及时性；
- 未考虑不可预见事件发生造成的影响；
- 未考虑软件开发过程的循环、迭代特性。

软件项目的不确定性高、变数太多、各种资源难以量化管理等特性，注定软件项目管理是一门相当复杂的学科。但是如果在项目一开始能很好地把握好用户需求，限定项目范围边界，在项目执行过程中采用有效的需求变更控制手段及合适的沟通方法，同时处理好项目各重要干系人的关系，软件项目开展肯定会顺利很多，项目最后失败的风险也会降低许多。

8.4 软件项目成本管理

项目成本管理包括确保在批准的预算范围内完成项目所需的各个过程。软件项目成本的管理基本上可以用如图 8-8 所示的估算和控制来概括，首先对软件的成本进行估算，然后形成成本管理计划，在软件项目开发过程中，对软件项目施加控制使其按照计划进行。成本管理计划是成本控制的标准，不合理的计划可能使项目失去控制，超出预算。因此成本估算是整个成本管理过程中的基础，成本控制可使项目的成本在开发过程中控制在预算范围之内。

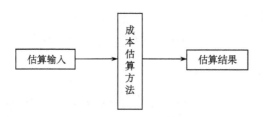

图 8-8 项目成本估算过程

8.4.1 成本管理的任务

确保项目在批准的成本预算内尽可能的完成，项目成本管理始于项目启动，止于项目结束，是在整个项目生命周期中以项目执行组织为主体的成本管理，其目标就是确保项目在批准的成本预算内尽可能地完成项目的各个过程。

提供衡量项目管理绩效的客观标尺，项目成本管理的好坏反映了项目管理的水平。对项目管理绩效的评价，首先是对成本管理绩效的评价。通过对成本管理水平和成果的评价，可以使企业掌握项目管理状况和实际达到的水平，为项目绩效评价提供直观、量化的佐证。

项目成本管理还为企业考核和奖惩提供依据,为企业内部人事制度、工资分配制度、员工训练制度等一系列制度的建立和健全创造必要的环境和条件。

8.4.2　成本管理的原则

1. 全生命周期成本最低原则

项目成本管理效果直接影响到项目的绩效。因此,应尽可能降低项目成本。但是在进行成本管理时不能片面地要求项目形成阶段成本之和最低,而是要使项目全生命周期成本最低,即考虑项目从启动到结束,再到产品的寿命结束的整个周期的成本最低,这是项目经济性评价的合理期限。

2. 全面成本管理原则

全面成本管理是针对成本管理的内容和方法而言的。从全面性出发,需要对项目形成的全过程开展成本管理,对影响成本的全部要素开展成本管理,由项目全体团队成员参加成本管理。因此,全面成本管理就是全员、全过程和全要素的成本管理。

3. 成本责任制原则

为了实现全面成本管理,必须对项目成本进行层层分解,使成本目标落实到项目的各项活动、各个人员。项目的各个参与人员都承担不同的成本责任,按照成本责任对项目人员的业绩进行评价。

4. 成本管理的有效化原则

成本管理的有效化包括两层含义:一是使项目经理以较少的投入获得最大的产出;二是以最少的人力和财力,完成较多的管理工作,提高工作效率。

5. 成本管理科学化原则

成本管理的科学化原则,即把有关自然科学和社会科学中的理论、技术和方法运用于成本管理,包括预测与决策方法、不确定性分析法和价值工程等。

8.4.3　成本管理的过程

软件项目成本管理就是根据企业的情况和项目的具体要求,利用公司既定的资源,在保证项目的进度、质量达到客户满意的情况下,对软件项目成本进行有效的组织、实施、控制、跟踪、分析和考核等一系列管理活动,最大限度地降低项目成本,提高项目利润。

成本管理的过程包括:

• 资源计划,包括决定为实施项目活动需要使用什么资源(人员、设备和物资)以及每种资源的用量。其主要输出是一个资源需求清单。

• 成本估算,包括估计完成项目所需资源成本的近似值。其主要输出是成本管理计划。

· 成本预算，包括将整个成本估算配置到各单项工作，以建立一个衡量绩效的基准计划。其主要输出是成本基准计划。

· 成本控制，包括控制项目预算的变化。其主要输出修正的成本估算、更新预算、纠正行动和取得的教训。

软件开发成本估算详细流程如图 8-9 所示。

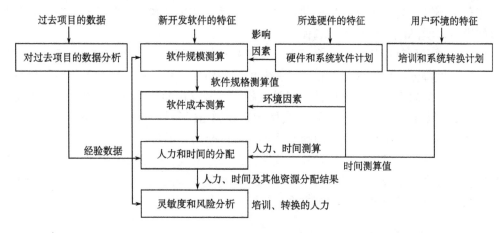

图 8-9　成本估算流程

软件开发成本是指软件开发过程中所花费的工作量及相应的代价。在成本估算过程中，对软件成本的估算是最困难和最关键的。主要有代码行、功能点、类比估算方法、自上而下算法和专家估算法等。

代码行（Line Of Code，LOC）是衡量软件项目规模最常用的概念，指所有的可执行的源代码行数，包括可交付的工作控制语言语句、数据定义、数据类型声明、等价声明、输入/输出格式声明等。一代码行的价值和人月平均代码行数可以体现一个软件生产组织的生产能力。组织可以根据对历史项目的审计来核算组织的单行代码价值。

例如，某软件公司统计发现，该公司每 1 万行 C 语言源代码形成的源文件（.c 和.h 文件）约为 250KB。某项目的源文件大小为 3.75MB，则可估计该项目源代码大约为 15 万行。该项目累计投入工作量为 240 人月，每人月费用为 10000 元（包括人均工资、福利、办公费用公摊等），则该项目中 1LOC 的价值为：（240×10000）/150000＝16 元。

项目成本估算的技术路线中，在项目进展的不同阶段，项目的工作分解结构的层次可以不同，根据项目成本估算单元在 WBS 中的层次关系，可将成本估算分为 3 种：自上而下的估算、自下而上的估算、自上而下和自下而上相结合的估算。

自上而下的估算又称类比估算，通常在项目的初期或信息不足时进行。此时只确定了初步的工作分解结构，分解层次少，很难将项目的基本单元详细列出来。因此，成本估算的基本对象可能就是整个项目或其中的子项目，估算精度较差。

自下而上的成本估算是先估算各个工作包的费用，然后自下而上将各个估算结果汇总，算出项目费用总和。采用这种技术路线的前提是确定了详细的 WBS，能做出较准确的估算。当然，这种估算本身要花费较多的费用。

在相对复杂的软件开发过程中，通常将自上而下和自下而上方法相结合，来估算项目开发的成本。

8.4.4　成本管理的主要问题及影响因素

项目成本预算和估算的准确度差主要体现在由于客户的需求不断变化，使得工作内容和工作量不断变化。一旦发生变化，项目经理就追加项目预算，预算频频变更，等到项目结束时，实际成本和初始计划偏离很大。

此外，项目预算往往会走两个极端：过粗和过细。预算过粗会使项目费用的随意性较大，准确度降低；预算过细会使项目控制的内容过多，弹性差，变化不灵活，管理成本加大，缺乏对软件成本事先估计的有效控制。在开发初期，对成本不够关心，忽略对成本的控制，只有在项目进行到后期，实际远离计划出现偏差的时候，才进行成本控制。这样往往导致项目超出预算，从而缺乏成本绩效的分析和跟踪。

传统的项目成本管理中，将预算与实际进行数值对比，但很少有人将预算、实际成本和工作量进度联系起来，考虑实际成本和工作量是否匹配的问题。对软件项目成本影响较大的因素有项目质量、工期等方面。

1. 项目质量对成本的影响

一个项目的实现过程就是项目质量的形成过程，在这一过程中，为达到质量要求需要开展两个方面的工作。其一是质量的检验与保障工作，其二是质量失败的补救工作。这两项工作都要消耗资源，从而都会产生项目的质量成本，如图 8-10 所示。

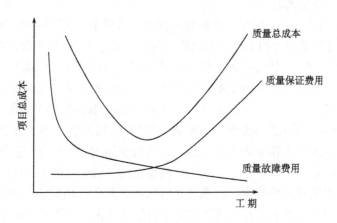

图 8-10　质量与费用之间的关系

2. 工期对成本的影响

项目的工期是整个项目或项目某个阶段或某项具体活动所需要或实际花费的工作时间周期，如图 8-11 所示。

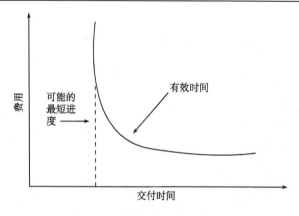

图 8-11　项目工期对成本的影响

8.4.5　软件项目成本管理案例

1. 合同签订前的成本估算

开始签订合同的时候，根据以往类似项目的经验，采用类比估算方法进行粗略的估算。根据用户的要求，系统采用 B/S 结构，公司的 JSP+SQL Server 技术比较成熟，以前成功完成过类似项目。根据工作说明书（Statement Of Work，SOW）的要求，基本上需要 2～3 个开发人员，两个月左右的开发时间，大约 4～6 个月的工作量，所以 10 万～15 万可以作为合同的参考报价。

2. 合同签订后成本估算

合同签订后，根据现有的资源和 WBS 分解的结果，进一步细化估算。由于 WBS 分解是针对项目的功能进行的分解，在成本估算的时候，首先估算每个任务的开发工作量，然后通过系数获得相应的质量、管理任务的工作量，从而计算直接成本，之后计算间接成本以及总成本。具体过程如下：

1）资源估算

　　人力资源：

　　　　2 个开发人员

　　　　1 个项目管理人员（项目经理）

　　　　1 个质量保证人员

　　　　1 个配置管理人员

　　设备资源（作为间接成本计算）

　　　　3 台计算机

　　　　1 台服务器

2）项目成本估算

（1）根据项目任务分解结果 WBS 估算出项目开发工作量，如表 8-1 所示。

表 8-1 项目开发工作量估算表 单位：人天

WBS 编号	任务名称	估计值	小计
1	通用功能-增量 1		31
1.1	电子课表	8	
1.2	会议通知和公告	3	
1.3	通讯录	2	
1.4	个人日记	5	
1.5	作业布置和批改	8	
1.6	教师答疑	5	
2	日常业务管理功能		
2.1	招生管理-增量 2		26
2.1.1	报名	3	
2.1.2	招生	5	
2.1.3	分班	10	
2.1.4	统计查询	8	
2.2	学生日常管理-增量 3		10
2.2.1	学生档案管理	4	
2.2.2	学生考勤管理	2	
2.2.3	学生奖惩	2	
2.2.4	学生变动	2	
2.3	教务管理-增量 4		31
2.3.1	教师日常管理	2	
2.3.2	年级、班级设置	2	
2.3.3	学科设置	2	
2.3.4	年级、班级课程设计	5	
2.3.5	排课表	9	
2.3.6	考试管理	4	
2.3.7	评价	5	
2.4	教师备课系统	外包 5000 元	1
2.5	资源库系统	外包 3000 元	1
2.6	网上考试	外购 3000 元	1
2.7	论坛	已存在	1
2.8	聊天室	已存在	1

（2）计算开发成本。

从表 1 得知项目工作量是 103 人天，假设开发人员成本参数=480 元/人天，则内部开发成本=480 元/天×103 天=49440 元。

加上外包外购部分的软件成本 5000+3000+3000=11000 元，则开发成本=49440+11000=60440 元。

（3）计算管理、质量成本。

由于任务分解的结果主要是针对开发任务的分解，管理任务和质量任务成本可以通过计算开发任务成本得到，因此根据以往的经验，管理任务和质量任务成本=开发任务成本×20%=12088 元。

（4）计算直接成本。

直接成本=开发成本+管理和质量成本=60440+12088＝72528 元。

（5）计算间接成本。

间接成本包括前期合同费用、房租水电、培训、员工福利、客户服务等。

根据以往经验，采用公式：间接成本=直接成本×25%=18132 元。

（6）计算总估算成本。

项目总估算成本=直接成本+间接成本=72528+18132＝90660 元。

（7）重新评估项目的报价。

重新评估一下项目报价的准确性。当然这时候，项目的合同已经签署了，报价是不能更改的，但是通过再次的评估可以进一步明确企业的项目运作和利润情况等。

如果项目的风险利润是 30%，其中风险基金 10%，利润 15%，税费 5%。则项目的总报价=90660×1.3=117858 元。应该说项目报价还是比较合适的。

另外，可以采用简便的算法进行估算，企业的报价可以通过开发规模的估算直接得出，例如，成本系数为 2.5 万元/人月，项目规模 103 人天，一个人月 22 人天，则项目报价=25000×103/22=117045 元。

3. 项目成本预算

在编制项目计划中考虑到 2 个开发人员是全职在这个项目中，而项目经理、质量保证人员和配置管理人员不是全职在这个项目中，他们同时还在管理其他的项目，那么进行成本估算的时候，应该根据项目人员付出的时间进行成本预算。人力资源费率如表 8-2 所示。

表 8-2　人力资源费率

编号	资源名称	标准费率
1	姜岳尊	70 元/工时
2	韩万江	80 元/工时
3	孙泉	70 元/工时
4	郭天奇	45 元/工时
5	岳好	40 元/工时

项目成本预算如表 8-3 所示，预算总成本为 75160 元，与估算的成本基本持平。这样 75160 元可以作为项目的成本控制参考。

表 8-3　项目成本预算

标识号	任务名称	开始日期	结束日期	预算成本（元）
1	校务通管理系统	2015-4-10	2015-6-6	75160
2	软件规划	2015-4-10	2015-4-11	3320
3	项目规划	2015-4-10	2015-4-10	1200
4	计划评审	2015-4-11	2015-4-11	2120
5	需求开发	2015-4-14	2015-4-18	6240
6	用户界面设计	2015-4-14	2015-4-14	1120
7	用户需求评审	2015-4-15	2015-4-15	2120
8	修改需求、修改用户界面	2015-4-16	2015-4-16	1120
9	编写需求规格说明书	2015-4-16	2015-4-17	560
10	设计	2015-4-17	2015-4-22	4120
11	概要设计	2015-4-17	2015-4-18	1120
12	数据库 ER 图编制、建库	2015-4-21	2015-4-21	560
13	设计评审	2015-4-22	2015-4-22	2440
14	实施	2015-4-22	2015-6-6	54640
15	通用功能-增量 1	2015-4-22	2015-4-30	12520
22	招生管理-增量 2	2015-5-1	2015-5-7	9000
28	学生日常管理-增量 3	2015-5-8	2015-5-12	6600
34	教务管理-增量 4	2015-5-13	2015-5-23	16040
43	教师辅助功能-增量 5	2015-5-26	2015-5-29	5800
48	聊天室/论坛-增量 6	2015-5-30	2015-6-2	4680
52	系统集成	2015-6-3	2015-6-4	2920
53	系统集成测试	2015-6-3	2015-6-3	1120
54	环境测试	2015-6-4	2015-6-4	1800
55	提交	2015-6-5	2015-6-6	3920
56	完成文档	2015-6-5	2015-6-5	1480
57	验收、提交	2015-6-6	2015-6-6	2440

8.5　软件项目质量管理

8.5.1　软件质量管理的主要内容

质量管理主要包括 3 个过程：质量计划制定、质量保证和质量控制。

（1）质量计划：是质量管理的第一过程域，它主要指依据公司的质量方针、产品描述以及质量标准和规则等制定出来实施方略，其内容全面反映了用户的要求，为质量小组成员有效工作提供了指南，为项目小组成员以及项目相关人员了解在项目进行中如何实施质量保证和控制提供依据，为确保项目质量得到保障提供坚实的基础。

（2）质量保证：是贯穿整个项目全生命周期的有计划和有系统的活动，经常性地针对整个项目质量计划的执行情况进行评估、检查与改进等工作，向管理者、顾客或其他方提供信任，确保项目质量与计划保持一致。

（3）质量控制：是对阶段性的成果进行测试、验证，为质量保证提供参考依据。在软件实施项目中，质量保证对应于技术评审与过程检查，质量控制对应于软件测试等工作。

软件项目的质量管理指的是保证项目满足其目标要求所需要的过程，其中包括制定质量计划、质量控制、软件质量保证、软件配置管理、软件测试及软件过程改进所形成的质量保证系统，如图 8-12 所示。

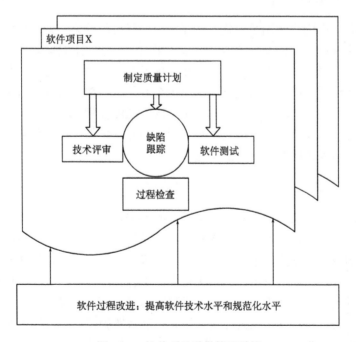

图 8-12　软件项目质量管理系统

8.5.2　软件质量管理的主要方法

项目质量管理的主要方法包括：确定管理计划、定义合适的软件、确定软件需求、迭代开发、代码走查、软件评审、软件测试。

1. 确定软件管理计划

计算机软件是计算机得以运行的重要保证，它是计算机顺利运行的基础。在进行软件开发前，需要有一个软件质量保证计划，用于规划运行计算机软件的运行、设施的调试，并对可能出现的事情进行事先预防。软件质量管理的内容一般包括：计划实行目的；软件质量管理的相关理论分析和参考文献；在软件质量管理时，组织的领导，以及组织实施任务的责任；软件质量管理的执行标准和约定，用以规范软件执行；计算机软件执行过程中，需要对软件进行详细的审计，以保证计算机软件的规范性；对于计算机软件的实施，要进行软件验证和确认评审，以确认软件能够有效地获得效益，特别是对软件的各项功能进行调试，以确认其适应性；要正确运用各项工具、技术和方法，来规范计算机软件操作控制；要记录、收集计算机软件维护时的数据，收集第一手资料，为日后的维护做准备；要加强员工的风险管理意识培训，提高操作的可行性，保障计算机软件能够持续有效地运行，提高组织效率。

2. 定义合适的软件过程

软件过程是一个为建造高质量软件所需完成的任务的框架，即形成软件产品的一系列步骤，包括中间产品、资源、角色及过程中采取的方法、工具等。在以计算机网络为基础的现代社会信息化背景下，过程管理作为现代企业管理的先进思想和有效工具，随着外部环境与组织模式的变化而变化。因此一个好的软件项目过程，必须针对企业和项目的实际情况，确定软件项目运作流程，定义软件功能及相关性能，明确各阶段的进入条件和退出条件，进行有效的过程控制与管理，在提高软件开发的效率和项目的成功率的基础上，进一步保证所开发软件的质量。

3. 确定软件需求

对于任何软件项目而言，需求是一个重要的环节，也是软件开发的基础。需求获取可能是软件开发中最困难、最关键、最易出错及最需要交流的方面。往往用户需求明确变更少的项目的成功率就高，因此，需求分析的成败直接决定后期软件产品的成败。但是，在现实软件开发过程中，用户的需求总会由于各种不同的原因而不断发生变化，这就给软件项目过程实施带来不确定因素，导致项目组在开发阶段不停地返工，进而造成代码质量低下，测试拖期等一系列问题。因此在项目实施过程中，为了保证软件开发的顺利进行和最后交付的产品质量，应该对项目需求变更进行管理。

需求应尽量明确。在项目开发过程中要尽早明确用户需求，有些内容一时无法确定则应该暂缓该部分的开发，尽量降低因需求变更而带来的风险。

对需求变更进行管理。当需求分析完成后项目就进入开发阶段，用户可能会因为市场或策略的变化而提出需求变更的要求。此时，若是合理变更则有利于项目实施，但有时所作的变更可能会影响项目整体的设计和开发,造成项目进度的延期。对于这一情况，项目组应该积极与用户沟通，制订需求变更说明书，在双方都认可的情况下方可实施。

4. 迭代开发

通过转向迭代开发，改变客户和开发团队之间的交互模式，客户和开发团队都可以避免产生大量的分歧。在一个迭代开发的项目中，客户应该是构建应用团队中的不可缺少的一部分。客户与开发团队的其他成员协同工作，以确保最终交付的应用系统满足被需要的业务价值。客户的组织应该尽可能地保持与开发团队之间交互的兴趣，以确保开发团队可以理解他们应该构建什么和项目中具有什么样的风险和问题。

5. 代码走查

代码走查是一个开发人员与架构师集中讨论代码的过程。代码走查的目的是交换有关代码是如何书写的思路，并建立一个对代码的标准集体阐述。在代码走查的过程中，开发人员都应该有机会向其他人阐述他们的代码。通常地，即便是简单的代码阐述也会帮助开发人员识别出错误，并预想出对以前麻烦问题的新的解决办法。

6. 软件评审

计算机软件能够得以顺利运行，其评定和审议工作必不可少，它是计算机软件工作必不可少的一部分。软件评审并不是在软件开发毕后进行，而是在软件开发的各个阶段都进行评审，特别是软件的前期工作，对于软件的适应性及软件的效益要进行详细的评审。软件开发的各个阶段都可能发生错误，如果这些错误不能够得到及时发现并纠正，必将带来巨大的损失，甚至有可能会导致开发的失败。软件评审是相当重要的工作，也是目前我国在软件开发方面最不重视的工作。所以，必须加强对软件开发的评审工作，用以保障计算机软件的顺利实施。

7. 软件测试

对于已经开发成功的计算机软件，测试工作必不可少，它是对软件的适应性和可操作性的保证。计算机测试一般包括单元测试、集成测试、系统测试。如果测试结果与预期结果不一致，则很可能是系统中出现了错误，要及时进行纠正。测试过程中将产生下述基本文档：一是测试计划，要确定测试范围、方法和需要的资源等；二是测试过程，要详细描述和每个测试方案有关的测试步骤和数据；三是测试结果，要把每次测试的结果归入文档，进行认真整理和分析，如果运行出错，则应产生问题报告，并且必须经过调试解决所发现的问题，并为以后的各项工作奠定基础。

8.5.3　软件质量管理工具

软件质量管理包括很多工具及技术，通常采用流程图、因果分析图等方法对项目进行分析，确定需要监控的关键元素，设置合理的见证点（W 点）、停工待检点（H 点），并制定质量标准。

流程图是一个由箭线和节点表示的若干因素关系图,可以包括原因结果图、系统流程图、处理流程图等。因此,流程图经常用于项目质量控制过程中,其主要目的是确定以及分析问题产生的原因。它显示系统的各种成分是如何相互关联的,帮助我们预测在何处可能发生何种质量问题,并由此帮助开发处理它们的办法。如图 8-13 所示为质量管理流程图样本。

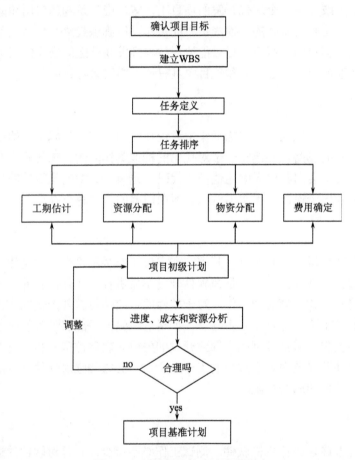

图 8-13 软件质量管理流程图样本

对于复杂的项目,编制质量计划时可以采用如图 8-14 所示的因果分析图。它首先描述相关的各种原因和子原因如何产生潜在问题或影响,将影响质量问题的"人员、设备、参考资料、方法、环境"等各方面的原因进行细致的分解,便于在质量计划中制定相应的预防措施。其次,质量计划中还必须确定有效的质量管理体系,明确质量监理人员对项目质量负责和各级质量管理人员的权限。戴明环(又称 PDCA 循环法)作为有效的管理工具在质量管理中得到广泛的应用,它采用计划——执行——检查——措施的质量环,质量计划中必须将质量环上各环节明确落实到各责任单位,才能保证质量计划的有效实施。

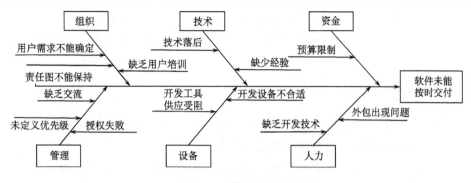

图 8-14 因果分析图示例

8.6 软件项目风险管理

软件项目风险管理是软件项目管理的重要内容。软件风险是指软件开发过程中及软件产品本身可能造成的伤害或损失。风险关注未来的事情，这意味着，风险涉及选择及选择本身包含的不确定性，在软件开发过程及软件产品都要面临各种决策的选择。一方面，风险是介于确定性和不确定性之间的状态，是处于无知和完整知识之间的状态。另一方面，风险涉及思想、观念、行为、地点等因素的改变。

风险发生的过程如图 8-15 所示。首先有风险因素的存在，风险因素导致风险事件的发生，从而造成损失，而损失又引起了实际与计划之间的差异，从而得到风险的结果。

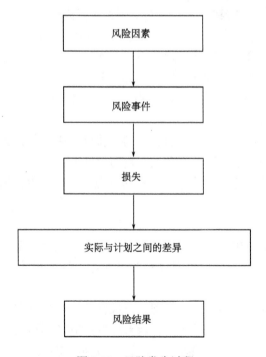

图 8-15 风险发生过程

软件风险包含不确定性和损失两个特征：不确定性——刻画风险的事件可能发生也可能不发生，没有 100％发生的风险；损失——如果风险变成了现实，就会产生恶性后果或损失。

8.6.1　风险的类型

进行风险分析时，重要的是量化不确定的程度和与每个风险相关的损失的程度。为了实现这点，必须考虑以下几种不同类型的风险。

（1）项目风险：项目风险是指潜在的预算、进度、人力（工作人员和组织）、资源、客户、需求等方面的问题以及它们对软件项目的影响。项目风险威胁项目计划，如果风险变成现实，有可能会拖延项目的进度，并增加项目的成本。项目风险的因素还包括项目的复杂性、规模、结构的不确定性。

（2）技术风险：是指潜在地设计、实现、接口、验证和维护等方面的问题。此外规约的二义性、技术的不确定性、陈旧的技术以及"过于先进"的技术也是风险因素。技术风险威胁要开发的软件的质量及交付时间。如果技术风险变成现实，则开发工作可能变得很困难或者不可能。

（3）商业风险：商业风险威胁要开发软件的生存能力。商业风险常常会危害项目或产品。 5 个主要的商业风险如下。

- 风险 1：开发一个没有人真正需要的优秀产品或系统（市场风险）。
- 风险 2：开发的产品不再符合公司的整体商业策略（策略风险）。
- 风险 3：开发了一个销售部门不知道如何去卖的产品（销售风险）。
- 风险 4：由于重点的转移或人员的变动而失去了高级管理层的支持（管理风险）。
- 风险 5：没有得到预算或人力上的保证（预算风险）。
- 风险分为已知风险、可预测风险和不可预测风险等几种情况。

（1）已知风险，是通过仔细评估项目计划、开发项目的商业及技术环境以及其他可靠的信息来源（如：不现实的交付时间，没有需求或软件范围的文档，恶劣的开发环境）之后可以发现的那些风险。

（2）可预测风险，能够从过去项目的经验中推测出来（如：人员调整，与客户之间无法沟通，由于需要进行维护而使开发人员精力分散）。

（3）不可预测风险，它们可能、也会真的出现，但很难事先识别出它们来。

8.6.2　识别风险

识别风险是试图系统化地确定对项目计划（估算、进度、资源分配）的威胁。通过识别已知和可预测的风险，项目管理者就有可能避免这些风险，且在必要时控制这些风险。

每一类风险可以分为两种不同的类型：一般性风险和特定产品的风险。一般性风险对每一个软件项目而言都是一个潜在威胁。特定产品的风险只有那些对当前项目的技术、人员、及环境非常了解的人才能识别出来。为了识别特定产品的风险，必须检查项目计划及软件范围说明，从而了解本项目中有什么特殊的特性可能会威胁项目计划。

一般性风险和特定产品的风险都应该被系统化地标识出来。识别风险的一个方法是建立风险条目检查表。该检查表可以用来识别风险，并可以集中来识别下列常见子类型中已知的及可预测的风险。

- 产品规模——与要开发或要修改的软件的总体规模相关的风险。
- 商业影响——与管理或市场所加诸的约束相关的风险。
- 客户特性——与客户的素质以及开发者和客户定期通信的能力相关的风险。
- 过程定义——与软件过程被定义的程度以及被开发组织所遵守程度相关风险。
- 开发环境——与用以开发产品的工具的可用性及质量相关的风险。
- 建造的技术——与待开发软件复杂性以及系统所包含技术"新奇性"相关风险。
- 人员数目及经验——与参与工作软件工程的总体技术水平及项目经验相关风险。

风险条目检查表能够以不同的方式来组织。与上述几点相关的问题可以由每一个软件项目来回答，这些问题的答案使得计划者能够估算风险产生的影响。

1. 产品规模风险

项目风险是直接与产品规模成正比的。下面的风险检查表中的条目标识了产品（软件）规模相关的常见风险：

- 是否以 LOC 或 FP 估算产品的规模；
- 对于估算出的产品规模的信任程度如何；
- 是否以程序、文件或事务处理的数目来估算产品规模；
- 产品规模与以前产品的规模的平均值的偏差百分比是多少？
- 产品创建或使用的数据库大小如何；
- 产品的用户数有多少；
- 产品的需求改变多少？交付之前有多少？交付之后有多少？
- 复用的软件有多少？

2. 商业影响风险

销售部门是受商业驱动的，而商业考虑有时会直接与技术实现发生冲突。下面的风险检查表中的条目标识了与商业影响相关的常见风险：

- 本产品对公司的收入有何影响；
- 本公司是否得到公司高级管理层的重视；
- 交付期限的合理性如何；
- 将会使用本产品的用户数及本产品是否与用户的需要相符合；
- 本产品必须能与之互操作的其他产品/系统的数目；
- 最终用户的水平如何；
- 政府对本产品开发的约束；
- 延迟交付所造成的成本消耗是多少；
- 产品缺陷所造成的成本消耗是多少。

对于待开发产品的每一个回答都必须与过去的经验加以比较。如果出现了较大百分比的偏差或者如果数字接近过去很不令人满意的结果，则风险较高。

3. 客户相关风险

客户有不同的需要。一些人只知道他们需要什么；而另一些人知道他们不需要什么。一些客户希望进行详细的讨论，而另客户则满足于模糊的承诺。

客户有不同的个性。一些人喜欢享受客户的身份，而另一些人则根本不喜欢作为客户。一些人会高兴地接受几乎任何交付的产品，并能充分利用一个不好的产品；而另一些人则会对质量差的产品猛烈抨击。一些人会对质量好的产品表示赞赏；而另一些人则不管怎样都抱怨不休。

客户和供应商之间也有各种不同的通信方式。一些人非常熟悉产品及生产厂商；而另一些人则可能素未谋面，仅仅通过信件来往和电话与生产厂商沟通。

一个"不好的"客户可能会对一个软件项目组能否在预算内完成项目产生很大的影响。对于项目管理者而言，不好的客户是对项目计划的巨大威胁和实际的风险。下面的风险检查表中的条目标识了与客户特征相关的常见风险：

- 你以前是否曾与这个客户合作过；
- 该客户是否很清楚需要什么；他能否花时间把需求写出来；
- 该客户是否同意花时间召开正式的需求收集会议，以确定项目范围；
- 该客户是否愿意建立与开发者之间的快速通信渠道；
- 该客户是否愿意参加复审工作；
- 该客户是否具有改产品领域的技术素养；
- 该客户是否愿意你的人来做他们的工作；
- 该客户是否了解软件过程。

如果对于这些问题中的任何一个答案是否定的，则需要进行进一步调研，以评估潜在地风险。

4. 过程风险

如果软件过程定义得不清楚，如果分析、设计、测试以无序的方式进行，如果质量是每个人都认为很重要的概念，但没有人切实采取行动来保证它，那么这个项目就处在风险之中。

5. 技术风险

突破技术的极限极具挑战性和令人兴奋，但这也是有风险的。下面的风险检查表中的条目标识了与建造的技术相关的常见风险：

- 该技术对于你的公司而言是新的吗？
- 客户的需求是否需要创建新的算法或输入、输出技术；
- 待开发的软件是否需要使用新的或未经证实的硬件接口；
- 待开发的软件是否需要与开发商提供的未经证实的软件产品接口；
- 待开发的软件是否需要与功能和性能均未在本领域得到证实的数据库系统接口；

・产品的需求是否要求采用特定的用户界面；

・产品的需求中是否要求开发某些程序构件，而这些构件与你的公司以前开发的构件完全不同；

・需求中是否要求采用新的分析、设计、测试方法；

・需求中是否要求使用非传统的软件开发方法；

・需求中是否有过分的对产品的性能约束；

・客户能确定所要求的功能是可行的吗？

如果对于这些问题中的任何一个答案是肯定的，则需要进行进一步的调研，以评估潜在地风险。

6. 风险因素和驱动因子

为了很好地识别和消除软件风险，项目管理者需要标识影响软件风险因素的风险驱动因子，这些因素包括性能、成本、支持和进度。风险因素是以如下方式定义的：

・性能风险——产品能够满足需求且符合于其使用目的的不确定的程度。

・成本风险——项目预算能够被维持的不确定的程度。

・支持风险——软件易于纠错、适应及增强的不确定的程度。

・进度风险——项目进度能够被维持且产品能按时交付的不确定的程度。

每一个风险驱动因子对风险因素的影响均可分为 4 个影响类别：可忽略的、轻微的、严重的、灾难性的。表 8-4 指出了由于错误而产生的潜在影响或没有达到预期的结果所产生的潜在影响。影响类别的选择是以最符合表中描述的特性为基础的。

表 8-4　风险因素表

类别/因素		性　能	支　持	成　本	进　度
灾难的	1	无法满足需求而导致任务失败		错误将导致进度延迟和成本增加	
	2	严重退化使得根本无法达到要求的技术性能	无法作出响应或无法支持的软件	严重的资金短缺，很可能超出预算	无法在交付日期内完成
严重的	1	无法满足需求而导致系统性能下降，使得任务能否成功受到质疑		错误将导致操作的延迟，并使成本增加	
	2	技术性能有所下降	在软件修改中有少量的延迟	资金不足，可能会超支	交付日期可能延迟
轻微的	1	无法满足要求而导致次要任务的退化		成本、影响和即可恢复的进度上的小问题	
	2	技术性能有较小的降低	较好的软件支持	有充足的资金来源	实际的、可完成的进度计划
可忽略的	1	无法满足要求而导致使用不方便或不易操作		错误对进度及成本的影响很小	
	2	技术性能不会降低	易于进行软件支持	可能低于预算	交付日期将会提前

注：　1. 表示未测试出的软件错误或缺陷所产生的潜在影响。

　　　2. 表示如果没有达到预期的结果所产生的潜在影响。

8.6.3　风险预测

风险预测，又称风险估算，试图从两个方面评估每一个风险——风险发生的可能性或概率，以及风险发生了所产生的后果。项目计划者、其他管理人员和技术人员一起执行 4 个风险预测活动。

- 活动 1：建立一个尺度，以反映风险发生的可能性；
- 活动 2：描述风险的后果；
- 活动 3：估算风险对项目及产品的影响；
- 活动 4：标注风险预测的整体精确度，以免产生误解。

风险表给项目管理者提供了一种简单的风险预测技术，样本如表 8-5 所示。项目组一开始要在表中的第一列列出所有风险可能，这些可以利用前面所述的风险检查条目来完成。在第二列对风险进行分类，风险发生概率放在第三列。每个风险的概率值可以由项目组成员个别估算，然后将这些值平均，得到一个有代表性的概率值。

表 8-5　分类前的风险表样本

风　　险	类别	概率	影响	RMMM
规模估算可能非常低	PS	60%	2	
用户数量大大超出计划	PS	30%	2	
复用程度低于计划	PS	70%	2	
最终用户抵制该计划	BU	40%	2	
交付期限将被紧缩	BU	50%	2	
资金将回流失	CU	40%	1	
用户将改变需求	PS	80%	2	
技术达不到预期的效果	TE	30%	1	
缺少对工具的培训	DE	80%	2	
人员缺乏经验	ST	30%	2	
人员流动频繁	ST	60%	2	
……				

注：影响类别取值：1—灾难的，　2—严重的，　3—轻微的，　4—可忽略的

一旦完成风险表的前 4 列内容，就要根据概率及影响来进行排序。高概率、高影响的风险放在表的上方。这就完成了第一次风险排序。

项目管理者研究已经排序的表，并定义一条终止线。该终止线（表中某一点上的一条水平线）表示：只有在那些线上的风险才会得到进一步的关注，线之下的风险则需要再评估，以完成第二次排序。

风险影响及概率从管理的角度来考虑，是起着不同作用的。如图 8-16 所示，一个具有高影响但发生概率很低的风险因素不应该花费太多的管理时间，而对高影响且发生概率为中到高的风险，以及低影响但高概率的风险，应该首先考虑。

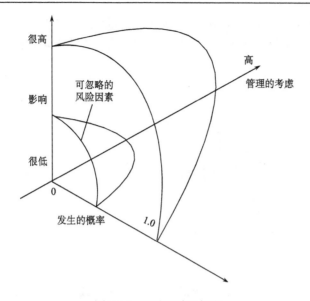

图 8-16　风险影响及概率

　　如果风险真的发生了，所产生的后果有 3 个因素可能会受影响：风险的性质、范围、时间。风险的性质是指当风险发生时可能产生的问题。例如，一个定义得很差的与客户硬件的接口（技术风险）会妨碍早期的设计和测试，也有可能导致项目后期阶段的系统集成问题；风险的范围结合了严重性及其整体分布情况；风险的时间主要考虑何时能够感到风险，风险会持续多长时间。在大多数情况下，项目管理者希望"坏消息"越早出现越好。

　　以下的步骤用来确定风险的整体影响，具体步骤如下。

　　（1）确定每个风险元素发生的平均概率。

　　（2）使用前面的表格，基于其中列出的标准来确定每个因素的影响。

　　（3）完成风险表，分析其结果。

　　（4）风险预测和分析技术可以在软件项目进展过程中迭代使用。项目组定期复查风险表，再评估每一个风险，以确定新情况是否引起其概率及影响的改变。

　　我们建立基于三元组 $[r,l,x]$ 的风险评估，其中 r 表示风险，l 表示风险发生的概率，x 表示风险产生的影响。在风险评估过程中，我们进一步审查在风险预测阶段所做的估算的精确度，试图为所发现的风险排出优先次序，并开始考虑如何控制或避免可能发生的风险。

　　要使评估发生作用，必须定义一个风险参考水平值。对于大多数软件项目而言，前面讨论的风险因素——性能、成本、支持、进度，也代表了风险参考水平值。即，对于性能下降、成本超支、支持困难或进度延迟，都有一个水平值的要求，超过它就会导致项目被迫停止。如果风险的组合所产生的问题引起一个或多个参考水平值被超过，则工作将会停止。在软件风险分析中，风险参考水平值存在一个点，称为参考点或临界点。在这个点上，决定继续进行该项目或终止它（问题太多）都是可以接受的。

图 8-17 以图形方式表示了这种情况。如果风险的组合产生问题导致成本超支及进度延迟，则会有一个水平值，即图中的曲线，当超过它时会引起项目终止。

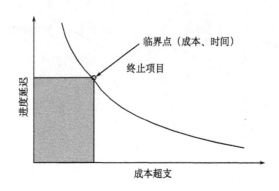

图 8-17　风险评估

实际上，参考水平很少能表示成光滑曲线。在大多数情况下，它是一个区域，其中存在很多不确定性。

因此，在风险评估中，我们执行以下步骤：

（1）定义项目的风险参考水平值；

（2）建立每一组 $[r,l,x]$ 与每一个参考水平值之间的关系；

（3）预测一组临界点以定义项目终止区域，该区域由一条曲线或不确定区域界定；

（4）预测什么样的风险组合会影响参考水平值。

8.6.4　风险缓解、监控和管理

进一步，所有风险分析活动都只有一个目的——辅助项目组建立处理风险的策略。一个有效的策略必须考虑 3 个问题：

- 风险避免
- 风险监控
- 风险管理及意外事件计划

如果软件项目组对于风险采取主动的方法，则避免永远是最好的策略。这可以通过建立一个风险缓解计划来达到。例如，频繁的人员流动被标注为一个项目风险，基于以往的历史和管理经验，人员流动的概率为 70%，而影响被预测为对于项目成本及进度有严重的影响。为了缓解这个风险，项目管理者必须建立一个策略来降低人员流动。

除了监控上述因素之外，项目管理者还应该监控风险缓解步骤的效力。风险管理及意外事件计划假设缓解工作已经失败，风险变成了现实。

对于一个大型项目，可能会标识出 30～40 种风险。如果为每种风险定义 3～7 个风险管理步骤，则风险管理本身就可能变成一个"项目"。经验表明：整个软件风险的 80%（即可能导致项目失败的 80% 潜在的因素）能够由仅仅 20% 的已知风险来说明。早期风险分析步骤中所实现的工作能够帮助计划者确定哪些风险在所说的 20% 已知风险中。

当对软件项目期望值很高时，一般都会进行风险分析。不过，即使进行这项工作，

大多数软件管理者都是非正式地和表面地完成它。花在标识、分析、管理风险上的时间可以从多个方面得到回报：更加平稳的项目进展过程；较高的跟踪和控制项目的能力；因为周密计划而产生的信心。

8.7 软件项目人力资源管理

项目人力资源管理就是有效地发挥每一个参与项目人员的作用，让项目的所有相关人员能够在可控状态下有条不紊地进行项目的开发活动。人力资源管理包括组织和管理项目团队所需的所有过程。项目团队由为完成项目而承担了相应的角色和责任的人员组成，团队成员应该参与大多数项目计划和决策工作。项目团队成员的早期参与能在项目计划过程中增加专家意见和加强项目的沟通。项目团队成员就是项目的人力资源。

8.7.1 人员组织计划编制

项目经理在项目启动后，就需要进行项目的计划，其中人员组织的计划是项目计划的重要内容。项目经理在完成了项目规模的估计、制定了项目进度计划的同时，需要制定项目人员计划。项目人员的安排直接影响项目的进度安排，这两者之间相互影响和制约。但是在制定计划的时候还只能定义出需要什么角色的人和需要多少人，而不能定出具体参加项目的时候人员的名字。在矩阵式的组织结构中，人员的安排是很灵活的，不同的项目之间存在着人力资源的相互竞争。

在制定人力资源的计划时，需要综合衡量人员的成本、生产效率与利用率，如图 8-18 所示。对各种岗位人员的能力要求要针对岗位的需求来制定，人员的要求不要过高，以保证刚好适合岗位的要求为宜，太高的话会提高人力成本，低了又不能满足项目的要求。当然，在具体挑选人员的时候不一定能够找到称心如意的，总的原则应该是在保证技能要求的同时，尽量降低人力成本，同时还需要综合考察人员的责任心、职业道德和团队合作能力。

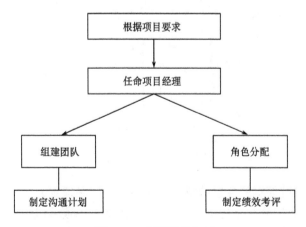

图 8-18 项目团队编制

在制定计划的时候还需要注意相关人员的进入项目的时间。在 IT 项目的早期，以项目经理和系统分析师为主，进行项目计划、客户接洽和需求分析等前期工作。进入设计阶段后，以软件架构师和软件设计师的为主。编程阶段则以设计人员、编程人员和测试人员为主。在系统部署和试运行阶段则以系统工程师和售后工程师为主。在整个项目过程中，项目的配制管理人员和测试人员的工作虽然是一直持续着的，但是工作量还是有轻重，在工作量不多的时候，可以将部分暂时闲置人员归还给原来的部门，以减少人员的等待损耗。

8.7.2　项目团队组建

在制定了人力资源组织计划后，就需要按照计划招聘相应的人员组建成开发团队。在矩阵式的组织中，项目经理需要到相关部门挑选开发人员，这其实是一个内部招聘的过程，如果在组织内找不到合适的人员，项目经理还需要从社会上招聘所需的人员。在招聘过程中，首先是要选择或招募到正确的人。

在如图 8-19 所示项目团队组成中，人力资源是有成本的，也应该在招聘上做充分的准备。对人员考察的重点不仅仅是具备的知识技能，而更多应该是针对其个人性格、价值观、协作和沟通能力、自我学习能力方法的考察。个人的工作习惯不是一朝一夕形成的，而习惯形成又依赖平时的工作和生活的态度，态度决定一切；其次才是理解和自我学习能力，最后才是现有的知识和技能。

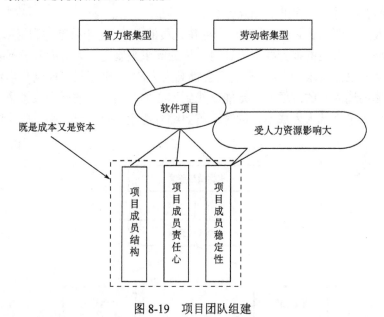

图 8-19　项目团队组建

由于每个项目成员都有的各自的特长和性格特点，必须要充分考虑项目成员的技能情况和性格特点，为他们分配正确的工作，同时还需要考虑项目成员的工作兴趣和爱好。尽量发挥项目成员特长，让每个人从事自己喜爱的工作岗位是项目经理进行工作分配要考虑的问题。各项目成员的知识技能评估、个性特点分析、优点和缺点是要事先分析和考虑的内容。

　　项目团队的组建是否合理、项目相关人员是否满足项目的需求，是项目能够顺利进行的关键，找错了人或者是将人放在错误的位置都可能会导致项目的失败。

8.7.3　项目团队管理

　　项目经理在管理软件项目的时候，不是要去监视每个开发人员的做事过程，那种事情应该是监工做的。项目经理需要从管理制度、项目的目标、工作氛围和沟通等方面做工作，以保证项目的顺利进行。团队管理主要由职能型组织结构和项目型组织结构进行管理。

　　职能型组织结构的优势是以职能部门作为承担项目任务的主体，如图 8-20 所示。这样可以充分发挥职能部门的资源，集中优势，有利于保障项目需要资源的供给和项目可交付成果的质量。职能部门内部的技术专家可以同时被该部门承担的不同项目所使用，节约人力，减少了资源的浪费。同一职能部门内部的专业人员便于相互交流、相互支援，对创造性地解决技术问题很有帮助。当有项目成员调离项目或离开公司，所属职能部门可以增派人员，保持项目的技术连续性。项目成员可以将完成项目和完成本部门的职能工作融为一体，可以减少因项目的临时性给项目成员带来的不确定性。

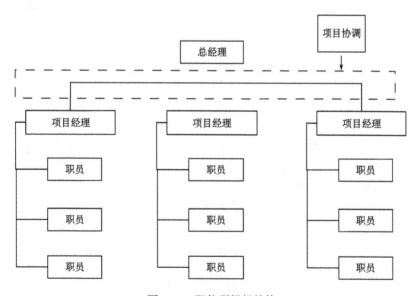

图 8-20　职能型组织结构

　　项目型组织结构中的部门完全是按照项目需要进行设置的，是一种单目标的垂直组织方式，如图 8-21 所示。项目经理具有高度独立性、对项目享有完全的领导权。完成每个项目目标所需的全部资源完全划分给该项目，完全为该项目服务。其优势是项目经理对项目可以全权负责，可以根据项目需要随意调动项目组织的内部资源或者外部资源。项目型组织的目标单一，完全以项目为中心安排工作，能够对客户的要求做出及时响应，有利于项目的顺利完成。项目经理对项目成员有完全的领导权，项目成员只对项目经理负责，避免了职能型项目组织结构下项目成员处于多重领导、无所适从的局面，项目经理是项目的真正、唯一的领导者。组织结构简单，项目成员直接属于同一个部门，彼此之间的沟通交流简洁、快速，提高了沟通效率，同时也加快了决策速度。

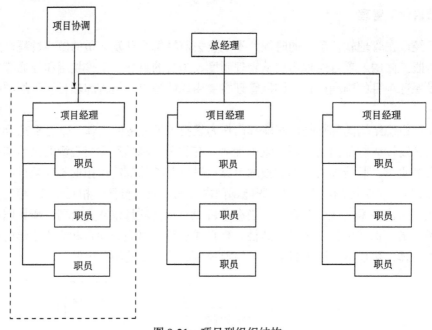

图 8-21　项目型组织结构

　　同时在团队管理时应建立明确共同的目标，团队中不同角色由于地位和看问题的角度不同，对项目的目标和期望值会有很大的区别，这是一点也不奇怪的事情。好的项目经理善于捕捉成员间不同的心态，理解他们的需求，帮助他们树立共同的奋斗目标，劲往一处使，使得团队的努力形成合力。

　　当然，在具体实施时需要根据不同的员工给予不同的政策。有些员工努力工作是为了使家人的物质生活条件更好一些，那么这类型的员工在进行奖励的时候应该偏物质；而另外一些员工可能觉得事业上的成就感比金钱更具有吸引力，对于这类员工应该多给他们挑战和上升的机会。

8.8　案 例 训 练

8.8.1　案例训练目的

　　（1）进一步掌握软件项目管理的理论知识。
　　（2）锻炼软件项目管理的能力。

8.8.2　实训项目——客户关系管理系统

　　（1）基于团队合作，完成具有销售部门、营销部门、人事部门的企业客户关系管理系统。

（2）分析客户关系管理系统开发过程中得范围、进度、成本的关系。

（3）具体分析客户关系管理系统，用代码行、功能点估算系统模型。

（4）　基于客户关系管理系开发过程的相关工作，简述项目经理与团队成员的组织与管理。

参 考 文 献

陈明亮. 2004. 客户关系管理理论与软件. 杭州：浙江大学出版社.

陈松桥, 任胜兵, 王国军. 2008. 现代软件工程. 北京：清华大学出版社.

陈禹六. 1999. IDEF 建模分析和设计方法. 北京：清华大学出版社.

韩万江, 姜立新. 2011. 软件项目管理案例教程. 2 版. 北京：机械工业出版社.

谭浩强. 2006. C++面向对象程序设计. 北京：清华大学出版社.

吴洁明, 方英兰. 2010. 软件工程案例教程. 北京：清华大学出版社.

武剑洁. 2012. 软件测试使用教程. 2 版. 北京：电子工业出版社.

阎宏. 2002. Java 与模式. 北京：电子工业出版社.

张海藩. 2014. 软件工程. 6 版. 北京：清华大学出版社.

中国标准出版社. 计算机软件工程规范国家标准汇编. 2000. 北京：中国标准出版社.

朱少民. 2013. 软件测试方法和技术. 2 版. 北京：清华大学出版社.

Evans E. 2006. 领域驱动设计. 陈大峰, 张泽鑫, 译. 北京：清华大学出版社.

Gamma E, Helm R, Johnson R, et al. 2002. Design Patterns——Elements of Reusable Object-Oriented Software [影印版]. 北京：机械工业出版社.

Mili H, Mili A, Sherif Y, et al. 2004. 基于重用的软件工程——技术、组织和控制. 韩柯, 译. 北京：电子工业出版社.

Pressman R S. 2007. 软件工程：实践者的研究方法. 6 版. 郑人杰, 马素霞, 白晓颖, 译. 北京：机械工业出版社.

Sommerville I. 2006. 软件工程. 8 版. 程成, 陈霞, 译. 北京：机械工业出版社.